바다와 호수의 빈영양화 문제

물이 너무 맑으면 물고기가 살지 못한다……

바다와 호수의 빈영양화 문제

물이 너무 맑으면 물고기가 살지 못한다.....

山本民次·花里孝幸 편저 / 김영일·김성수·조현서 역

전남대학교출판문화원

■ 서 문

제2차 세계대전 이후 고도 경제성장에 동반하여 해외로부터 수입된 비료와 식료품에 들어있는 질소와 인 등이 수역으로 배출됨에 따라 호수와 연안의 바다가 부영양화되어 각 지역에서 녹조나 적조가 발생하였다. 일본에서는 1971년에 환경청(환경성의 전신)이 설치되었고, 1970년에 제정된 「수질오탁방지법」도 시행되었다. 이 법률에 의해 많은 호수와 토쿄만東京湾, 이세만伊勢湾 및 오사카만大阪湾을 포함하는 세토내해瀬戸内海의 수질보전에 관한 대책이 시작되었다. 수질정화, 수질개선을 위한 하수처리장이 각 지역에 설치되었고, 합성세제는 인이 함유되지 않도록 하였으며, 공장 등으로부터의 폐수는 엄격하게 관리되어 왔다.

특히 풍광명미風光明媚로 불리는 세토내해瀬戸内海에 대해서는 1973년에 「세토내해瀬戸内海 환경보전임시조치법」이 의원입법으로 제정되어 1일 배수량이 50톤 이상인 사업소의 설치와 변경에 허가가 필요하게 되었고, 화학적산소요구량(COD)의 총량규제, 인의 삭감 지도가 포함되었다. 임시조치법은 3년간의 한시적인 입법이었고, 기한이 끝나고 2년 후인 1978년에 「세토내해瀬戸内海 환경보전특별조치법」으로 항구화되었다. 그 후 수질총량규제는 제2차, 제3차로 진행됨에 따라 규제가 강화되었다. 결국 1995년부터 질소도 삭감 지도의 대상이 되었고, 2000년부터 시작된 제5차 수질총량규제에서는 인·질소 모두 벌

칙이 수반되는 총량규제가 시행되었다.

이러한 대책의 공로로 최근에는 적조 발생이 화제가 되는 경우는 거의 없어졌으며, 투명도의 상승에서 보이듯이 수질은 확실히 양호하게 되었다. 그러나 한편으로는 김의 탈색, 어획량의 감소 등이 나타났고, 그 원인이 영양염 부족이라고 지적하는 보고가 늘어났다. 이것이 이 책의 주제인 「빈영양화 문제」이다.

필자(편자의 한사람 야마모토山本)는 약 10년 전인 2003년에 세토내해瀨戸内海의 빈영양화에 대해 논문을 발표하였고, 보다 앞서 빈영양화 문제를 지적했을 때 국내외로부터 매우 큰 반향을 받았다. 수질오염 및 오탁대책을 일찍이 진행해 온 유럽에서는 당시에 이미 빈영양화 징후가 나타났었고, 일본에서도 유사한 경향이 나타나는 것에 대해 공감과 찬동의 의견을 보내왔다. 한편으로 일본 국내에서는 「빈영양 등과 같은 것은 일어날 수 없다」, 「어업부진은 과영양이 원인이다」, 「매립이 최대의 원인이다」라는 매우 강한 비판이 쏟아졌다. 매립이 연안 생태계를 악화시켰다는 것은 확실하지만 적어도 세토내해瀨戸内海의 바지락 생산량 감소와는 단계(phase)가 일치하지 않았다. 이러한 점에서 일본 연구자는 그러한 인식 부족으로 인해 대책 수립이 늦어진 것에 관련이 있을지도 모른다는 것을 반성해야 할 것이다.

그 후 2005년부터 시작된 제6차 수질총량규제에서 환경성은 「오사카만大阪湾을 제외한 세토내해瀨戸内海에서의 규제 강화를 보류한다」라고 하였고, 「질소와 인도 적당하면 어업에 도움이 되며, 깨끗한 바다와 물고기가 풍부한 바다는 반드시 양립하는 것은 아니다」라는 것을 공통적으로 인식하였다. 이것은 필자가 예상한 이상의 발 빠른 대응이었다. 이것과 동시에 수·대기환경국 폐쇄성해역대책실의 주도로 「향후의 폐쇄성 해역 대책에 관한 간담회」가 이루어져, 2007년 3월에

「향후의 폐쇄성 해역 대책을 검토할 때의 논점 정리」를 취합하였다. 그리고 계속해서 「폐쇄성 해역 중장기 비전 책정에 관한 간담회」가 마련되어 2010년 3월에 「폐쇄성 해역 중장기 비전」을 정리하였다. 필자는 다행히 이 두개의 간담회에 일원으로 참가하여 「빈영양화 문제」에 대한 의견을 제시하는 기회를 얻었다. 국가의 물 환경 시책에 관여한 것은 큰 기쁨이었다.

이 책의 집필 동기는 편집자인 필자와 하나자토花里가 위에서 언급한 환경성 회의와는 또 다른 회의인 「수질환경 기준 등 검토위원회」에서 2006년에 만나서 야마모토山本는 세토내해瀨戸内海, 하나자토花里는 스와호諏訪湖에서 발생한 사례의 정보 교환으로부터 시작되었다. 이 회의는 일본의 수역환경기준에 대해 폭 넓게 논의하는 장이었지만, 당시의 의사록을 근거로 살펴보면, 이 위원회에서 「빈영양화」와 그것에 수반되는 생태계 변화와 어업생산 부진을 우려하는 의견을 말한 것은 우리 두 사람뿐이었다. 이전과 마찬가지로 대세는 수질정화의 추진이었고, 「빈영양화」에 관한 전체의 인식은 낮았다. 이러한 상황에서 호수와 바다에서 같은 현상인 「빈영양화」가 일어나는 것에 서로 놀랐다.

꼭 한번 호수와 바다에서 공통적인 문제인 「빈영양화」에 대해 공개된 장에서 의견을 교환하고 싶다는 생각으로부터 수산해양학회 심포지엄 「수역의 빈영양화에 따른 저차~고차영양단계 생태계의 응답」(2014년 3월)을 개최하기에 이르렀다. 스와호諏訪湖, 세토내해瀨戸内海 양쪽 모두 수질오탁방지법 제정 이후 40년에 걸친 데이터가 축적되어 있다. 여기에 추가하여 하리마해협播磨灘에서의 김 양식과 스오해협周防灘에서의 바지락 어업의 참상, 그리고 해외에서도 북해 연안의 가자미류의 어획 감소 등 유사한 현상이 일어나고 있는 것 등이 보고되었다. 2003년 빈영양화에 관한 논문을 세상에 내놓은 이후 10년이 지나서 같은 관측 결과를 한 곳에 모아 논의해 보니 필자의 지적이 틀리지 않았다는 것에 확신을 얻었다. 그 후 육상에서는 스와호諏訪湖 이상으로 관측 데이터가 많은 비와호琵琶湖에서도 같은 문제가 지적되고 있는 것을 알았다.

유입 부하 감소와 호수·해역의 빈영양화의 관계는 영양염 농도, 투명도, 김의 생육 불량 등에서는 명확하게 나타났으며, 총 어획량에서도 역시 빈영양화가 어업 부진과 연관되어 있다고 할 수 있다. 그렇지만 한편으로 일부 어종에서는 개체수가 늘어나고 있다는 보고도 있기 때문에 생태계 내에서의 먹고 먹힌다는 물질과 에너지의 흐름이 복잡하다는 새로운 인식도 얻게 되었다. 그렇기 때문에 「빈영양화 문제」의 배후에 있는 프로세스와 메커니즘을 부각시키고 싶다는 생각에 사로잡혔다.

이 책은 지금까지 수질정화에 집중하여 긴 시간에 걸쳐 축적된 수질 데이터, 생태계의 변화 등 충분한 데이터를 기반으로 제일선의 연구자가 이 어려운 문제에 몰두해온 커다란 성과물이다. 향후에 취해야할 대책은 저절로 보일 것이 틀림이 없다고 믿는다.

제1장은 스와호諏訪湖, 제2장은 비와호琵琶湖와 육수陸水에서의 상황 보고, 제3장에서는 세토내해瀬戸内海의 빈영양화와 메커니즘의 해석, 제4장에서는 세토내해瀬戸内海 동부에 위치한 하리마해협播磨灘에서 어업생산의 변천에 대한 상세한 보고를, 그리고 제5장에서는 수질개선에 따라 분포가 확장된 거머리말(잘피) 서식지의 변천으로부터 빈영양화를 해석하는 열쇠가 되는 「히스테리시스(Hysteresis)」에 대해 상세하게 기술하였다. 그리고 제6장에서는 해외에 대한 보고로서 북해 연안의 빈영양화 사례를, 제7장에서는 부영양화에서 빈영양화에

이르기까지 어업 현장에서 어떠한 일이 일어났는지를 어업 종사자의 입장에서 시대를 따라서 소개하였다. 또한 적절히 삽입한 칼럼에서는 비와호琵琶湖의 식물플랑크톤 형태의 변화와 관련 데이터가 적은 동물플랑크톤에 대한 조사결과를 소개하였다.

지금까지 「깨끗한 바다」, 「깨끗한 호수」를 표어로 민간과 관청에서 대책이 세워져 왔지만, 자원이 부족한 일본에서 수질이라고 하는 환경문제와 어업생산이라고 하는 식량문제의 밸런스를 생각하면 더 이상 같은 대책을 계속하는 것은 멈춰야 할 것이다. 물의 「깨끗함」뿐만 아니라 생태계의 「풍부함」을 되돌리기 위한 대책으로 방향 전환을 해야 할 때가 온 것이다. 이 책은 정부 및 자치단체에서 수질보전 대책을 맡고 있는 행정 담당자와 환경학을 전공하는 대학원생·학부생이 꼭 읽어서 「빈영양화 문제」를 이해하고, 향후의 수역보전 대책에 일조할 수 있으면 다행일 것이다.

또한 우리의 집필·편집활동이 원활하게 진행된 것은 이 책의 출판사인 치진쇼칸地人書館의 시오사카 히나코塩坂比奈子씨 덕분이다. 여러 가지 일상 업무로 집필 작업이 중단되는 일도 때때로 있었지만, 원고의 내용을 구석구석까지 파악한 적절한 코멘트에 항상 놀라움을 금치 못했다. 어떻게 그러한 내용까지 고려한 코멘트를 할 수 있는지 불가사의하였다. 들리는 말에 의하면 하나자토花里 교수가 교단에 서는 신슈대학信州大学의 졸업생이라는 것이다. 역시나라고 생각하였다. 그러한 의미에서 끝가지 본인의 일처럼 정열을 가지고 지원해 주신 것은 정말 감사하다. 끝으로 깊은 감사를 드린다.

2015년 설날

야마모토 타미지山本民次

■ 역자 서언

우리나라 연안역 중에서 반폐쇄적 해역인 마산만, 울산연안, 부산연안, 광양만 및 시화호를 포함한 인천연안은 해양환경기준의 유지가 곤란하고, 해양환경보전에 현저한 장애가 있거나 장애를 미칠 우려가 있는 해역(해양환경관리법 제16조, 환경관리기본계획의 수립 등)이라고 판단하여 1982년부터 특별관리해역으로 지정하였다. 특히 2005년부터 관계부처 합동으로 특별관리해역 관리기본계획을 수립하여 체계적으로 관리해오고 있다. 특별관리해역 중 수질개선이 시급한 마산만을 대상으로 1단계('08~'11) 연안오염총량관리제도를 실시하였으며 (대상항목 COD), 2단계('12~'16)는 관리 대상항목을 질소와 인으로 확대하였고, 현재는 3단계('17~'22)가 진행되고 있다. 1단계 연안오염총량관리제도가 성공적으로 마무리됨에 따라 시화호('13) 및 부산연안('15)으로 확대하면서 제도가 정착되고 있는 단계이다. 또한 과거에는 특별관리해역을 지정만 하고 해제할 수 있는 조항이 없었으나 해역의 상황을 고려하여 해제할 수 있도록 법을 정비하였다. 우리나라의 연안오염총량관리제도는 운영된 지 얼마 지나지 않았기 때문에 일본과 같은 현상은 나타나지 않고 있다. 그러나 앞으로 10년 또는 20년 이내에 일본과 같이 수질이 개선될 것으로 기대하고 있다. 일본은 연안오염총량관리제도를 약 50여년 동안 추진하였기 때문에 우리의 현실을 예단할 수 없지만 불행하게도 일본과 같은 현상들이 나타날 경우를 대비해야 할 것으로 판단된다.

한편, 우리나라에서도 일본 효고현兵庫県의 김 양식장에서와 같이 김 엽체가 탈색되는 현상이 나타나고 있다. 김 엽체가 탈색되어 누렇게 변하는 현상을 김 황백화 현상이라 한다. 우리나라의 김 황백화 현상은 2010년 10월부터 2011년 3월 사이에 서해 연안에 위치한 경기도, 충남, 전북과 전남의 서부지역 김 양식장을 중심으로 약 15,000ha에서 발생하여 약 278억원의 대규모 피해를 발생시켰다. 이듬해인 2011년 10월부터 12월까지는 전북 군산 김 양식장에서 김 황백화 현상으로 인해 약 21억원의 피해가 발생하였으며, 이후 이러한 현상은 매년 발생하고 있는 실정이다(국립수산과학원, 2014)[1]. 황백화 현상이 일어나는 김의 종류는 가장 양식이 많이 되고 있는 방사무니김(*Pyropia yezoensis*), 잇바디돌김(*P. dentata*) 및 모무늬돌김(*P. seriata*)에서 확인되었다(김 등, 2018)[2]. 이러한 현상이 나타나는 것은 수온 상승과 방조제 축조에 따른 담수의 유입 감소로 인한 영양염 부족 때문이라는 원인을 제시하고 있다.

따라서 우리나라의 연안오염 문제를 해결하기 위해서는 1등급 수질을 유지하려는 정책목표를 세워서 추진하기 보다는 일본의 선례를 답습하지 않기 위한 새로운 전략이 필요할 것으로 판단된다.

이 책의 제1장에서는 일본 나가노현長野県 중앙부의 해발 759m에 위치한 호수로 호수 둘레 15.9km, 호수면적 13.3km²로 나가노현長野県 최대의 호수이며, 일본 전체에서는 22번째인 스와호諏訪湖에 대해서, 제2장에서는 호수 면적(670km²), 저수량(27.5km³) 모두 일본 최대의

1) 국립수산과학원 사업보고서(2014), 양식 김 황백화 원인 구명과 제어, 전략양식연구소 해조류바이오연구센터, 50p.

2) 김영식, 김재성, 김용이, 최성연(2018) 금강 하구역 인근 김 황백화 원인 분석. 한국해양환경·에너지학회지, 21(4), 381-386.

호수인 비와호琵琶湖(전체 평균 수심은 1m, 가장 깊은 곳의 수심은 103m이며, 남북의 길이가 63km, 최대 폭은 23km)에 대해 서술하고 있다. 제3장에서는 일본 최대의 폐쇄성 수역이며, 유역권에는 일본 인구의 1/3이 거주하고 있는 세토내해瀬戸内海의 빈영양화와 메커니즘의 해석에 대해, 제4장에서는 세토내해瀬戸内海 동부의 하리마해협播磨灘에서 어업생산의 변천에 대해 상세한 보고를, 그리고 제5장에서는 수질개선에 따라 분포가 확장된 거머리말(잘피) 서식지의 변천으로부터 빈영양화를 해석하는 열쇠가 되는 「히스테리시스(Hysteresis)」에 대해 상세하게 기술되어 있다. 그리고 제6장에서는 해외로부터의 보고로서 북해 연안의 빈영양화 사례를, 제7장에서는 부영양화에서 빈영양화에 이르기까지 어업의 현장에서 어떠한 일이 일어났는지를 어업 종사자의 입장에서 시대를 따라서 소개하였다. 또한 적절히 삽입한 칼럼에서는 비와호琵琶湖의 식물플랑크톤 형태의 변화와 데이터가 적은 동물플랑크톤에 대한 조사결과를 소개하였다.

국내 언론에 보도된 김 황백화 관련 사례

이 책을 처음 접했을 때는 일본 학자들과 마찬가지로 우리나라 연안의 수질오염이 가중되고 있는 현실에서 엉뚱한 발상이라는 생각이 들었다. 그러나 양식 김 엽체의 탈색에 대한 설명을 읽으면서는 우리나라 서해안의 양식 김 황백화 현상에 대한 언론 보도 및 연구결과들이 떠올랐다. 그러면서 우리나라도 일부해역에서는 일본과 같이 빈영양화 문제가 대두될 수 있다는 생각이 들었으며, 특별관리해역에 대한 연안오염총량제가 일본과 같이 시행되고 있음을 감안할 때 우리나라도 일본과 같은 절차를 밟을 것이라 추론하기에 이르렀다.

그러나 이 책을 읽으면서 더 안타까웠던 것은 우리나라의 모니터링 시스템의 구성이 떠올랐기 때문이다. 일본은 주요 해역에 대해 수질·퇴적물·부유생태계·저서생태계 및 수산자원 등 해양 생태계 전반에 걸친 자료들이 1900년대부터 잘 구축되어 있는 반면에 우리나라는 아직도 모니터링 항목이 부족하거나 종합적인 모니터링 기간 및 품질관리 역사가 짧아서 일본과 같이 종합적인 해석에는 한계가 있을 수 있다는 생각에 오랫동안 해양환경을 공부해 온 사람으로서 마음이 아려왔다.

따라서 이 책은 현재 중앙부처(해양수산부)에서 해양환경정책 및 수산정책을 수립하는 공무원들은 물론이고, 특히 정책 실무를 집행하는 지방자치단체의 해양수산관련 담당 공무원까지도 참고해야 할 도서라고 생각된다. 또한 해양환경을 공부하거나 연구하는 학부생, 대학원생 및 연구자들 역시 반드시 필요한 참고 도서라고 생각되어 번역하기에 이르렀다. 아무쪼록 많은 분들이 이 책을 통해서 앞으로 우리나라 해양환경보전에 일조하는 계기가 되었으면 한다.

2019년 10월

역자 일동

■ 목 차

제 1 장 스와호諏訪湖의 부영양화 문제와 빈영양화 문제

하나자토 타카유키花里孝幸

제 2 장 비와호琵琶湖의 수질변화와 어획량 변동

오오쿠보 타쿠야大久保卓也

제 3 장 세토내해瀨戶內海의 빈영양화 - 그 원인, 프로세스, 메커니즘

야마모토 타미지山本民次

제 4 장 세토내해瀨戶內海 동부의 빈영양화와 어업생산

한다 미노르反田 實

제 5 장 세토내해瀨戶內海의 거머리말 서식장 변화

- 생태계 구조의 히스테리시스 **호리 마사카즈堀 正和·타르타니 켄지樽谷賢治**

제 6 장 북해 연안의 빈영양화와 수산자원 변동

코다마 마사시児玉真史

제 7 장 영양환경 변천과 수산 비망록

와시오 케이지鷲尾圭司

제 1 장

스와호諏訪湖의 「부영양화 문제와 빈영양화 문제」

하나자토 타카유키花里孝幸

1.1. 부영양화로 녹조의 대량발생

스와호諏訪湖는 나가노현長野県의 중앙부 해발 759m에 위치한 호수이며, 호수의 둘레가 15.9km, 호수의 면적은 13.3km²로 나가노현長野県 최대의 호수(일본 전체에서는 22번째)이다. 옛날부터 어업이라는 생업의 장소로써 그리고 수영과 스케이트 등 놀이의 장소로써 사람들의 생활을 지탱해왔다. 이 호수에서 1960년대에 대량의 녹조綠藻가 발생하였다. 녹조에서 곰팡이 냄새가 나서 수영 등을 할 수 없는 상태가 되었다.

그리고 녹조라는 것은 생물 이름이 아닌 주로 마이크로 시스티스(Microcystis)라고 하는 남조류(식물플랑크톤)가 대량으로 발생하여 호수 표면이 녹색 가루를 뿌려놓은 것과 같은 현상을 가리키는 말이다(그림 1-1, 표지의 뒷부분도 참조). 「물꽃」, 「블룸(bloom)」, 「적조」 등과 같은 현상이다. 대부분의 플랑크톤은 물보다 무겁기 때문에 바람에 의한 교반이 없으면 물 속을 표류하면서 점차 가라앉지만, 녹조를 일으키는 남조류는 예외적으로 세포 안에 기포가 있어 수면에 뜬다. 또한 자외선에 높은 내성을 가지며, 대량의 영양염을 흡수하면서 광합성을 하여 호수 표면에서 증식한다.

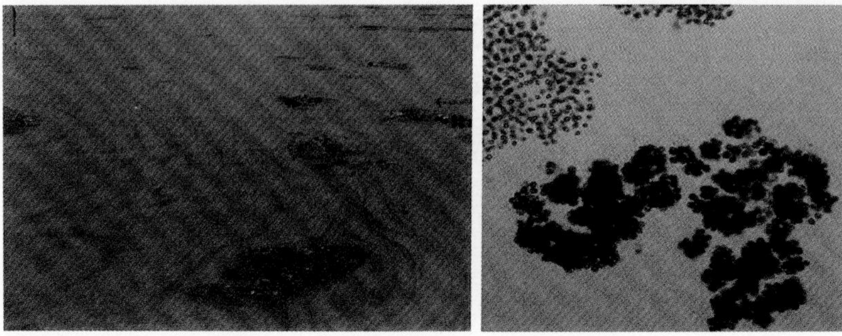

그림 1-1. 좌 : 녹조(綠藻, アオコ)가 발생한 상태
우 : 녹조(綠藻, アオコ)를 만드는 남조류藍藻類 Microcystis.
사진제공 : 朴虎東

녹조 발생은 부영양화의 상징으로 알려져 있으며, 이것은 스와호諏訪湖뿐만이 아니라 거의 동일한 시기에 일본의 많은 호수에서 같은 현상이 나타나게 되었다. 따라서 호수의 수질오염 즉 부영양화가 일본 전국적으로 큰 환경문제가 되었다. 그 중에서도 특히 스와호諏訪湖의 수질오염은 심각하였고, 일본 전국 호수의 수질 비교에서 매년 워스트 랭킹(worst ranking) 10위 이내를 유지하고 있었다.

왜 스와호諏訪湖에서 수질오염이 그 만큼이나 진행되었을까? 가정과 사업장으로부터 대량의 폐수가 호수에 유입되고 있는 것은 물론이었고, 이 외에도 스와호諏訪湖의 지형과 주위의 환경조건이 강하게 관련되어 있는 것으로 생각된다. 우선 스와호諏訪湖는 평균 수심이 약 4m, 최대 수심이 6.5m 정도의 얕은 호수라는 것이다. 수질오염의 가장 간단한 지표로써 투명도가 있지만, 일본에서 가장 투명도가 높은 호수는 홋카이도北海道의 마슈호摩周湖로 투명도가 25m 정도이며, 최대 수심은 211.5m나 된다(倉田, 1990). 그 외에도 시코츠호支笏湖, 토와다호十和田湖, 모토스호本栖湖 등이 10m를 넘는 높은 투명도를 나타내고 있지만, 모두 최대 수심이 100m를 넘는 깊은 호수이다. 한편 오염된 호수의 대표격인 테가늪手賀沼, 인바늪印猪沼, 카스미카우라霞ケ浦 등의 최대 수심은 10m 미만이다(印膳沼環境基金, 1998).

호수의 물은 겨울에 가장 차가워지고, 봄부터 여름에 걸쳐 태양에 의해 데워지지만, 데워지는 것은 표층의 물 뿐이다. 데워져서 밀도가 작고 가벼워진 물은 표면에 머물기 때문에 태양에 의해 계속 데워진다. 한편 호수 깊은 곳의 차가운 물은 시간이 지나도 데워지지 않는다. 호수의 물은 가끔 바람에 의해 교반되지만 겨우 5~10m 정도의 수심까지만 물이 움직이기 때문에 표면 부근의 물과 깊은 곳의 물은 여름 동안에는 혼합되지 않는다. 이와 같이 호수의 물이 층으로 나누어지는 것을 「성층成層」이라고 하지만, 최대 수심이 10m 이하의 얕은 호수에서는 이러한 성층成層이 일어나기 어렵다.

호수는 흐르는 하천과 달리 물이 정체되어 있는 곳이기 때문에 호수로 유입된 수질오염의 원인물질인 유기물도 호수에 머물러 호수 바닥으로 가라앉는다. 그러면 성층成層 상태인 수심이 깊은 호수에서는 유기물이 호수 바닥에 그대로 머물러 있지만, 얕은 호수에서는 호수 바닥에 축적된 유기물 또는 유기물로부터 용출된 영양염이 바람에 의해 태양광이 투입되는 표층으로 쉽게 운반된다. 유기물로부터 용출된 영양염 중에서도 질소와 인은 식물플랑크톤의 「비료」가 되기 때문에 표층으로 비료를 유입시킨 것이 된다. 즉 표층에서의 녹조 발생을 조장한다(그림 1-2).

그리고 스와호諏訪湖는 호수 면적의 40배나 되는 넓은 집수역을 가지고 있다(그림 1-3). 이 비율은 비와호琵琶湖의 10배 정도이며, 마슈호摩周湖의 25배나 되는 큰 값이다. 집수역이 넓으면 그만큼 넓은 지역으로부터 오염 원인물질이 스와호諏訪湖로 유입된다.

따라서 스와호諏訪湖는 얕은데다가 넓은 집수역을 가지고 있어서 구조적으로 오염되기 쉬운 호수라고 할 수 있다. 특히 고도 경제성장기에는 그 집수역 내부의 민가와 사업소 등으로부터 고도 경제성장기 이전에 비해 대량의 폐수, 즉 오염 원인물질인 질소와 인이 스와호諏訪湖로 공급되었다. 이로 인해 녹조가 대량으로 발생한 것이다.

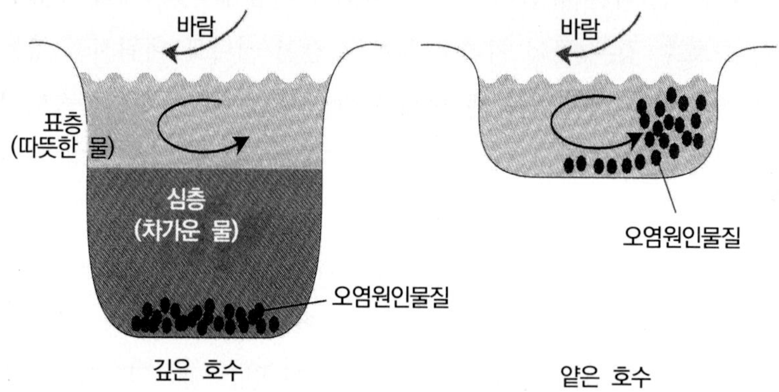

그림 1-2. 깊은 호수와 얕은 호수에서 바람과 물의 움직임. 출처 : 花里(2012)

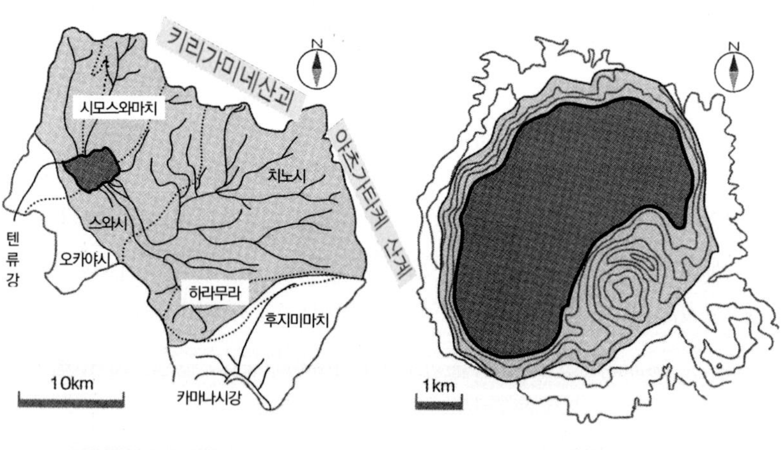

그림 1-3. 스와호諏訪湖와 마슈호摩周湖의 집수역 비교.
짙은 회색부분이 호수 표면, 그 주위의 옅은 회색부분이 집수역. 마슈호摩周湖의 외각선은 등고선. 출처 : 花里(2012)

1.2. 수질정화 노력과 효과

녹조가 대량으로 발생하게 된 이후 스와호諏訪湖의 수질정화는 주변 주민의 염원이 되었다. 나가노현長野県은 1965년에 대학과 연구기관의 전문가로 구성된 「스와호諏訪湖 정화대책 연구회」를 설치하였다. 연구회에서는 수질정화 대책이 검토되어 스와호諏訪湖 주변의 광역하수도 정비가 제안되었다. 그 제안이 받아들여져 1968년에 「스와호諏訪湖 유역 하수도 계획 협의회」가 열려 하수도 시스템의 건설이 시작되었다. 그리고 스와시諏訪市 토요다豊田에 하수처리장(종말처리장)이 만들어져 1979년부터 가동을 시작하였다.

토요다豊田의 하수처리장에서는 유입된 오염수의 유기물 중 약 94%가 제거된다. 처리된 폐수는 호수 바닥에 설치된 2개의 배수관을 통해 스와호諏訪湖의 유출 하천인 텐류강天竜川으로의 출구가 되는 카마구치釜口 수문 근처에서 방류된다(그림 1-4). 소위 계외방류系外放流이다(이 경우 「계(system)」는 스와호諏訪湖를 말한다). 이렇게 한 이유는 당시의 하수처리방법이 표준활성오니법이었기 때문에 이 방법으로는 질소와 인을 충분히 제거할 수 없어 처리한 폐수에는 여전히 고농도의 무기태 인과 질소가 들어있었다. 이 처리 폐수를 스와호諏訪湖에 방류하면 호수 내의 식물플랑크톤에 흡수되어 녹조 발생을 촉진하게 될 것으로 생각되었기 때문이다.

또한 나가노현長野県은 하수처리장 건설과 함께 하수도 보급률을 높이는데도 노력하여 2006년에는 97%를 넘었다. 그리고 하수도로의 접속율도 97.8%로 현저하게 높아졌다(長野県, 2008). 이렇게 높은 접속율은 스와諏訪지역 주민의 스와호諏訪湖 정화에 대한 의식의 크기를 나타내는 것이라고 할 수 있다. 이러한 대책으로 집수지역 내 대부분의 가정과 사업

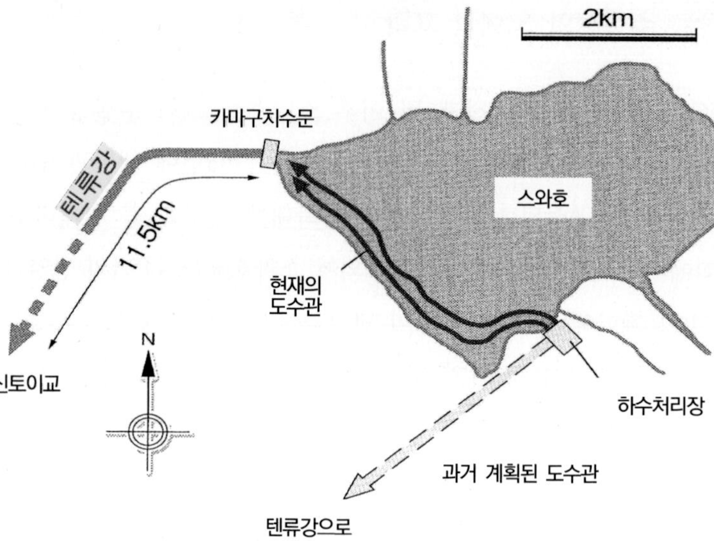

그림 1-4. 스와호諏訪湖 호숫가의 토요다豊田에 있는 하수처리장과 2개의 도수관導水管(계외 방류). 출처 : 花里(2006)

소로부터 방출되는 폐수는 스와호諏訪湖에 유입되지 않게 되었다.

이로 인해 호수의 물에서 총인(TP, Total Phosphorus) 농도가 현저하게 낮아지게 되었다. 즉 1978년에는 0.8mg/L를 초과하였지만, 2001년에는 스와호諏訪湖에 적용된 총인 농도의 환경기준치인 0.05mg/L보다 낮았다(그림 1-5의 위). 한편 총질소(TN, Total Nitrogen)의 농도는 총인보다 완만하게 낮아지고 있었으며, 1980년 전후에는 2.0mg/L보다 높은 경우도 있었지만, 2011년에는 0.77mg/L가 되어 환경기준치인 0.60mg/L에 매우 가까워졌다(그림 1-5의 가운데). 그러나 총인과 총질소 농도의 감소에도 불구하고 COD(Chemical Oxygen Demand ; 화학적산소요구량) 값은 그다지 감소하지 않았다(그림 1-5의 아래). 이와 유사한 경향이 다른 호수에서도 많이 나타나지만, 이 원인은 아직 해명되지 않고 있다.

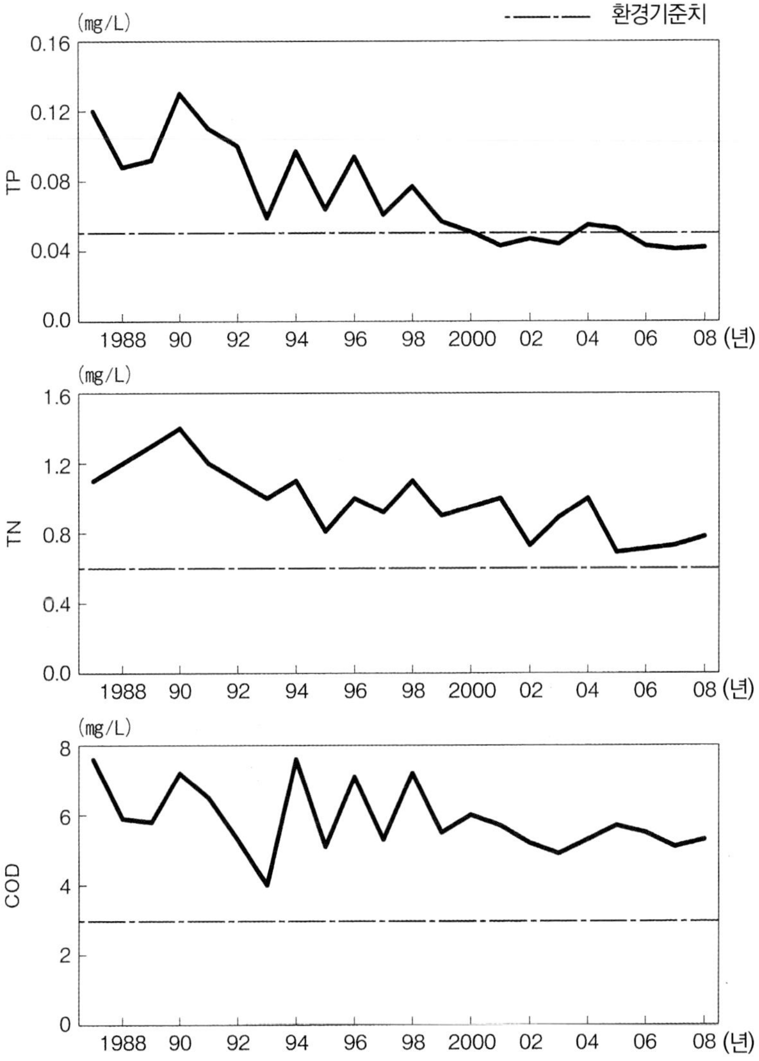

그림 1-5. 스와호諏訪湖의 총인 농도(위), 총질소 농도(가운데) 및 COD 값(아래)의 연간변화. 출처 : 나가노현長野縣 자료로 작성

1.3. 녹조와 깔다구 대량발생의 소멸

하수처리장을 가동한 지 20년째인 1999년에 녹조 발생량이 갑자기 크게 감소하였다. 1999년의 총인 농도는 0.057mg/L로 환경기준치에 거의 근접한 연도였다.

녹조는 여름에 발생하여 호수 표면을 덮기 때문에 호수 물의 투명도에 영향을 크게 미친다. 따라서 투명도의 변화를 살펴보면, 녹조 발생량의 변화를 추측할 수 있다. 그림 1-6에 1977년부터 스와호諏訪湖에서 여름철(7~9월)의 평균 투명도 변동을 나타내었다. 하수처리장이 생기기 이전인 1977~1978년에 40cm 정도였던 투명도가 하수처리장 가동 후에 약 70cm로 상승하였다. 그러나 그 이후에는 거의 변하지 않았고, 녹조의 대량 발생도 계속되었다. 그 동안 총인과 총질소의 농도는 서서히 감소하였지만, 여름철의 평균 투명도에는 큰 변화가 나타나지 않았다. 그런데 1999년 녹조가 급격히 감소하여 그 해 여름의 평균 투명도는 100cm를 넘었다. 이렇게 녹조 발생량이 적은 상태는 이듬해 이후에도 계속되어 여름철 평균 투명도도 여전히 100cm 전후를 유지하고 있다(200cm의 투명도가 관측된 경우도 있음).

그리고 그것과 거의 같은 시기에 성가신 해충인 깔다구 성충의 발생량이 급감하였다. 최초의 이변은 1998년 가을이었다. 매년 10월 중순에 나타나는 빨간토쿠나가깔다구(*Tokunagayusurika akamusi*)의 대량 발생이 없었던 것이다. 스와호諏訪湖 호수 바닥에는 장수깔다구(*Chironomus plumosus*)와 빨간토쿠나가깔다구라고 하는 유충의 체장이 15~20mm, 성충의 체장이 1cm나 되는 대형 깔다구의 유충이 서식하고 있었다(그림 1-7). 이들 깔다구의 성충이 매년 4회 정도 대량 발생을 반복하고 있었다(장수깔다구가 4, 6, 8월 무렵으로 3회, 빨간토쿠나가깔다구가 10월 무렵으로 1회). 이 중에서도 가을에 발생하는 빨간토쿠나가깔다구의 발생량이 많았고, 호숫가에 있는 건물의 벽에 많은 깔다구 성충이 붙어 하얀색 벽을 검게 만들었다. 그리고 밖에 널어놓은 세탁물에 모여들어 세탁물을 더럽히기 때문에 성가신 해충으로 기피되고 있었다(그림 1-8).

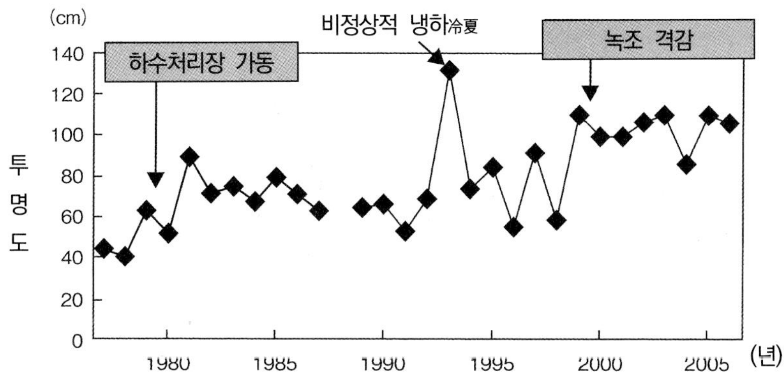

그림 1-6. 스와호諏訪湖 중앙부에서 7~9월의 평균 투명도.
(주) 투명도 단위가 cm로 되어 있으며, 여러 사람이 기록한 평균값을 사용하고 있다. 측정자들 사이의 측정값 차이는 대략 5cm 정도이다. 출처 : 沖野·花里(1997), 花里 등(2003), 宮原(2007)

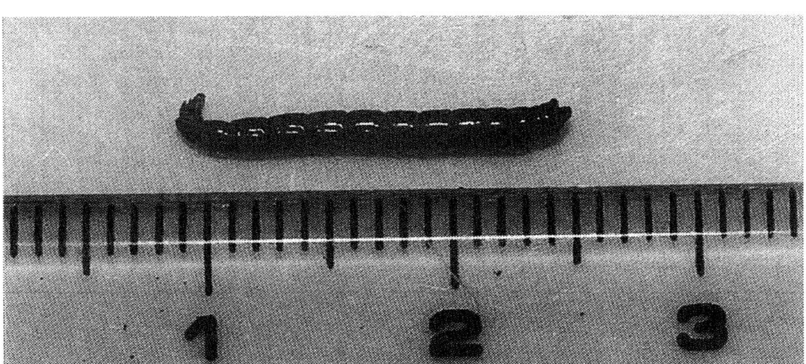

그림 1-7. 빨간토쿠나가깔다구(*Tokunagayusurika akamusi*) 종령(4세) 유충[3].
촬영 : 荒河尙

3) 종령유충 : 마지막 단계의 탈피를 마친 유충

그림 1-8. 왼쪽 : 대량 발생하여 방충망에 붙어 있는 깔따구 성충(도로 건너편이 스와호諏訪湖). 오른쪽 : 벽에 붙어 있는 깔따구의 성충

이러한 빨간토쿠나가깔다구의 대량 발생이 1998년 가을에는 나타나지 않았다. 이러한 현상을 인식하기 시작했을 때는 그 해 스와諏訪의 평균 기온이 높았고, 가을의 호수 수온의 감소가 늦어져서 빨간토쿠나가깔다구의 대량 발생이 늦어지는 것으로 생각하였다. 그러나 가을이 깊어져도 발생량은 늘어나지 않았고, 게다가 이듬해인 1999년 봄철에는 장수깔다구의 대량 발생도 없었다. 그리고 그 이후에도 대량 발생은 나타나지 않았고, 최근에는 그 존재 조차도 잊어버리게 되었다. 1986년과 2001년에 실시된 스와호諏訪湖 내의 60개 관측점에서 깔다구류의 분포 조사 결과를 비교하면, 2001년의 장수깔다구 유충은 1986년의 70분의 1, 빨간토쿠나가깔다구 유충은 130분의 1까지 존재량이 감소하였다. 그리고 이 양쪽 연도의 호수 바닥 퇴적물의 유기물 함량(%)의 지표가 되는 강열감량을 측정한 결과 1986년에는 14.3±2.5%였던 것이 2001년에는 12.0±2.8%로 낮아졌고, 통계적으로도 의

미 있는 감소가 나타났다(Hirabayashi et al., 2003). 이것은 호수의 물속으로부터 호수 바닥으로 퇴적되는 유기물량이 감소한 것을 의미한다. 호수 바닥 유기물의 대부분은 호수 물속의 식물플랑크톤에서 유래한 것으로 생각되기 때문에 호수 바닥 유기물 함량의 감소는 식물플랑크톤이 줄어든 결과로 생각된다. 깔다구류는 유충일 때에는 호수 바닥에서 서식하여 호수 물속에서 침강한 식물플랑크톤을 먹이로 하고 있다. 즉 스와호諏訪湖에서 깔다구류가 줄어든 원인은 스와호諏訪湖 수질정화의 노력에 의해 호수 물속의 영양염이 감소하고, 녹조를 일으키는 남조류를 포함한 식물플랑크톤이 줄어들어 깔다구류의 먹이가 줄어들었기 때문이라고 생각된다.

여기서 주목해야할 것은 호수 물속 인과 질소의 농도는 1990년 무렵을 최대로 서서히 감소한 반면에, 녹조와 깔다구의 발생량은 서서히 줄어들지 않았고, 1998~1999년을 경계로 급격하게 감소한 것이다. 이것은 다양한 생태계에서 관찰되는 「생태계의 레짐 시프트(Regime shift)」 현상이라고 생각된다. 「생태계의 레짐 시프트(Regime shift)」란 생태계의 상태가 돌발적으로 비연속적인 변화를 크게 일으키는 것을 말한다(레짐 시프트에 대해서는 p.181, 제5장의 BOX를 참조).

따라서 호수의 수질정화대책에서 호수 물속의 영양염 농도를 낮추는 노력을 하는 것은 당연하지만, 생태계의 카타스트로픽(catastrophic)한 변화가 발생한 경우에는 지금까지와 다른 대책이 요구되게 될 것이다.

1.4. 수질정화에 따른 어획량 감소

1.4.1. 수질정화에 의한 어류의 먹이부족

지금까지는 스와호諏訪湖의 정화가 진행됨에 따라 변화한 생태계에서 민폐 생물인 녹조와 깔다구류 발생량이 급감한 것을 설명하였다. 이것은 스와호諏訪湖의 환경개선과 관련되기 때문에 바람직한 것으로 생각된다. 그러나 스와호諏訪湖의 수질정화에 수반되는 생태계 변화는 인간에게 반드시 좋은 것만은 아니었다.

그 중 하나가 빙어의 감소이다. 그림 1-9에 1950~2003년 사이의 스와호諏訪湖에서 빙어 어획량의 변화를 나타내었다. 이 그림을 살펴보면 1950년대부터 1970년대까지 매년 어획량이 증가하였다. 이 시기는 고도 성장기로서 많은 영양염이 스와호諏訪湖로 유입된 시기이다. 그런데 하수처리장이 만들어진 1979년 무렵을 경계로 어획량이 감소하고 있다.

이러한 감소에는 호수의 수질정화가 관여했을 것으로 생각된다. 수질정화는 식물플랑크톤을 감소시키는 행위이다. 식물플랑크톤은 호수 생태계 먹이사슬의 기반이 되는 생물이기 때문에 수질정화가 진행되면 먹이사슬에 포함되어 있는 많은 생물의 생산량이 감소하게 된다. 스와호諏訪湖에서 깔다구류는 빙어의 중요한 먹이이며(竹内·沖野, 1982), 깔다구류가 감소한 것이 빙어류의 성장을 방해하여 어획량의 감소를 초래한 것으로 생각된다.

이와 같이 설명하면 많은 사람들은 이상하게 생각할 것이다. 수질정화를 할 때는 「물고기가 많이 살 수 있는 깨끗한 호수를 만들자」라는 캐치프레이즈(catchphrase)가 빈번하게 사용되었기 때문이다. 생태계에서 먹이사슬과 그것에 따른 에너지의 흐름을 생각하면, 이 캐치프레이즈의 오류는 명확하지만 「옛날 스와호諏訪湖는 물이 깨끗하고 물고기가 많이 잡혔다」라는 이야기를 어르신들로부터 흔히 듣는다. 이것은 어떻게 된 것일까? 어르신들의 기억이 잘못된 것일까? 필자는 이 의문을 푸는 열쇠가 「생태계의 레짐 시프트」에 있다고 생각한다.

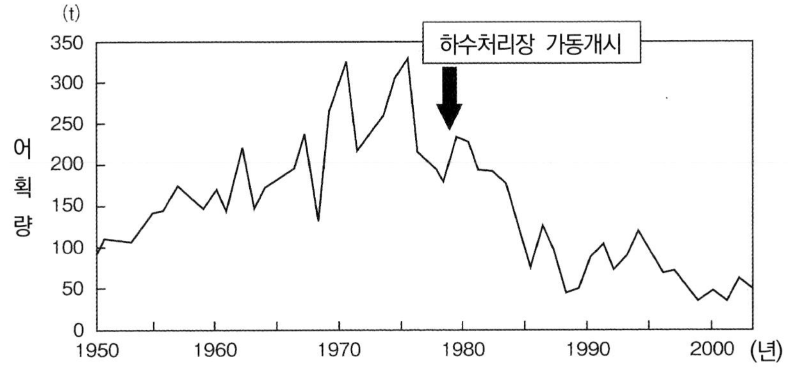

그림 1-9. 1950~2003년 스와호諏訪湖에서 빙어 어획량의 변화. 출처 : 武居(2005)

1.4.2. 레짐 시프트에 따른 수질과 어획량의 관계

그림 1-10에 스와호諏訪湖에서 1940~2005년 사이 여름철 투명도의 변화와 1950~2005년 사이 빙어 어획량의 변화 및 녹조 발생기간을 나타내었다. 여기서는 어르신들이 말하는 「옛날」을 1950년대로 가정하였다. 1960년 이전은 오랫동안 약 100cm 정도로 투명도가 유지되었지만, 1960년 무렵을 경계로 투명도가 급속하게 감소하는 것을 알 수 있다. 이것은 이 무렵부터 녹조 발생이 시작되었고, 수질오염이 진행되었기 때문이다. 한편 어획량은 1950년대부터 1960년대에 걸쳐 높은 투명도 속에서 매년 증가하였고, 녹조가 발생하여 투명도가 낮아져도 증가를 계속하여 1979년에 최대값을 보인 후 감소하고 있다. 따라서 어획량 변화는 수실변화와는 관계가 없는 것처럼 생각된다.

이 현상을 설명할 수 있는 것이 1999년과는 반대되는 생태계의 레짐 시프트라고 생각한다. 1950년대는 고도 성장기이면서 폐수 방출에 규제가 없어 많은 양의 인燐과 질소가 스와호諏訪湖로 유입되어 스와호諏訪湖의 부영양화가 급속하게 진행되고 있었다. 이러한 부영양화는 식물플랑크톤 증식을 촉진시켜 먹이사슬을 통한 빙어의 증식도 촉진되었다. 1960년대에 들어서 인燐과 질소의 농도가 어느 역치[4]를 넘었을 때 녹조가 갑자기 발생하였다. 즉 생태계의 레짐 시프트가 일어났다.

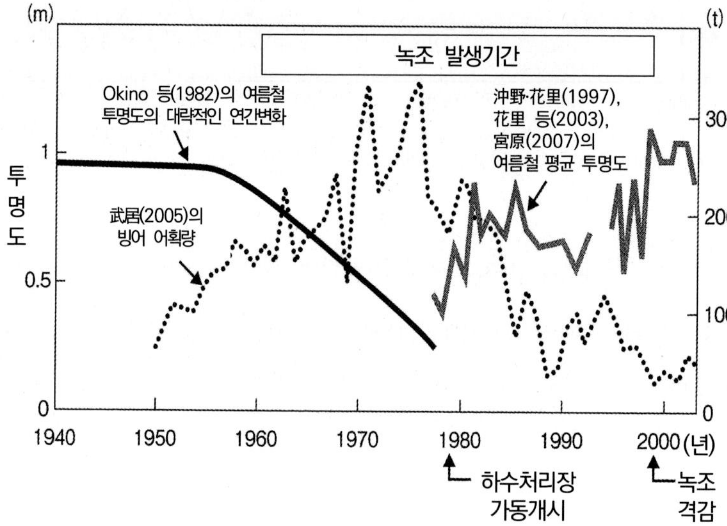

그림 1-10. 스와호諏訪湖에서 1940~2005년 사이의 여름철 투명도 변화와 1950~2005년 사이의 빙어 어획량의 변화.
출처 : Okino(1982), 沖野·花里(1997), 花里 등(2003), 宮原(2007), 武居(2005)를 정리하여 작성

하지만 녹조 발생량은 녹조를 일으키는 남조류의 현존량을 나타내기 때문에 그것이 반드시 식물플랑크톤의 생산량을 반영하는 것은 아니다. 이렇게 말하는 것은 예를 들어 부영양화가 그다지 진행되지 않은 호수에서는 소형 식물플랑크톤이 우점하고, 그 호수가 약간 부

4) 역치(threshold value, 閾値) : 생물이 외부환경의 변화, 즉 자극에 대해 어떤 반응을 일으키는 데 필요한 최소한의 자극의 세기(출처 : 두산백과)

영양화되면 식물플랑크톤이 증식하지만, 늘어난 식물플랑크톤을 물벼룩이 효율적으로 섭취해버리기 때문에 겉보기로는 식물플랑크톤 현존량이 늘어나지 않기 때문이다. 그러나 실제로는 식물플랑크톤의 증가분이 먹이사슬을 통해 물고기의 현존량을 증가시킨다. 이 경우 호수는 부영양화되지 않은 것처럼 보인다. 즉 식물플랑크톤의 현존량이 적고, 물도 깨끗하면서 어획량도 많은 상태가 된다. 이 후 부영양화가 더욱 진행되면 식물플랑크톤 중에서 큰 군체를 만드는 것들이 출현하며, 이것들은 포식자에게 먹히지 않기 때문에 먹이사슬의 도중에서 에너지가 막혀버린다. 즉 녹조 발생은 여기에 해당한다.

즉 어르신들이 말하는 「옛날」인 1950년대는 인燐과 질소, 그리고 식물플랑크톤도 증가하여 빙어 어획량도 증가하였지만, 레짐 시프트가 일어나기 전이기 때문에 녹조는 발생하지 않았고, 호수는 깨끗했다. 이것이 「옛날 스와호諏訪湖는 물이 깨끗하고 물고기가 많이 잡혔다」의 해답이 될 것이다.

1.5. 부영양 정도의 지표로써 어획량

여기서 주의해야 할 것이 있다. 우리들은 통상 호수의 녹조 발생량과 동물플랑크톤량으로 그 생물의 많고 적음을 평가하고 있다. 이 양은 그 시점에 존재한 생물량(생물의 현존량)이다.

호수의 부영양화는 녹조를 일으키는 식물플랑크톤 생산을 촉진하여 녹조를 발생시킨다. 녹조를 일으키는 남조류뿐만 아니라 호수의 식물플랑크톤 생산량이 높아지면 식물플랑크톤과 먹이사슬로 연결되어 있는 동물의 생산량도 높아질 것이다. 따라서 이들 생물의 존재량이 아닌 생산량을 파악하는 것이 호수의 부영양 상태를 파악하는데 중요하다.

하지만 생물 생산량을 측정하는 것은 간단하지 않다. 생물 생산량을 측정하기 위해서는 일정시간(예를 들어 그림 1-11의 시간 a에서 시간 b) 동안 늘어난 생물량을 조사할 필요가 있다. 다시 말하면 생물 생산량은 그 시간 동안 증가한 생물의 양이다(그림 1-11①). 다만 문제는 자연계에서 생물 생산량을 정확하게 파악하는 것이 어렵다는 것이다. 왜냐하면 자연계의 생물은 늘어남과 동시에 그 대부분이 포식자에게 잡아먹혀 죽어버리기 때문이다. 사망한 생물 개체는 사망 직전까지 생물 생산에 기여하기 때문에 사망한 생물 개체의 양도 계산에 포함할 필요가 있다. 이 경우 올바른 생산량은 시간 a의 생물 존재량과 시간 b일 때의 생물 존재량의 차이(존재량의 증가분)에 그 시간 동안의 사망량을 더한 것이다(그림 1-11②). 이러한 것들을 말로 설명하는 것은 간단하지만 실제 호수의 생물 사망량을 파악하는 것은 더욱 어렵다.

그러나 어업활동이 이루어지고 있는 호수에서는 물고기의 생산량을 쉽게 추정할 수 있을 것으로 생각했다. 스와호諏訪湖의 주요 어종인 빙어를 예를 들어서 생각해보자. 호수에 빙어가 많으면 어부는 활발하게 어업활동을 한다. 그로 인해 호수의 물고기가 줄어든다(물고기의 존재량이 줄어듦). 물고기의 존재량이 줄어들면 어획효율이 떨어지고 포획되는 물고기의 양이 줄어들어 어느 정도의 물고기만이 호수에 살아남게 된다. 그러면 호수의 빙어 존재량은 어업활동에 의존하여 어느 정도 변동은 있지만, 매년 어느 정도 일정하게 유지되는 것으로 추정할 수 있다.

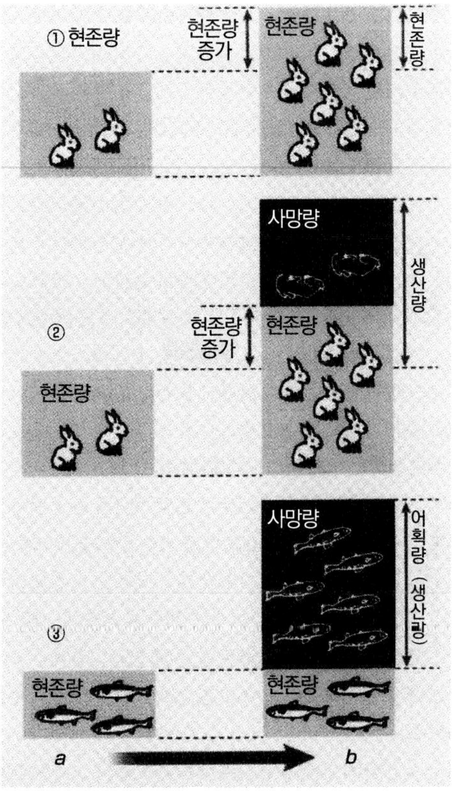

그림 1-11. 생물 개체군의 현존량과 생산량.

① 어떤 생물종 개체군의 생물량은 일정시간 동안 증가한 현존량이 된다.

② 개체군내에서 사망이 있는 경우는 증가한 현존량에 사망량을 더한 것이 생산량이 된다.

③ 호수에서 어업대상이 되는 어류 개체군의 경우 어업에 의해서 현존량은 대략 일정하게 유지되고, 사망량이 거의 어획량에 상당한다고 생각되므로 어획량은 어류 개체군의 생산량과 같아진다.

그렇다면 빙어 사망량이 그 개체군의 대략적인 생산량에 해당되지 않을까?(그림 1-11③). 그리고 자치어 시기를 제외하고, 빙어 사망요인의 대부분이 어획이라고 생각하면, 어획량이 빙어 개체군의 생산량을 대략적으로 나타내는 것으로 생각할 수 있을 것이다. 이 생각이 올바르다면, 어획량 변화는 호수의 부영양 정도의 변화를 나타내는 지표가 될 수 있을 것이다. 이러한 관점에서 빙어의 어획량 변화(그림 1-9)를 다시 살펴보면, 부영양화가 진행된 시기에는 매년 어획량이 높았으며, 하수처리장이 만들어지면서 어획량이 감소하였다. 이러한 것은 스와호諏訪湖 부영양화의 변화를 잘 나타내는 것이라고 생각된다.

일본에서는 대부분의 호수에서 어업활동이 이루어지고 있으며, 이 때문에 물고기를 방류하고 있다. 어업협동조합에서는 각각의 호수에서 어획량 데이터를 수집하고 있다. 그러한 어획량 데이터를 바탕으로 호수의 부영양 정도의 변화를 파악하고, 그것을 호수의 환경관리에 이용할 수 있지는 않을까?

1.6. 마름(*Trapa japonica*)의 대번식으로 인한 새로운 문제

1.6.1. 민폐 수초水草 마름의 대번식

스와호諏訪湖에서의 어업 부진은 큰 문제가 되었지만, 그 외에도 수질정화의 진행에 따라 또 다른 문제가 발생하였다. 그것은 부엽식물인 마름의 대번식이다(그림 1-12). 마름은 봄에 호수 바닥에 있던 종자로부터 싹을 틔워 줄기를 수면까지 늘여 잎을 펼친다(그림 1-13). 생육에 좋은 조건이 마련되면 로제트 형태의 잎을 증식시켜 호수 표면을 덮어버린다.

녹조가 발생하였던 1970~1990년대의 스와호諏訪湖에서 수초는 거의 나타나지 않았다. 그러나 녹조 발생이 사라지면서 3~4년 후에 호수 표면의 넓은 범위에서 마름이 잎을 전개하였다. 마름이 증식을 시작한 당시는 스와호諏訪湖에 수초가 돌아왔다고 환영을 받았지만, 마름의 줄기가 질기기 때문에 선박의 스크류에 감겨 운행에 방해가 되었다. 또한 호수 표면이 마름으로 덮히는 풍경을 좋아하지 않게 되었다.

그림 1-12. 스와호諏訪湖 연안역의 호수 표면을 넓게 뒤덮은 마름(*Trapa japonica*).

그림 1-13. 마름은 로젯트(rosette) 모양의 잎을 호수 표면에 펼친다.

마름이 번식하게 된 이유는 다음과 같이 설명할 수 있다. 우선 녹조가 사라지고 호수의 투명도가 상승한 결과 수심이 얕은 연안역에서 태양광이 호수 바닥까지 도달하게 되었다. 수초는 가을에 시들어 호수 바닥에 종자, 땅속줄기, 식아(殖芽, turion, 번식아)를 남기고 월동한다. 그리고 봄이 되면 그것들이 새로운 싹을 틔워 성장을 시작한다. 녹조가 발생하고 있을 때는 얕은 연안역이라도 태양광이 호수 바닥에 도달하지 않아 수초가 성장할 수 없었지만, 투명도의 상승에 의해 성장이 가능하게 되었다. 그러나 투명도의 상승은 다른 수초의 성장도 촉진하여 마름만이 번식하는 이유가 되지 않기 때문에 마름이 우점하는 또 다른 이유가 있을지도 모른다.

1.6.2. 수질정화뿐만 아니라 퇴적물 개선

한편 옛날의 스와호諏訪湖에는 많은 수초가 번성하고 있었다는 것이 1911년에 조사된 기록으로부터 알 수 있다(中野, 1914). 그 기록에 의하면 수초의 분포지역은 호수 면적의 26%를 차지하고 있었다(그림 1-14 a). 이 수초의 대부분은 침수식물[5]인 검정말(*Verticillate hydrilla*), 넓은잎말(*Potamogeton perfoliatus*), 새우가래(*Potamogeton maackianus*) 등이었으며, 마름은 없었다. 당시 스와호諏訪湖 호수 바닥은 모래였다고 생각된다. 그리고 그러한 침수식물들이 물속으로 산소를 방출하기 때문에 호수 내부 환경은 양호한 상태로 유지되었다고 추정된다. 그러나 고도 성장기 시기를 거쳐 스와호諏訪湖 물속의 영양염 농도가 높아진 결과 녹조가 발생하게 되었고, 호수 물속의 투명도가 낮아졌다. 따라서 태양광을 필요로 하는 침수식물이 크게 쇠퇴하고, 호숫가 가까

5) 침수식물(submerged plant, 沈水植物) : 식물체 전체가 물속에 잠겨 고착·생육하고 있는 대형 수중식물(출처 : 두산백과)

운 극히 한정된 장소에 한정된 종류의 수초만이 분포하게 되었다. 게다가 녹조가 발생하였던 1976년에는 수초의 면적이 스와호諏訪湖 호수 면적의 불과 4.8% 밖에 되지 않았다(倉沢 등, 1979 ; 그림 1-14b).

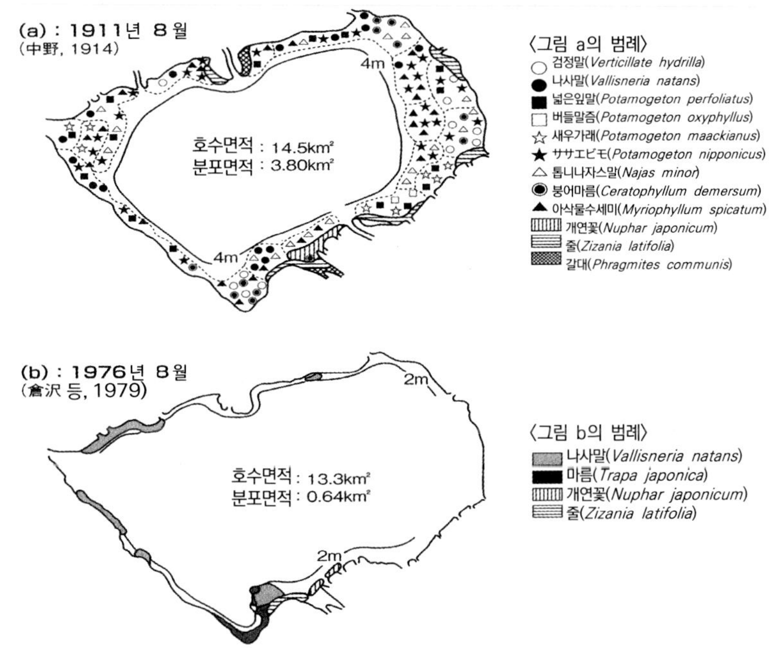

그림 1-14. 1911년(a)과 1976년(b) 여름 스와호諏訪湖에서 수초의 분포.
출처 : 沖野(1990)을 정리하여 작성

현재 마름이 넓게 분포하고 있는 장소를 살펴보면 물이 정체되기 쉬우며, 호수 바닥에 유기성 오니汚泥가 쌓이기 쉬운 곳이 많다는 것을 알 수 있다. 마름은 유기질 퇴적물을 좋아하는 식물인 것이다. 또한 마름은 성장할 때에 아마도 많은 영양염이 필요할 것이다. 스와호諏訪湖 호수 바닥에 오랫동안 녹조가 발생하였던 시기에 쌓인 많은 양의 유기물이 마름에 영양분을 공급하였다고 생각된다. 그리고 얕은 호숫가에서도 퇴적물이 모래질인 곳에는 마름이 적고, 대가래

(*Potamogeton malaianus*) 등의 침수식물이 분포하고 있다.

위와 같이 옛날에는 침수식물이 많이 번성하였던 스와호諏訪湖에서 최근 마름만이 늘어난 이유는 다음과 같이 설명할 수 있을 것이다(그림 1-15). 우선 옛날 스와호諏訪湖에서는 물이 맑아 투명도가 높았고, 호수 바닥은 모래로 덮여 있어 다양한 침수식물이 번성하고 있었다(그림 1-15①). 그런데 녹조가 발생하게 되면서 투명도가 현저하게 낮아져 대부분의 수초가 스와호諏訪湖에서 모습을 감추었다(그림 1-15②). 그 시기는 퇴적물이 바뀐 시기이기도 하다. 식물플랑크톤이 사망하여 만들어진 많은 양의 유기물이 호수 바닥으로 가라앉아 퇴적물은 오니汚泥(유기성 퇴적물)가 되었다. 그 후 수질정화 대책의 효과로 녹조 발생량을 크게 줄여 호수 바닥에 태양광이 도달하게 되어 수초의 성장을 촉진하게 되었다. 그러나 호수 바닥은 오랫동안에 걸쳐 쌓인 오니汚泥로 덮여있어서 모래를 좋아하는 식물은 돌아오지 않았고, 오니汚泥를 좋아하는 마름만이 늘어나 호수 표면을 덮게 되었다(그림 1-15③).

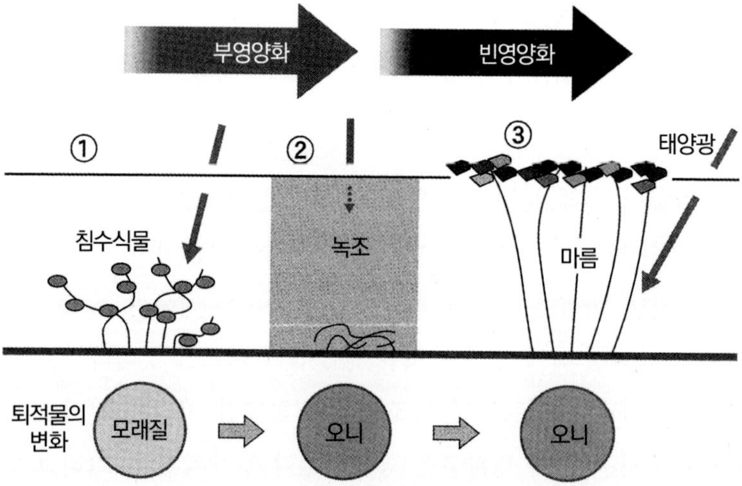

그림 1-15. 스와호諏訪湖에서 수초의 천이와 퇴적물의 변화 모식도. 출처 : 花里(2012)

따라서 스와호諏訪湖에 옛날과 같이 침수식물 군락을 부활시키기 위해서는 퇴적물을 모래질로 바꾸지 않으면 안된다. 지금까지 스와諏訪 지역 사람들은 스와호諏訪湖 환경보전을 목적으로 「수질 정화」를 표어로 활동해왔다. 그것이 어느 정도 달성된 지금 「퇴적물 개선」이라는 새로운 과제에 내몰리게 되었다고 할 수 있을 것이다. 호수 바닥에 있는 오니汚泥의 많고 적음은 수층으로부터 침강된 유기물량과 그것이 호수 바닥에서 분해되어 무기화되어 수층으로 되돌아가는 양의 차이이기 때문에 수질정화를 하는 것은 오니汚泥를 줄이는 것과 연결되지만 수질정화만으로는 오랜 시간이 걸린다는 것을 이해하지 않으면 안된다.

그리고 많은 양의 유기물이 호수 바닥에 쌓여있는 곳은 연안역뿐만 아니라 스와호諏訪湖 바닥에도 넓게 분포하고 있다. 이러한 유기물이 박테리아 등 미생물에 의해 분해되어 산소가 소비되고, 여름이 되면 여전히 충분한 태양광이 도달하지 않는 수심 3m 보다 깊은 곳은 산소가 거의 없는 빈산소상태가 된다. 이 때문에 많은 조개류가 모습을 감추게 된 것으로부터 빈산소층의 존재를 심각한 환경문제로 인식하게 되었다.

1.7. 동물플랑크톤의 변화

1.7.1. 빙어의 감소로 인한 대형 동물플랑크톤의 증가

지금까지 설명한 것과 같이 스와호諏訪湖에서는 1999년을 경계로 다양한 생물군집이 크게 변화하였다. 특히 극단적인 큰 변화는 녹조의 급격한 감소였다. 식물플랑크톤을 주요한 먹이로 하고 있는 동물플랑크톤 군집은 녹조 감소의 영향을 강하게 받았을 것으로 생각된다. 그러나 동물플랑크톤 군집은 기대한 만큼 큰 변화를 보이지 않았다. 스와호諏訪湖에는 체장이 0.5mm 정도의 소형 물벼룩, 긴물벼룩(*Bosmina longirostris*)이 우점하였으며, 윤충류도 많았다. 이러한 현상은 다른 부영양 호수도 마찬가지였다.

그런데 1999년 전후 10년 동안 스와호諏訪湖의 동물플랑크톤 변화를 상세하게 해석한 결과, 동물플랑크톤 군집에도 변화가 일어났던 것을 알 수 있었다. 그림 1-16에 1996년부터 2005년까지 주요한 동물플랑크톤 종의 개체밀도 변화를 나타내었다. 이것을 살펴보면 1999년 무렵을 경계로 2종의 동물플랑크톤인 지각류(*Leptodora*)와 *Eodiaptoumu japonicus*가 매년 증가하는 것을 알 수 있다.

지각류(*Leptodora*)는 일본의 호수에 서식하는 가장 큰 물벼룩으로 체장은 10mm까지 자란다. 또한 *Eodiaptoumu japonicus*는 검물벼룩(*Cyclops* sp.)의 종류로 체장은 1mm를 충분히 넘는다. 이것들은 스와호諏訪湖에 서식하는 동물플랑크톤 종의 크기로는 1위와 2위를 차지한다. 즉 현재의 스와호諏訪湖에서는 대형 동물플랑크톤이 증가하고 있는 것이다.

대형 동물플랑크톤이 증가하고 있다는 것은 그것들을 선호하여 포식하는 물고기가 감소한 것이기 때문이라고 생각된다. 물고기는 일반적으로 보다 대형인 동물플랑크톤을 선택적으로 포식하는 것으로 잘 알려져 있다(Brooks and Dodson, 1965; O'Brien, 1979). 이러한 것은 빙어도 예외는 아닐 것이다. 스와호諏訪湖 수질정화가 진행된 결과 빙어의 생산량이 줄었고, 그것이 대형 동물플랑크톤에 대한 빙어의 포식압력을 낮추고 있을지도 모른다.

따라서 빙어와 동물플랑크톤 사이의 관계를 밝히기 위해 나가노현長野県 수산시험장 스와지부諏訪支場의 협조를 받아 2001년 5월부터

12월까지 매월 1~3회의 빈도로 빙어를 채집하였고, 동시에 호수 물속의 동물플랑크톤도 채집하여 조사하였다. 채집된 빙어는 실험실에서 해부하여 위속에 들어있는 동물플랑크톤의 종과 개체수를 조사하였

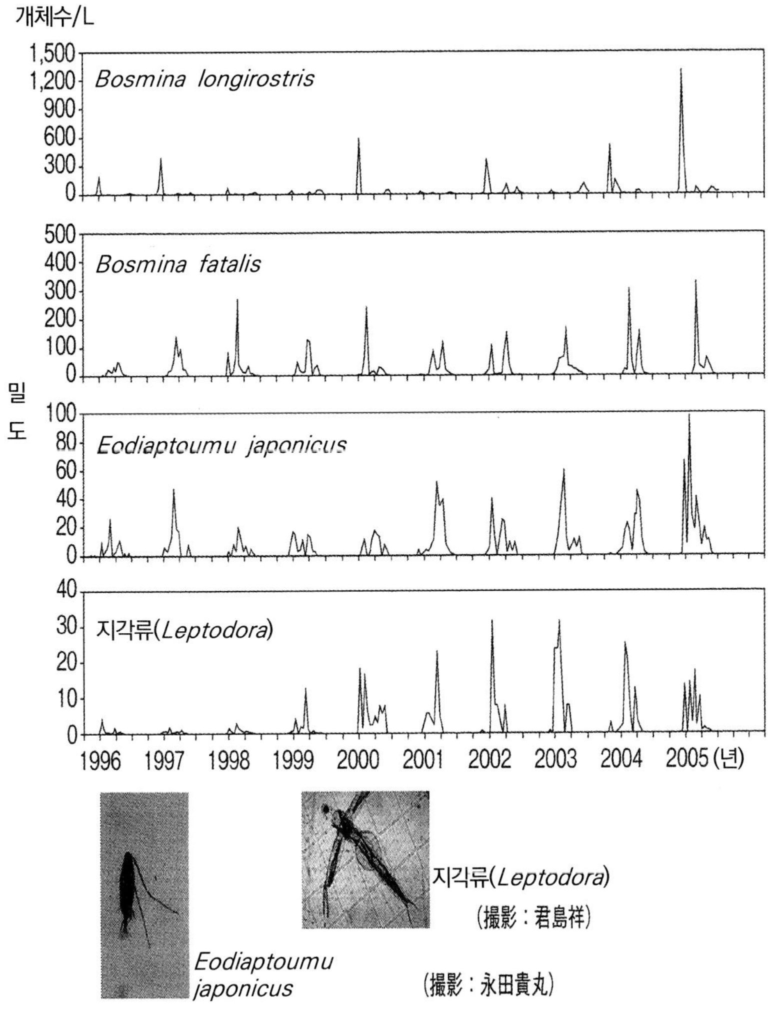

그림 1-16. 1996년부터 2005년까지 스와호諏訪湖의 주요 갑각류 플랑크톤 개체밀도의 변화. 출처 : 永田·平林(2009)

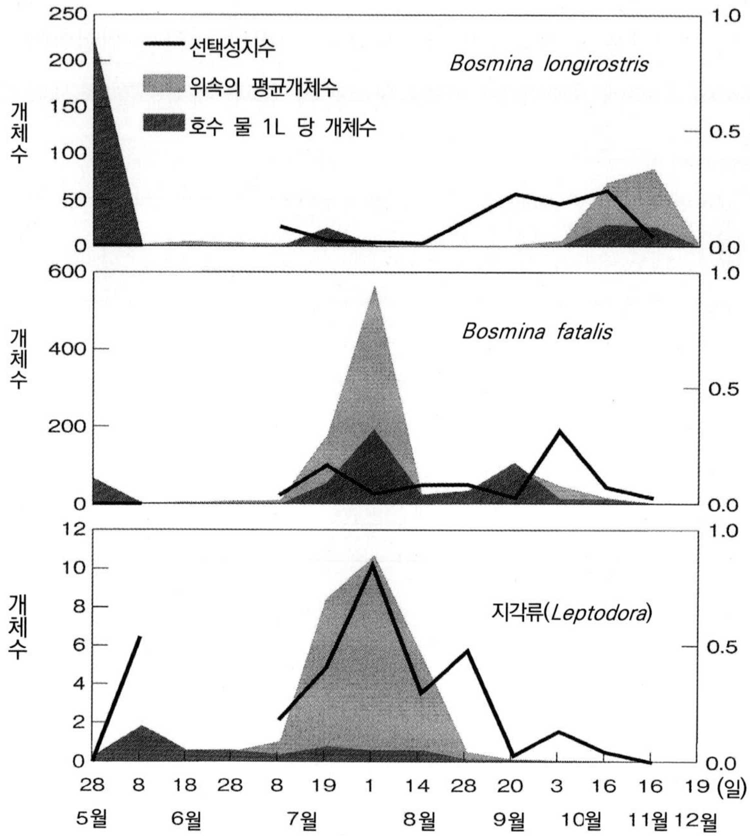

그림 1-17. 스와호諏訪湖에 서식하는 *Bosmina longirostris*, *Bosmina fatalis*, 지각류의 호수 물속의 밀도와 빙어 위속의 평균 개체수 및 해당 동물플랑크톤 종에 대한 빙어의 먹이 선택성 지수의 계절변화.

짙은 회색 부분은 호수 물속의 밀도, 옅은 회색 부분은 빙어 위속의 평균 개체수이다. Chesson의 먹이 선택성지수 α(Chesson's Index)는 $\alpha=(r_i/p_i)/\Sigma(r_i/p_i)$의 식으로 구할 수 있다. 여기서 r_i는 빙어 위속의 종 i의 개체수 비율, p_i는 호소 물속의 먹이생물(플랑크톤) 전체에서 종 i의 개체수 비율이다. 먹이 선택성지수(α)의 평가는 모든 먹이생물의 출현확률을 더한 값인 1을, 환경에 서식하는 먹이생물의 종수로 나눈 값이 기준이 된다. 호소 물속의 먹이생물 종수를 x종류라 할 때 어류는 $\alpha>1/x$의 종을 선호하여 포식하고(좋아하는 먹이), $\alpha<1/x$의 종에서는 포식을 회피(싫어하는 먹이)하며, $\alpha=1/x$의 종에서는 무선택(좋아하지도 싫어하지도 않는 먹이)이라고 할 수 있다.
출처 : Chang et al.(2005)을 정리.

다. 한편 호수에서 채집한 동물플랑크톤은 현미경으로 종별 개체수를 계측하여 호수 물속의 밀도(개체수/ml)를 산출하였다. 이러한 데이터를 이용하여 동물플랑크톤에 대한 빙어의 먹이 선택성지수를 계산하였다(Chang et al., 2005).

먹이 선택성지수란 환경에 서식하는 어떠한 먹이생물을 물고기가 선호하여 포식하고 있는 지의 여부를 판별하기 위한 지수로서 여기서는 어류의 먹이 선택성에 흔히 사용되는 Chesson의 먹이 선택성지수 α(Chesson's Index)를 채택하였다.

그 결과를 그림 1-17에 나타내었다. 그림을 살펴보면 빙어는 8월 1일에 동물플랑크톤 군집 내에서 소형 물벼룩(*Bosmina*)을 많이 포식한 것을 알 수 있다. 그러나 먹이 선택성지수가 낮아(0.05) 빙어가 소형 물벼룩(*Bosmina*)을 적극적으로 포식한 것은 아니었다. 한편 같은 날의 지각류(Leptodora)에 대한 먹이 선택성지수는 매우 높아(0.88) 빙어는 지각류(Leptodora)를 적극적으로 선택하여 포식한 것으로 나타났다. 빙어는 역시 대형 동물플랑크톤을 선호한 것이다. 다시 말하면 빙어는 대형 동물플랑크톤에 강한 포식압력을 주고 있었던 것이다.

1.7.2. 유리물벼룩(*Daphnia galeata*)의 출현

빙어가 대형 동물플랑크톤에 강한 포식압력을 주고 있다면, 스와호諏訪湖에서 지각류(*Leptodora*)와 *Eodiaptoumu japonicus*의 증가는 빙어의 포식압력이 약해졌기 때문이라고 생각하는 것이 타당할 것이다. 실제로 지금 스와호諏訪湖의 빙어는 줄어들고 있으며, 앞으로도 줄어든다면 일본에서 물고기가 적은 곳에 우점하는 대형 물벼룩인 유리물벼룩(*Daphnia galeata*, 그림 1-18 : 체장 약 2mm)이 스와호諏訪湖에 침입해 올 것으로 예측하였다. 이 예측은 적중하여 2007년과 2012년 봄에 스와호諏訪湖에서 유리물벼룩이 채집되었다. 다만 이 현상은 오래 지속되지 않았다. 아마도 아직 빙어의 포식압력이 충분히 낮아지지 않았기 때문일 것이다.

한편, 스와호諏訪湖에서는 오래 전부터 생물군집이 조사되고 있었다. 최초의 조사는 1907년부터 1909년에 이루어졌다(田中, 1918). 이때는 동물플랑크톤도 조사 되었고, 그 기록을 살펴보면 *Daphnia*속 물벼룩이 기록되어 있다(그림 1-19). 그러나 그 다음에 이루어진 1947년부터 1949년의 조사에서는 *Daphnia*속의 이름은 없었다(Kurasawa at al., 1952a; b). 그 후 스와호諏訪湖의 동물플랑크톤은 매우 빈번히 조사되어 왔지만, 2007년에 다시 유리물벼룩이 출현할 때까지 한번도 *Daphnia* 속은 채집되지 않았다. 이것은 최초 조사시기인 1907~1909년과 다음 조사시기인 1947~1949년 사이에 *Daphnia*속을 스와호諏訪湖로부터 쫓아내게 된 환경변화가 있었다는 것을 암시한다. 그러한 환경변화 요인의 하나로써 생각할 수 있는 것이 1914~1915년에 있었던 스와호諏訪湖로의 빙어 유입이다.

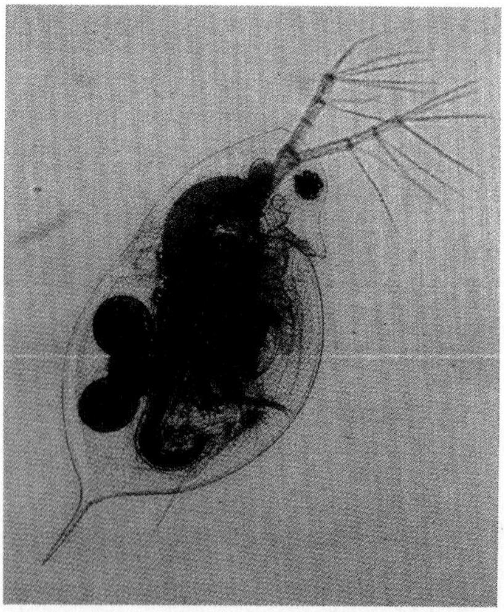

그림 1-18. 유리물벼룩(*Daphnia galeata*).

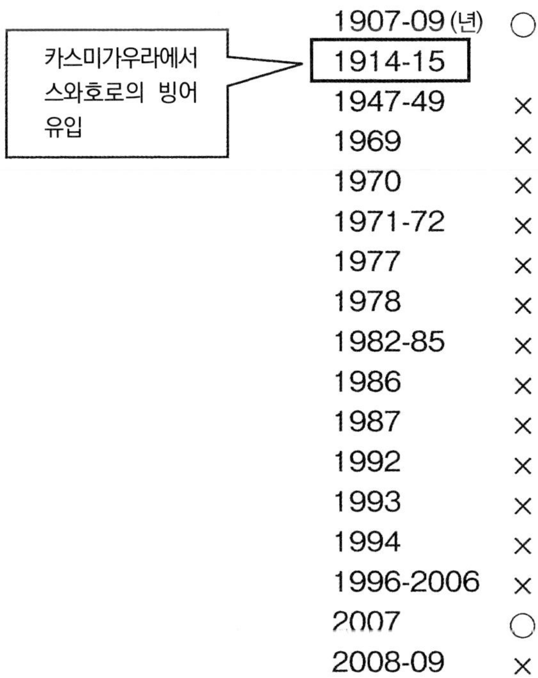

그림 1-19. 동물플랑크톤의 조사가 스와호諏訪湖에서 이루어진 연도와 Daphnia속 물벼룩의 출현기록. ○ : 기록이 있음, × : 기록이 없음; 출처 : 花里(2012)

스와호諏訪湖의 대표적인 물고기라고 하면 누구나 빙어를 거론할 것이다. 그러나 빙어는 원래부터 스와호諏訪湖에 있었던 물고기는 아니다. 빙어는 원래 카스미가우라霞ヶ浦호와 사로마호 등의 기수호汽水湖(지금의 카스미가우라霞ヶ浦는 수문 건설에 의해 담수호가 되었다)에 서식하는 물고기였다. 1914~1915년 스와호諏訪湖로의 빙어 유입은 어업진흥을 위해 카스미가우라霞ヶ浦의 빙어를 이식移植한 것이다. 스와호諏訪湖는 담수호지만 빙어가 정착하여 스와호諏訪湖 어업을 지탱해 왔다. 따라서 1940년대 이후에 *Daphnia*속이 스와호諏訪湖에서 보이지 않았던 이유로써 빙어가 스와호諏訪湖에 들어와서 대형 물벼룩에 대해 강한 포식압력을 가하게 되었기 때문이라고 생각할 수 있다.

현재 스와호諏訪湖에서는 빙어가 줄어들고 있으며, 향후에도 감소할 것으로 생각된다. 그렇다면 다시 *Daphnia*속이 서식하기 쉬운 환경이 만들어질 것으로 생각된다. 스와호諏訪湖에서 동물플랑크톤 군집의 변화는 지금까지는 잘 보이지 않았지만 가까운 미래에 크게 변할지도 모른다.

1.8. 스와호諏訪湖의 빈영양화 문제

1.8.1. 부영양화되거나 빈영양화되어도 문제 발생

옛날 스와호諏訪湖에서는 침수식물이 호수 바닥의 넓은 범위를 덮고 있었고, 호수의 물은 깨끗하였다. 여름에는 수영장으로 이용되었고, 수영대회도 개최되었다. 그런데 그 후 부영양화가 진행되어 1960년대에 들어와서 녹조가 발생하게 되었다. 한편으로 호수의 투명도는 낮아졌기 때문에 침수식물 군락은 큰 폭으로 쇠퇴하였다.

또한 유충이 호수 바닥의 저서동물로서 서식하는 깔다구류가 늘어나 정기적으로 성충의 대량 발생이 반복하여 일어났다. 그리고 이러한 깔다구류의 발생은 호수 표면에 떠있는 녹조의 악취와 함께 큰 환경문제가 되었다.

그래서 호수의 부영양화를 막기 위하여 관청, 민간, 학계가 협력하여 수질정화 대책을 진행하였다. 그 결과 녹조 발생량이 크게 감소하였고, 민폐 해충인 깔다구도 줄어들었으며, 수초가 부활하기 시작하였다. 이러한 노력으로 목표로 했던 옛날 스와호諏訪湖의 모습에 가까워졌다고 많은 사람들이 느끼게 되었다.

그러나 이러한 수질정화의 진전과 함께 빙어의 어획량이 줄어들었고, 그것이 새로운 큰 문제가 되었다. 게다가 녹조가 줄어들어 투명도가 상승함에 따라 부엽식물인 마름이 대량으로 번식하게 되어 지금은 마름을 구제하고 있다. 이것은 「빈영양화 문제」라고 할 수 있다. 즉 스와호諏訪湖에서는 호수가 부영양화가 되거나 또는 역으로 수질정화가 진행되어 빈영양화가 되어도 그때마다 다양한 문제가 일어난 것이다.

부영양화나 빈영양화 모두 식물플랑크톤 군집과 저서동물 군집을 변화시키고, 퇴적물을 변화시켜 침수식물 분포지역을 크게 변화시켰다. 즉 모두 스와호諏訪湖 생태계를 크게 바꾸는 역할을 하였다. 생태계 변화는 주변에 살고 있는 스와諏訪 지역의 주민 생활에도 영향을 미쳐 온 것을 알 수 있다.

향후에는 단순히 스와호諏訪湖 수질만 주목하는 것이 아닌 생태계 전체에 관심을 돌릴 필요가 있을 것이다. 그리고 그때에는 생태계를 구성하고 있는 생물의 종류와 개체수는 다양한 생물들끼리의 상호작용에 의해 결정된다는 것을 이해해야 할 것이다.

예를 들어 물고기가 없는 호수의 동물플랑크톤 군집에서는 대형 물벼룩인 *Daphnia*속이 많았고, 소형인 *Bosmina longirostris*와 더욱 작은 윤충류는 적었다(그림 1-20). 이것은 대형인 *Daphnia*속이 먹이를 둘러싼 경쟁관계에서 소형 동물플랑크톤보다 우위에 있기 때문이다. 그러나 거기에 물고기가 들어오면 *Daphnia*속이 물고기에게 먹혀 모습을 감춘다. 그러면 먹이의 할당량이 소형 동물플랑크톤으로 옮겨가서 그것들이 늘어난다.

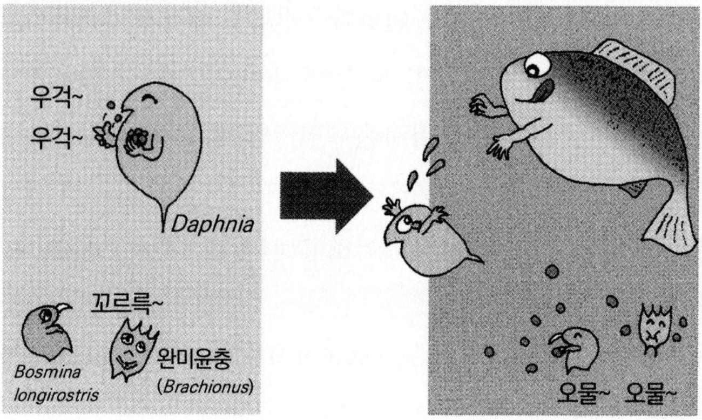

그림 1-20. 호수에 물고기가 없는 경우(왼쪽)와 물고기가 들어온 경우(오른쪽)의 생물간 상호작용. 출처 : 花里(2012)

복잡한 먹이사슬로 연결되어 있는 생태계의 구조를 마음대로 제어하는 것은 거의 불가능에 가깝다. 유입 부하량을 낮춰 수질을 개선함으로써 녹조는 줄어들었지만 빙어의 어획량이 감소한다는 새로운 문제가 발생해 버렸다. 거기에는 빙어의 먹이가 되는 깔다구 유충과 윤충류의 종의 교체가 관여하고 있었다. 마름의 번성은 퇴적물의 유기물 감소에 기여할 것으로 생각되었지만, 생물 서식장으로써의 가치는 충분히 해명되지 않았다. 침수식물이 번성하였던 부영양화 이전의 상태로 되돌아가기 위해서는 어떻게 하면 좋을까? 아직 구체적인 대책 수립까지는 이르지 못하고 있다.

1.8.2. 이상적인 호수의 생태계

또 하나 고려해야 할 요인이 있다. 그것은 많은 사람들이 직·간접적으로 스와호諏訪湖의 생태계에 의존하고 있지만, 그 사람들이 요구하는 생태계가 반드시 같지 않다는 것이다. 예를 들어 어업관계자는 물고기가 많이 잡히는 것을 바라고 있다. 그러기 위해서는 스와호諏訪湖가 부영양화되는 것이 좋으며, 그 중에는 녹조가 어느 정도 발생하더라도 물고기가 잡히는 것이 좋다고 생각하는 사람들도 있을지도 모른다. 한편 관광업에 관여하는 사람들은 스와호諏訪湖가 식물플랑크톤이 적은 깨끗한 물을 채워 깔다구가 날아다니지 않는 환경을 바라고 있을 것이다. 호숫가를 휴식의 장소로 이용하고 있는 사람들은 수초가 자라서 새들의 지저귐을 언제나 들을 수 있는 호수를 선호할 것이다. 따라서 어떠한 목적에 의해 기존에 호수를 이용하고 있는 사람들이 선호하는 생태계라도 다른 사람들는 선호하지 않는 생태계일 수도 있기 때문에 입장에 따라 바라는 생태계가 서로 다르다.

마지막으로 향후 스와호諏訪湖에서 일어날 수 있는 변화를 추측해 보기로 하겠다. 질소와 인燐의 유입 부하량 삭감을 완화하지 않는 한 스와호諏訪湖 물속의 질소와 인燐의 농도가 더욱 낮아져서 물고기가 줄어들고, 물고기에 의한 물벼룩의 포식압력이 낮아질 것이다. 그렇게 되면 대형 물벼룩류가 더욱 늘어날 것이다. 특히 유리물벼룩류(*Daphnia galeata*)가 늘어나게 되면 유리물벼룩은 식물플랑크톤을 효율 좋게 섭식하기 때문에(花里, 2005) 식물플랑크톤 양이 감소하고, 더욱 투명도가 높아질 것이다. 결국 호수의 중심에서도 태양광이 호수 바닥까지 도달하게 될 것이다. 그렇게 되면 호수 바닥 부근에 있는 식물플랑크톤 또는 침수식물이 늘어나서 광합성을 하게 되고, 호수 바닥의 빈산소층은 해소될 것이다. 즉 다양한 변화가 연쇄적으로 일어나 호수의 수질정화가 더욱 진행될 것으로 예측된다(花里, 2012).

현재 일본 전국의 많은 호수에서 수질정화 노력이 진행되고 있으며, 스와호諏訪湖에서 발생한 어업 부진을 비롯한 다양한 현상이 향후 일본 각지의 호수에서 일어날지도 모른다. 빈영양화에 의해 예상하지 못한 극적인 변화와 우리 인간들에게 바람직하지 않은 문제가 일어날 가능성도 있다. 스와호諏訪湖의 사례를 참고하여 필요한 대응책을 지금부터 생각해 둘 필요가 있을 것이다.

인용문헌

Brooks, J.L. and Dodson, S.I. (1965) Predation, bodysize, and composition of plankton. Science, 150, 28-35.

Chang, K.-H., Hanazato, T., Ueshima, G. and Tahara, H. (2005) Feeding habit of pond smelt(*Hypomesus nipponensis*) and its impact on the zooplankton community in Lake Suwa, Japan. J. Freshwat. Ecol., 20, 129-138.

花里孝幸·小河原誠·宮原裕一 (2003) 諏訪湖定期調査(1997-2001)の結果. 信州大學山地水環境教育研究センタ-研究報告, 1, 109-174.

花里孝幸 (2005) 魚群集を制御して湖沼水質を改善する. 環境研究, 137, 112-119.

花里孝幸 (2006) ミジンコ先生の水環境ゼミ-生態學から環境問題を視る. 地人書館, 東京, 272p.

花里孝幸 (2012) ミジンコ先生の諏訪湖學-水質汚濁問題を克服した湖. 地人書館, 東京, 221p.

Hirabayashi, K., Hanazato, T. and Nakamoto, N. (2003) Population dynamics of *Propsilocerus akamusi* and *Chironomus plumosus*(Diptera: Chironomidae) in Lake Suwa in relation to changes in the lake's environment. Hydrobiologia, 506, 381-388.

印旛沼環境基金 (1998) 印旛沼白書(昭和62年版). p.65.

Kurasawa, H., Kitazawa, Y. and Shiraishi, Y. (1952a) Studies on the biological production of lake Suwa 4(1). 資源科學研究所彙報, 27, 29-39.

Kurasawa, H., Kitazawa, Y. and Shiraishi, Y. (1952b) Studies on the biological production of lake Suwa 4(2). 資源科學研究所彙報, 28, 98-106.

倉澤秀夫·沖野外輝夫·林 秀剛 (1979) 諏訪湖大型水生植物の分布と現存量の經年變化. 諏訪湖集水域生態系研究(環境科學特別研究) 3, 7-26.

倉田 亮 (1990) 日本の湖沼. 滋賀縣琵琶湖研究所所報, 8, 65-83.

宮原裕一 (2007) 諏訪湖定期調査(2002-2006)の結果. 信州大學山地水環境教育研究センタ-研究報告, 5, 47-94.

長野縣 (2008) 諏訪湖に係る第5期湖沼水質保全計劃.

永田貴丸·平林公男 (2009) 水質淨化に伴う動物相の變化. 水環境學會誌, 32, 18-21.

中野治房 (1914) 諏訪湖植物生態＝就テ. 植物雜誌, 28, 127-132.

O'Brien, W.J. (1979) The predator-prey interaction of planktivorous fish and zooplankton. American Scientist, 67, 572-581.

Okino, T. (1982) Urban-hinterland interaction: urban wastes and the ecosystem of Lake Suwa. Report of the Suwa Hydrobiological Station, Shinsgu University, 4, 1-8.

沖野外輝夫 (1990) 諏訪湖-ミクロコスモスの生物. 八坂書房, 東京, 204p.

沖野外輝夫·花里孝幸 (1997) 諏訪湖定期調査 : 20年の結果. 信州大學理學部附屬諏訪臨湖實驗所報告, 10, 7-249.

武居 薫 (2005) 魚介類の移り變わり.「アオコが消えた諏訪湖-人と生き物のドラマ」(沖野外輝夫·花里孝幸 編), 信濃毎日新聞社, 長野, pp.288-319.

竹内勝已·沖野外輝夫 (1982) 諏訪湖におけるワカサギ(*Hypomesus transpacificus f. nipponensis*)の成長と食性. 「環境科學の諸斷面-三」井教授還曆記念論文集」(三井嘉都夫教授還曆記念事業會 編), 土木工學社, 東京, pp.17-22.

田中阿歌麿 (1918) 湖沼學より見たる諏訪湖の研究(上下). 岩波書店, 東京, 1682p.

제 2 장

비와호琵琶湖의 수질변화와 어획량 변동

오오쿠보 타쿠야大久保卓也

2.1. 비와호琵琶湖의 개요

비와호琵琶湖는 요도강淀川의 최상류에 위치한 호수로 면적(670km²)과 저수량(27.5km³) 모두 일본 최대의 호수이다. 비와호琵琶湖 전체의 평균 수심은 41m, 가장 깊은 곳의 수심은 103m이며, 남북의 길이가 63km, 최대폭은 23km나 된다(滋賀県琵琶湖研究所, 1986). 비와호琵琶湖로 유입되는 하천 중 유역 면적이 가장 큰 것은 비와호琵琶湖의 남동부로 유입하는 야스강野洲川(유역 면적 383km²)이지만(滋賀県, 2013), 그 하구부는 토사의 퇴적에 의해 삼각주가 돌출되어 있어서 비와호琵琶湖 폭이 좁아져 있다(그림 2-1). 이 좁아진 장소(모리산守山과 카타타堅田와의 사이)에 비와호琵琶湖 대교가 건설되어있고, 비와호琵琶湖 대교의 북쪽을 북쪽 호수北湖(면적 618km², 평균수심 약 43m, 저수량 27.3km³), 남쪽을 남쪽 호수南湖(면적 52km², 평균수심 약 4m, 저수량 0.2km³)로 부르고 있다.

비와호琵琶湖 집수역의 면적은 3,174km²이며, 토지이용 상황은 그림 2-1에 나타낸 것과 같이 삼림이 가장 많아 약 60%를 차지하고, 논水田(휴경전休耕田, 전작전転作田을 포함)이 약 20%, 주택·공장·도로 등이 약 9%, 밭이 약 2%로 되어 있다(2006년 시점).

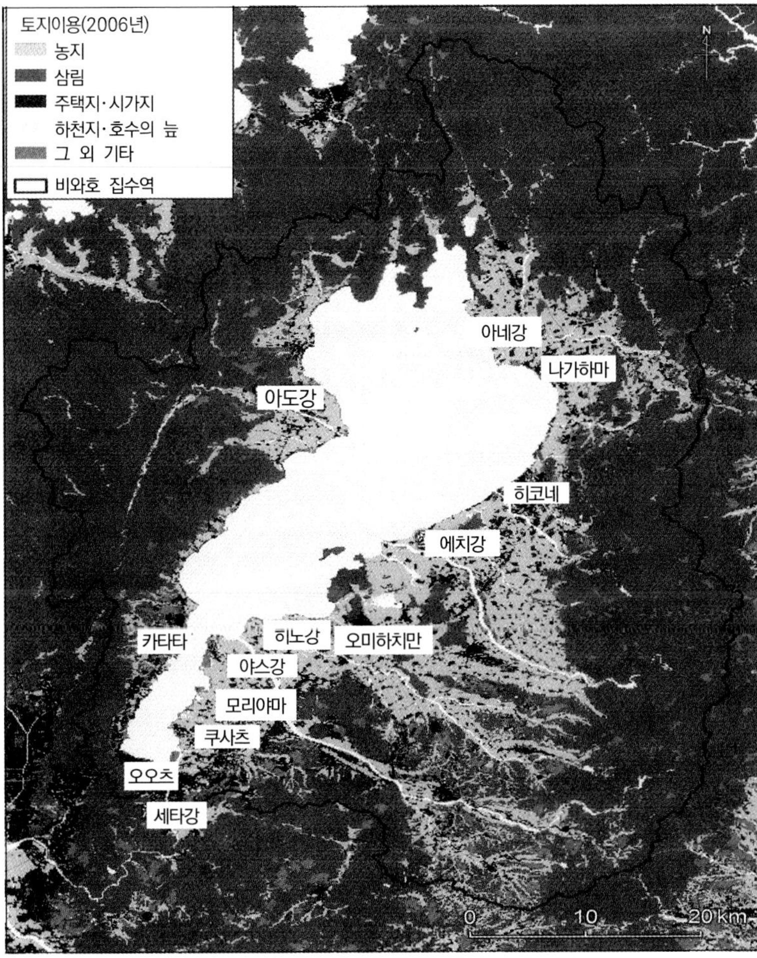

그림 2-1. 비와호琵琶湖와 그 주변의 집수역.
(東善広, 국토수치정보 토지이용세분 mesh data로부터 제작)

비와호琵琶湖 집수역의 농지는 대부분이 논水田(논水田 비율 92%)이지만(滋賀県, 2012), 30% 정도는 전작転作으로 보리와 대두 등을 재배하고 있다(農林水産省, 2010).

1960년대 이후 국도 1호선, 한신阪神고속도로, 토카이도東海道 신칸센新幹線의 개통과 함께 주요 도로 주변과 JR(일본철도)역 주변에서

도시화가 진행되면서 농지에서 택지와 도로로 전용되는 면적이 증가하고 있다. 인구도 교통망 정비와 공장입지로 인해 함께 증가하고 있으며, 1960년에 약 80만명이었던 시가현滋賀県 인구는 2010년에는 약 140만명이 되었다.

비와호琵琶湖는 지각변동으로 만들어진 구조분지의 바닥에 물이 채워져 만들어진 호수로 약 400만 년 전에 현재의 미에현三重県 우에노시上野市 주변에 탄생한 것으로 알려져 있다. 이것을 「고비와호古琵琶湖」라고 부르고, 그후 고비와호古琵琶湖는 이동하면서 크기와 형태를 바꾸어 약 40만년 전에 현재의 비와호琵琶湖가 되었다고 한다(滋賀県, 2013). 10만년 이상 존속하였던 옛날 호수는 「고대 호수」라고 불리며, 비와호琵琶湖는 바이칼호수(러시아)와 탕가니카호수(아프리카대륙 남동부) 등과 함께 전 세계에서 20개 정도 밖에 없는 고대 호수 중 하나이다.

이와 같이 오랫동안 호수로써 존속해온 결과, 비와호琵琶湖 및 그 주변에는 수생 동식물이 독자적으로 진화하여 많은 고유종(61종)이 서식하고 있다(滋賀県, 2013). 고유종 어류로는 비와호큰메기(ビワコオオナマズ, *Silurus biwaensis*), 비와송어(ビワマス, *Oncorhynchus masou rhodurus*), 니고로붕어(ニゴロブナ, *Carassius buergeri grandoculis*), 혼모로코(ホンモロコ, *Gnathopogon caerulescens*) 등이 있다. 패류로는 세타바지락(セタシジミ, *Corbicula sandai Reinhardt*), 연못진주조개(イケチョウガイ, *Hyriopsis schlegelii*) 등이 있으며, 갑각류로는 아난델옆새우(アナンデールヨコエビ, *Jesogammarus annandalei*) 등이 있다. 무척추동물로는 비와큰와충류(ビワオオウズムシ) 등이 있으며, 수생식물로는 산넨모(サンネンモ, *Potamogeton biwaensis Miki*), 네지레모(ネジレモ, *Vallisneria asiatica var. biwaensis*)를 들 수 있다.

비와호琵琶湖로부터 유출되는 하천은 세타강瀬田川 하나뿐이지만, 메이지明治시대 후기(1912年)에 만들어진 수로인 「비와호琵琶湖 소수疏水」에 의해 비와호琵琶湖 물은 하마오오츠浜大津 부근부터 터널을 통해 쿄토京都 시내로 인입引入되어 음용수와 발전용수로 이용되고 있다. 그리고 세타강瀬田川으로부터 우지강宇治川, 요도강淀川으로 흘러내려간 물은 쿄토京都, 오사카大阪 방면의 많은 사람들에게 상수도와 농업용수, 공업용수로 이용되고 있으며, 비와호琵琶湖의 물은 킨키권近畿圏의 1,400만명에게 이용되고 있는 것으로 알려져 있다(滋賀県, 2013).

2.2. 비와호琵琶湖의 수질변화

비와호琵琶湖의 물은 시가현滋賀県 뿐만 아니라 하류부근에서도 중요한 수자원이기 때문에 비와호琵琶湖의 관리는 국토교통성과 시가현滋賀県이 협력하여 수행하고 있다. 비와호琵琶湖의 수질 모니터링도 그림 2-2에 표시된 지점에서 국토교통성 수자원기구와 시가현滋賀県이 공동으로 실시하고 있다(滋賀県, 各年度a). 대표적인 수질지표에 대해 북쪽 호수北湖 28개 지점, 남쪽 호수南湖 19개 지점에서 매년 표층의 평균값 변화를 그림 2-3에 나타내었다.

유기물 농도 지표인 BOD(Biochemical Oxygen Demand : 생물화학적산소요구량) 농도는 1970년대부터 서서히 감소하고 있다. 이와 유사한 변화가 SS(Suspended Solids: 현탁물질) 및 TP(Total Phosphorus, 총인) 농도에서도 보였다. 또한 식물플랑크톤 현존량의 지표인 클로로필a 농도도 SS나 TP와 마찬가지로 1980년 이후 감소하고 있다. 한편 TN(Total Nitrogen, 총질소) 농도는 BOD, TP, SS, 클로로필a와 같이 일방적으로 감소하지 않았고, 1985년 무렵부터 2000년 무렵 동안 일정하거나 또는 증가하는 경향을 보인 후 감소하고 있다.

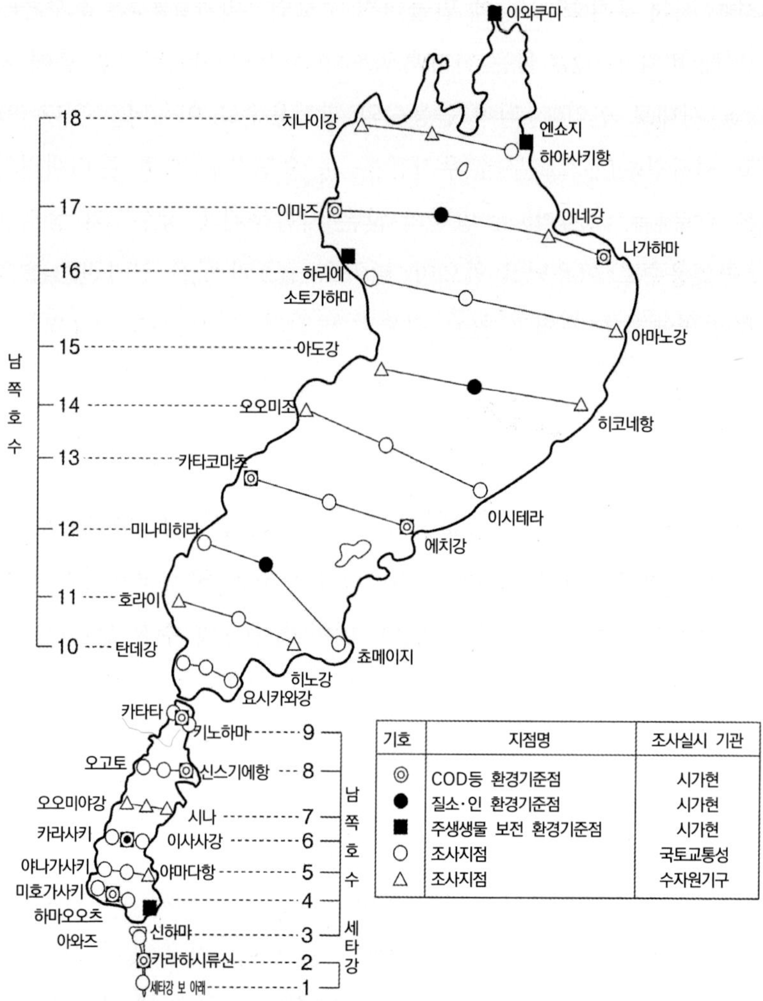

기호	지점명	조사실시 기관
◎	COD등 환경기준점	시가현
●	질소·인 환경기준점	시가현
■	주생생물 보전 환경기준점	시가현
○	조사지점	국토교통성
△	조사지점	수자원기구

그림 2-2. 비와호琵琶湖 수질 모니터링 지점.
국토교통성, 수자원기구, 시가현滋賀縣이 공동 실시하고 있다.

이와 같이 질소 농도 감소가 BOD와 인燐에 비해 늦게 나타나는 원인은 질소가 BOD와 인燐에 비해 폐수처리 과정에서 제거되기 어렵기 때문이다. 예를 들어 오오츠시大津市 하수처리장에서 BOD, TN,

TP의 제거율은 각각 99.3%, 75.4%, 99.9% 이었으며(滋賀県琵琶湖環境部, 2013), 질소의 제거율이 상대적으로 낮은 것은 대기로부터의 부하량이 큰 것 등의 영향으로 추정된다. 실제로 비와호琵琶湖로 유입되는 오염부하량 계산 결과를 보면, 질소의 유입 부하량은 인燐의 유입 부하량 보다도 감소가 늦다(뒤에 설명).

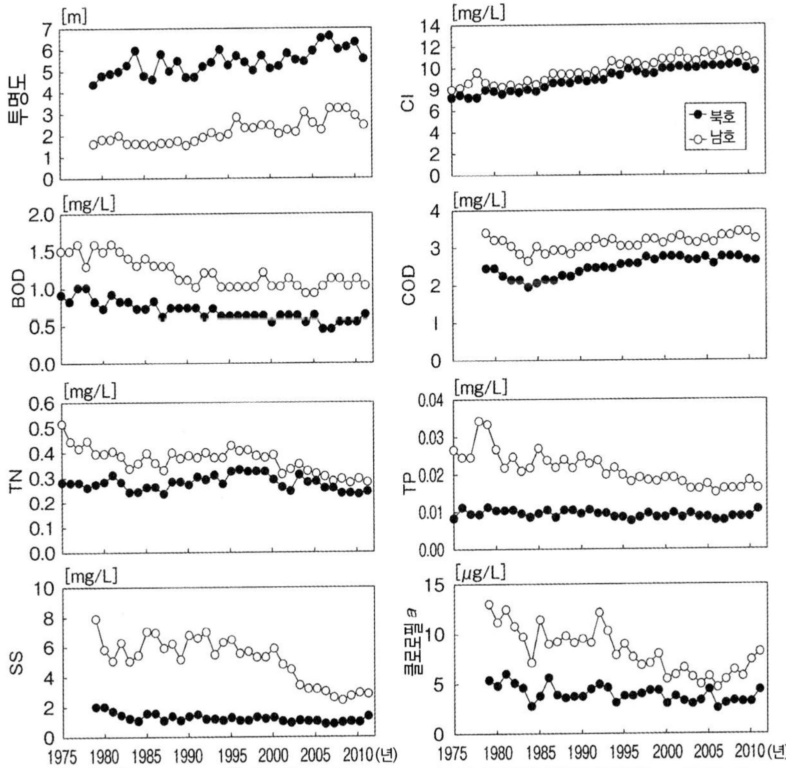

그림 2-3. 비와호琵琶湖 수질의 장기변화.
대표적인 수질지표인 투명도 및 Cl, BOD, COD, TN, TP, SS의 농도, 식물플랑크톤 현존량의 지표인 클로로필 a 농도에 대해서 북쪽 호수의 28개 지점, 남쪽 호수의 19개 지점 표층의 연평균값의 변화(1975~2011년)를 나타내었다.

그림 2-3에 나타낸 모니터링 조사보다 훨씬 이전부터 시가현滋賀県 수산시험장에 의해 이루어진 조사결과(滋賀県, 各年度b)에서는 비와호琵琶湖 북쪽 호수北湖 중앙부(그림 2-4의 지점 Ⅳ)에서 플랑크톤 침전량(플랑크톤 현존량 지표)이 1972~1981년 사이에 최대를 나타내고 있는 것을 알 수 있다(그림 2-5). 또한 이 조사에서 1920년대 이후의 투명도 변화를 살펴보면(그림 2-6), 1980~1990년 무렵에 투명도 값이 가장 낮았고, 1990년 무렵부터 상승으로 바뀐 것을 알 수 있다. 이와 같은 수질변화로부터 비와호琵琶湖에서는 식물플랑크톤 현존량이 1980년 무렵부터 감소하였던 것으로 추정되며, 지금까지 실시되어 온 부영양화 방지대책의 효과가 나타나고 있다고 생각된다.

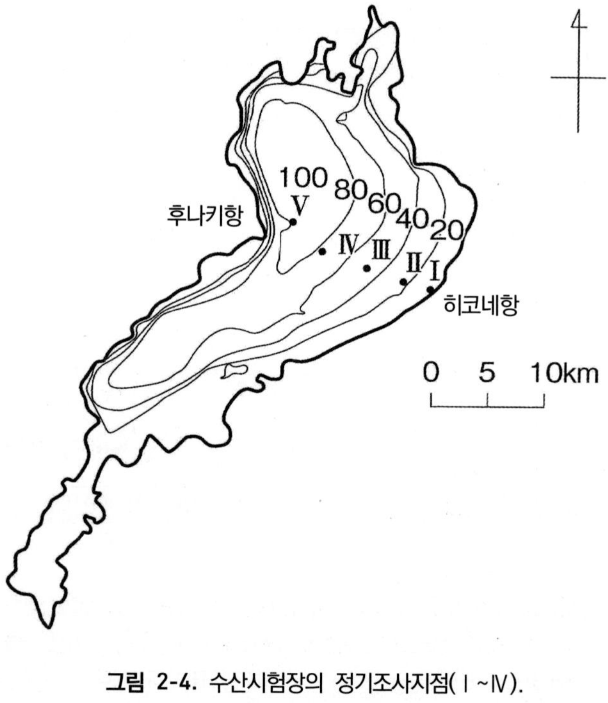

그림 2-4. 수산시험장의 정기조사지점(Ⅰ~Ⅳ).
그림 속 숫자는 수심(m).

한편, 같은 유기물 지표인 COD(Chemical Oxygen Demand : 화학적산소요구량)는 BOD와 완전히 다른 변화 양상을 나타내고 있다. 이를테면, 남쪽 호수南湖에서는 일정하였지만, 북쪽 호수北湖에서는 상승하는 경향을 보였다. COD와 BOD의 변화 양상에서 차이가 나는 원인은 BOD로 측정되는 분해되기 쉬운 유기물 농도는 감소하고 있지만, COD로 측정되는 일부 난분해성 유기물 농도가 상승하고 있기 때문이라고 생각된다(滋賀県, 2001). 이렇게 COD로 측정되는 일부 난분해성 유기물은 육지에서 유입되는 것과 호수 내 식물플랑크톤이 생산하는 것으로 생각된다.

육지로부터 공급되는 난분해성 유기물이 증가하고 있을 가능성을 나타내는 현상으로 비와호琵琶湖에서 염화 이온(Cl) 농도의 증가가 있다. Cl 이온은 생활폐수, 공장폐수, 농업폐수에 들어 있지만 하수처리장과 자연계에서는 제거되지 않는다.

난분해성 유기물도 Cl 이온과 같은 거동을 나타내는 것으로 추정되기 때문에 Cl 이온 농도가 비와호琵琶湖에서 증가하고 있다는 것은 인간활동 유래 난분해성 유기물 농도도 증가하고 있을 가능성을 시사

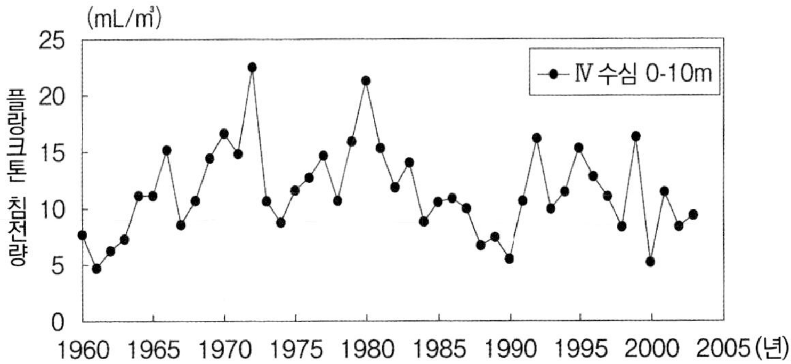

그림 2-5. 비와호琵琶湖 북쪽 호수北湖 중앙부 지점(Ⅳ)에서 플랑크톤 침전량의 변화. 大久保 등(2007). 시가현滋賀縣 수산시험장 데이터로부터 작성.

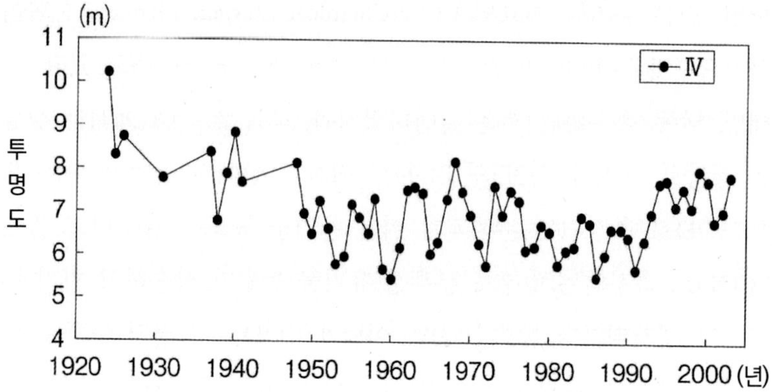

그림 2-6. 비와호琵琶湖 북쪽 호수北湖 중앙부 지점(Ⅳ)에서 투명도의 장기변화. 大久保 외(2007). 시가현滋賀縣 수산시험장 자료로부터 작성.

하고 있다. 한편, 비와호琵琶湖의 식물플랑크톤 종조성이 변화하여 세포 주변에 한천寒天 형태의 유기물을 가진 종이 증가하고 있으며, 난분해성 유기물의 증가는 이것에 유래한다는 설도 있다(藤原 등, 1999). 이처럼 COD 농도 증가의 원인에 대해서는 아직 확실하게 파악되지 않은 것이 현재의 상황이다.

2.3. 비와호琵琶湖로 유입되는 오염부하량의 변화

다음으로 비와호琵琶湖로 유입되는 오염물질량의 변화를 살펴보자. 그림 2-7과 그림 2-8에 1985년부터 5년 간격으로 수립된 호수수질보전계획 자료와 그 이전의 시가현滋賀県 조사자료를 이용하여 계산한 북쪽 호수北湖와 남쪽 호수南湖의 집수역별 질소와 인燐 유입 부하량의 연간변화를 나타내었다. TN의 유입 부하량은 북쪽 호수北湖에서 1980년 무렵에, 남쪽 호수南湖에서는 1975년 무렵에 최대를 나타내었고, 그 이후 감소하고 있다. TP의 유입 부하량은 북쪽 호수北湖에서는

1975년 무렵에, 남쪽 호수南湖에서는 1970년 무렵에 최대를 나타내었으며, 그 이후 감소하고 있다.

TP 유입 부하량의 최대는 TN 유입 부하량의 최대보다 5년 빨랐다. 인燐의 유입 부하량 감소가 질소에 비해 빠른 것은 합성세제에 인을 사용하지 않게 된 것과 하수처리장에서의 인燐 제거 대책 때문이라고 생각된다.

비와호琵琶湖로의 유입 부하량 변화와 수질 변화를 비교하면, 인燐은 어느 정도 대응관계가 나타났다. 그러나 질소는 대응관계가 명확하지 않았고, 유입 부하량이 감소하기 시작한 후 10~15년 정도 경과한 다음에야 겨우 비와호琵琶湖의 질소 농도가 감소하기 시작했다. 이 차이의 원인으로는 비와호琵琶湖의 물 체류시간(용량 ÷ 유입량 계산으로 약 5년)의 영향도 있지만, 농지 등 비점원(발생원을 식별할 수 없

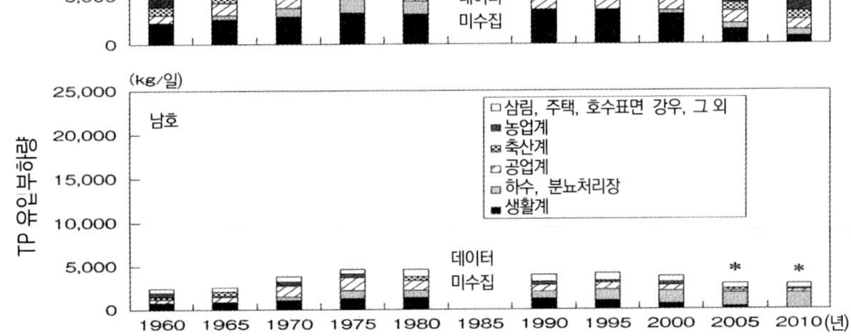

그림 2-7. 비와호琵琶湖 집수역별 TN 유입 부하량의 장기변화.
大久保 등(2007)의 데이터에 佐藤 등(2014)의 2005, 2010년 자료(*)를 추가하여 작성.
이 그림에서 2005, 2010년의 축산기인의 부하량은 2000년과 동일한 값으로 설정했다.

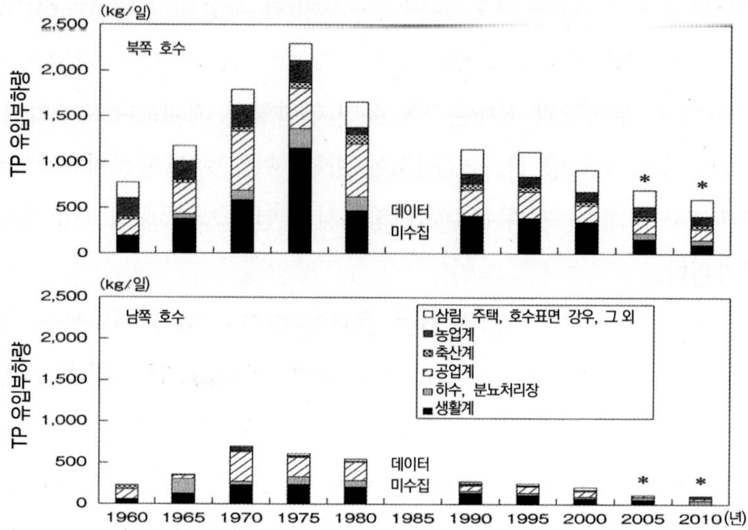

그림 2-8. 비와호琵琶湖 집수역별 TP의 유입 부하량 장기변화.
大久保 등(2007)의 데이터에 佐藤 등(2014)의 2005, 2010년 자료(*)를 추가하여 작성.
이 그림에서 2005, 2010년의 축산기인의 부하량은 2000년과 동일한 값으로 설정했다.

는 평면으로 분포하는 오염물질 배출원)으로부터의 배출 부하량 산정에 문제가 있었을 가능성도 생각할 수 있다. 비점원 유래의 오염부하량은 강우 시에 유출되는 양이 많지만 강우 시의 부하량 조사는 노력, 경비 면에서 부담이 크기 때문에 면밀한 조사가 실시되지 않아서 비점원으로부터의 오염부하량이 과소평가되어 있을 가능성이 있다(大久保 등, 2012).

호수 내 현탁태懸濁態 유기물 농도와 식물플랑크톤의 존재량을 나타내는 지표인 BOD, SS, 클로로필a, 플랑크톤 침전량은 1970~1980년 무렵에 가장 높은 값을 나타내었으며, 그 이후 감소하는 장기변화를 보였다. 그리고 TP 농도와 TP 유입 부하량의 장기변화와 대응하고 있는 것에서 비와호琵琶湖의 유기물 생산, 일차생산은 인燐의 유입 부하량에 의존하고 있다고 생각된다.

이와 같이 비와호琵琶湖에서는 질소와 인燐의 유입 부하량이 감소하고, 그 결과 식물플랑크톤 현존량이 감소하여 부영양화가 해소되고 있다. 부영양화 방지를 위한 오염부하 삭감 대책으로 가장 효과가 큰 것은 하수도 정비였다. 시가현滋賀縣에서 하수도 보급률 변화를 그림 2-9에 나타내었다. 특히 시가현滋賀縣 내 4개 구역(호수 남중부 처리구, 호수 서부 처리구, 동북부 처리구, 타카시마高島 처리구 : 그림 2-10 참조)에서 정비가 진행되어온 유역 하수도는 4개 처리구에서 계획 처리 인구가 130만명, 2011년도 말의 처리 인구가 108만명으로 처리 인구가 크고(滋賀県琵琶湖環境部, 2013), 종말처리장에서는 질소와 인燐을 제거하는 고도처리가 이루어졌기 때문에 오염부하의 삭감 효과가 크다. 예를 들어 호수 남중부 정화센터에서 BOD, TN, TP 부하량 제거율은 각각 99.5%, 82.8%, 98.1%(2011년도 평균)이었다.

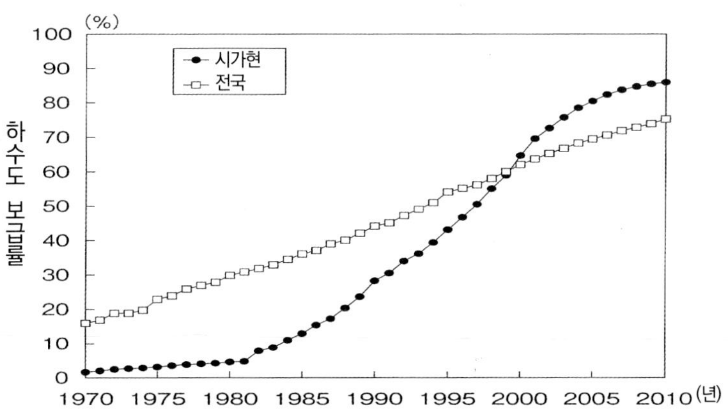

그림 2-9. 시가현滋賀縣의 하수도 보급률 변화.
출처 : 시가현滋賀縣 비와호琵琶湖 환경부環境部(2013)

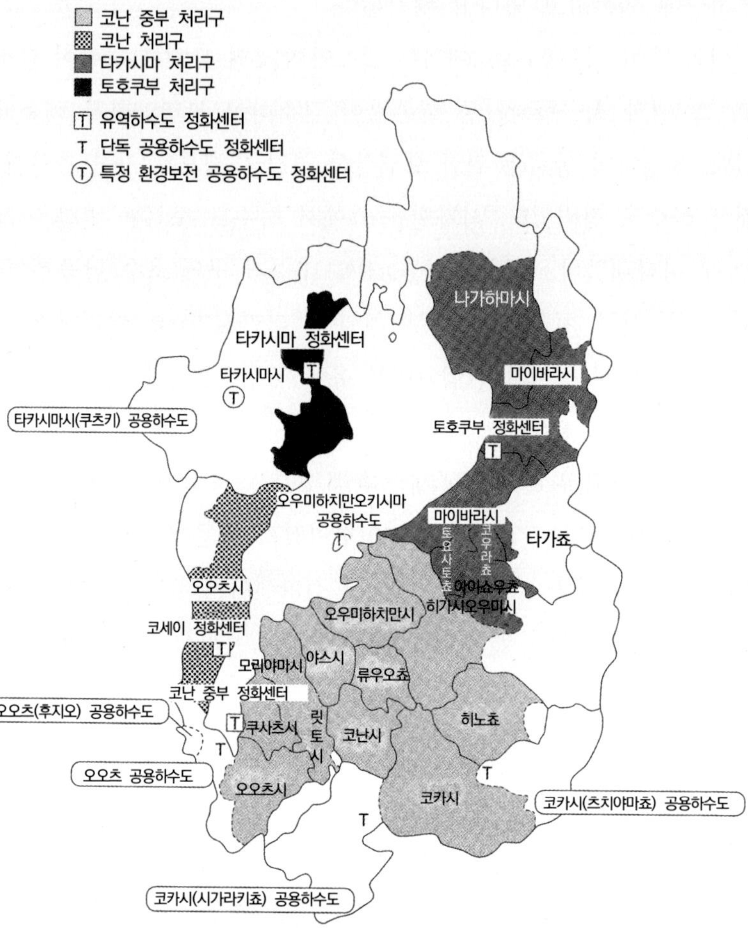

그림 2-10. 시가현滋賀縣내 하수처리상황(2011년도말 현재 시가현滋賀縣 비와호琵琶湖 유역 하수도 구역도). 출처 : 시가현滋賀縣(2014)

또한 호수 남중부 정화센터 처리수는 세타강瀨田川으로 방류되고 있기 때문에 호수 남중부 처리구의 계획으로 79.5만명, 2011년 말까지 67.5만명의 인구(滋賀県琵琶湖環境部, 2013)에 대한 폐수는 비와호琵琶湖로 유입되지 않게 되었다. 이것은 계외방류(diversion)로 불리는 궁극적인 오염부하 삭감 대책이며, 스와호諏訪湖에서도 실시되고 있다. 하수도 정비 이외에도 시가현滋賀縣에서는 비와호琵琶湖 부영양화 방지를 위해 농촌 집락 폐수처리시설 정비(질소·인燐도 제거 가능한 형식), 논 등 비점원 오염부하 삭감 대책의 계몽·보급, 폐쇄성 수역에서 오염퇴적물 준설 등 다양한 대책이 실시되어왔다(그림 2-11). 비와호琵琶湖 수질이 개선되어 온 것은 이러한 대책이 실시된 결과이다.

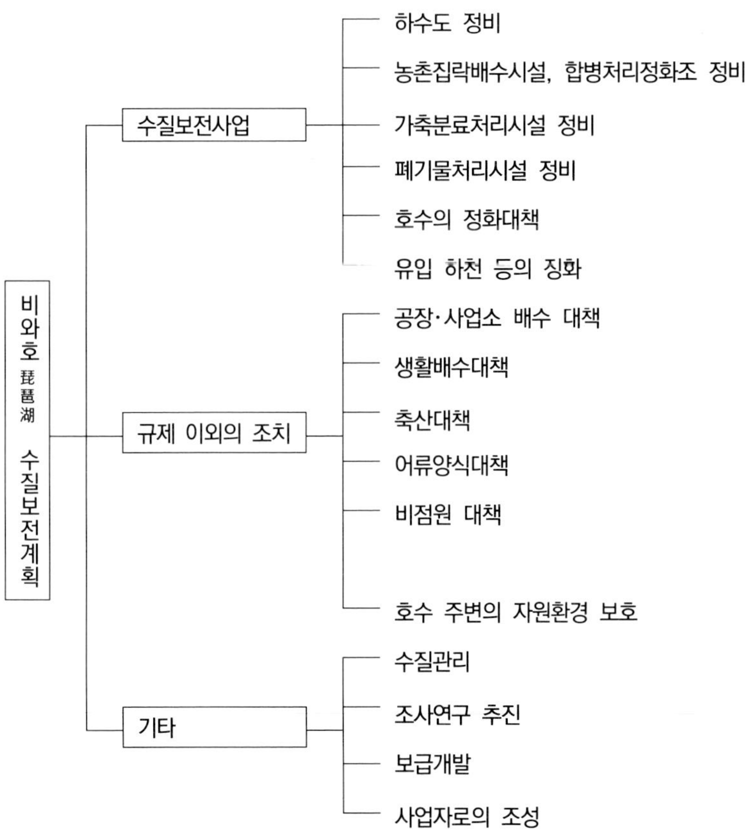

그림 2-11. 비와호琵琶湖 수질보전계획의 주요 내용.
출처 : 시가현滋賀縣

2.4. 어획량 감소와 그 원인

지금까지 비와호琵琶湖의 수질과 유입 부하량의 변화를 살펴보았지만, 호수 내에서 어패류 존재량의 장기적 변화는 어떻게 되었을까? 어패류 존재량의 장기변화를 조사한 데이터가 없기 때문에 어획량 변화로부터 어패류의 존재량 변화를 추정할 수밖에 없다.

비와호琵琶湖의 어패류를 포함한 어획량 통계데이터는 1954년부터 통계연보에 나타나 있지만, 그 변화를 보면 총어획량은 1950년대부터 계속 감소하고 있다. 특히 바지락 등 패류의 감소가 현저하였다(그림 2-12). 또한 어류에서는 잉어, 붕어, 모로코, 꾹저구 치어, 황어, 피라미 등이 계속 감소하고 있다. 은어는 1990년 무렵에 최대를 나타내었고, 그 후 감소하고 있다. 어획량 감소 원인으로는 다양한 요인이 지적되어 있으며, 정리하면 다음과 같은 사항들을 들 수 있다.

<어획량감소 원인으로 지적되어 있는 사항>

① 외래어外來魚에 의한 재래어在來魚(고유어종)의 포식

② 나이코內湖[6] 간척

③ 포장정비(소류遡流장해, 수로 측면 수직화에 의한 산란장 감소, 비관개 시기의 건조)

④ 하천·호숫가의 호안공사

⑤ 댐 건설(댐, 취수댐, 사방댐)

⑥ 지금까지의 수질보전 대책에 의한 영양염, 유기물 감소

⑦ 하천에서 취수 등에 의한 여울의 물 마름

⑧ 비와호琵琶湖 수위의 인위적 조작

①에 대해서는 中井(2004; 2009)가 큰입우럭(블랙베스, *Micropterus*

6) 나이코(內湖) : 비와호琵琶湖 호숫가에 있는 석호

salmoides), 파랑볼우럭(블루길, *Lepomis macrochirus*)의 포식으로 고유 어종이 감소하고 있을 가능성이 높은 것을 지적하였다.

어업종사자들로부터도 큰입우럭, 파랑볼우럭의 증가에 의해 은어 등의 고유 어종이 감소한 것이 아닌가 라는 의견을 흔히 듣는다. ②에 대해서는 비와호琵琶湖 주변에 있었던 많은 나이코內湖(비와호琵琶湖 연안 수역이 사주砂洲에 의해서 둘러 쌓여 만들어진 작은 호수, 해안의 석호潟湖에 해당)가 간척되었기 때문에 생활사에서 나이코內湖를 이용해온 어종은 큰 타격을 받은 것으로 예상할 수 있다. 예를 들어 비와호琵琶湖에서 성장하지만, 번식기가 되면 접안하여 나이코內湖의 갈대숲에 알을 낳아서 붙이는 떡붕어(*Carassius cuvieri*)와 혼모로코(ホンモロコ, *Gnathopogon caerulescens*)는 나이코內湖를 이용할 수 없게 되어 감소했을 가능성이 있다(細谷, 2005). 이 외에도 데메모로코(デメモロコ, *Squalidus japonicus japonicus*), 비와히가이(ビワヒガイ, *Sarcocheilichthys variegatus microoculus*), 니고로붕어(ニゴロブナ, *Carassius buergeri grandoculis*), 타모로코(タモロコ, *Gnathopogon elongatus*) 등은 생활사에서 나이코內湖를 이용하는 시기가 있으며(細谷, 2005), 나이코內湖의 간척이 마이너스 요인이 되었을 가능성이 있다. ③에 대해서는 포장정비로 배수로와 논바닥의 높이 차이가 커져 물고기가 거슬러 올라가지 못하게 된 논이 많다. 따라서 논을 번식장으로 이용하고 있었던 타모로코(タモロコ, *Gnathopogon elongatus*), 니고로붕어(ニゴロブナ, *Carassius buergeri grandoculis*), 떡붕어, 메기 등은 포장정비가 원인으로 감소했을 가능성이 있다(細谷, 2005). 또한, 포장정비는 습기가 많은 논의 경우 마른 논으로 만드는 것을 목적으로 실시되었으며, 비관개 시기에는 토양이 말라버리는 것도 생물을 감소시킨 원인이 되었을 가능성이 있다.

이 외에도 포장정비가 생물에 미치는 영향에 대해서는 최근 서서히 밝혀지고 있으며, 그러한 것을 개선하기 위한 노력이 농업 측에서 검토되고 있다(森, 2007). 시가현滋賀県이 실시하고 있는 「물고기의 요람 논水田 프로젝트」도 그 일환으로 자리를 잡고 있다. 「물고기의 요람 논水田 프로젝트」란 포장정비로 농업배수로와 논바닥의 낙차가 커져 물고기가 논으로 돌아가지 못하게 된 상태를 개량하여, 물고기가 이전처럼 비와호琵琶湖와 논 사이를 왕래할 수 있도록 하여 생물이 풍부한 논으로 재생하자는 프로젝트이다(그림 2-13). ④의 하천·호숫가의 호안공사는 주변 습지와의 차단에 의해 어류의 이동이 방해받을 가능성과 호안이 콘크리트화되어 산란에 적합한 자연호안이 적어지는 문제가 있다. ⑤의 댐 건설에 대해서는 생물 이동의 방해와 토사공급 감소에 의한 하천바닥 재질의 변화로 인해 물고기에게 부정적인 영향을 미쳤을 가능성이 있다.

⑥에 대해서는 앞에서 설명한 것과 같이 하수도 정비 등으로 비와호琵琶湖로 유입되는 영양염 양이 감소하여 식물플랑크톤과 부착조류의 생산량(일차생산량)이 감소했을 가능성이 높다. 따라서 이러한 것들을 먹이로 하는 동물플랑크톤과 패류, 그리고 동물플랑크톤을 먹이로 하는 어류의 감소를 초래했을 가능성이 있다. 또한 하수도 보급으로 생활폐수가 수로나 하천으로 전혀 유입되지 않게 되어, 이전에는 주방에서 유출되었던 음식물 찌꺼기가 유출되지 않게 되었다. 생활폐수에 들어있던 음식물 찌꺼기는 잡식성 어류와 일부 저서생물의 먹이가 되었을 가능성이 있으며, 그 먹이가 감소하였다.

⑦의 하천에서 여울의 물 마름은 시가현滋賀縣에서는 이누카미강犬上川, 오도강安曇川 등에서 발생하고 있으며, 여기에는 토질 및 농업용수의 취수가 영향을 주고 있다. 하천 물 막음으로 인한 서식장소의 소

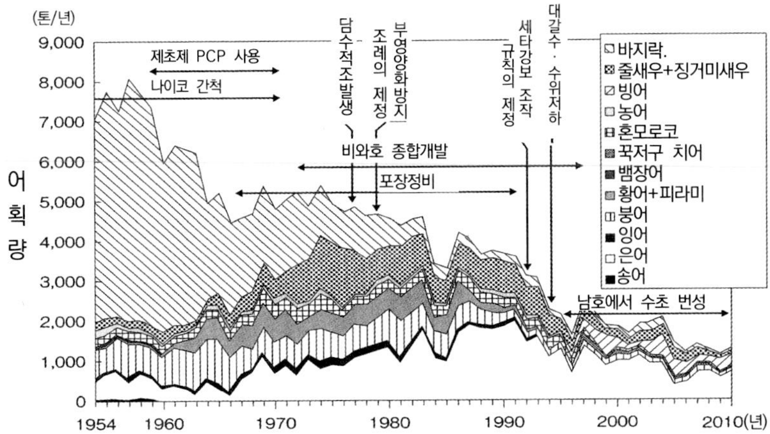

그림 2-12. 비와호琵琶湖에서 어류 어획량의 장기변화.
킨키近畿농정국 시가滋賀농정사무소(각년도) 「시가현滋賀縣 농림수산통계」로 작성.

그림 2-13. 「물고기의 요람 논 프로젝트」의 대처 모습. 출처 : 시가현滋賀縣 HP

실과 생물 이동의 차단이 일어나며, 이것도 어류에게 마이너스 요인이 된다. ⑧에 대해서는 수자원개발공단사업이 끝난 1992년 이후 비와호琵琶湖에서는 물 관리를 위해 5월 중순부터 6월 중순에 걸쳐 수위를 급속하게 낮추는 조작이 이루어지고 있다(그림 2-14). 이러한 행위가 붕어류의 산란·부화 및 자치어의 생육에 악영향을 미치고 있을 가능성이 지적되었다(山本, 2001; 2002).

이 외에도 하수처리장의 잔류염소와 환경호르몬 등 화학물질의 영향이 우려되고 있지만, 어느 정도 영향이 있는지는 아직 연구단계에 있어서 잘 모른다.

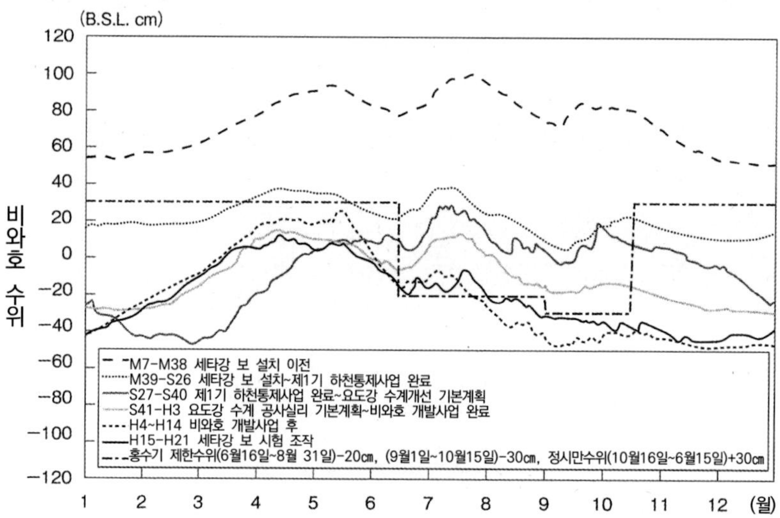

그림 2-14. 비와호琵琶湖 연간 수위 변동의 장기적인 변화.
M : 메이지明治, S : 쇼와昭和, H : 헤이세이平成, B.S.L.(Biwako Surface Level) : 비와호琵琶湖 기준수위(+85.614m). 비와호琵琶湖 수위는 B.S.L.을 ±0m로 한 수위.
출처 : 국토교통성(2010)

2.5. 어획량 변동과 환경요인의 관계에 대한 통계해석

앞 절에서 설명한 것처럼 어획량의 감소 요인에 대해서는 다양한 요인이 거론되었으며, 어느 것이 주된 요인인지를 특정하는 것은 어렵다. 따라서 여기서는 과거 57년간의 어획량 데이터를 사용하여 기후조건, 비와호琵琶湖의 수위, 수질, 집수역의 하수도 보급, 포장정비 등의 환경인자 변화와 어획량과의 관계에 대해 통계해석을 한 결과를 설명하겠다(大久保 등, 미발표자료).

통계해석에 사용한 데이터는 1954년부터 2010년(57년간)의 비와호琵琶湖 어획량, 해당 연도 및 앞년도의 히코네彦根에서의 연강수량, 연평균 기온, 연평균 풍속, 연간 일조시간, 연강설량, 연간 글로벌 일조플럭스, 같은 해의 매월 강수량, 같은 해의 매월 평균 풍속, 1970년 이후 매월 평균 비와호 방류량, 매월 평균수위, 1970년 전후의 투명도(북쪽 호수北湖, 남쪽 호수南湖), SS(북쪽 호수北湖, 남쪽 호수南湖), COD(북쪽 호수北湖, 남쪽 호수南湖), BOD(북쪽 호수北湖, 남쪽 호수南湖), TN(북쪽 호수北湖, 남쪽 호수南湖), TP(북쪽 호수北湖, 남쪽 호수南湖), 1994년 이후 민물가마우지의 추정 서식 수, 1963년 이후 포장정비율, 1970년 이후 하수도 보급률 등이다. 각종 어패류의 어획량을 종속변수로 하고, 위의 환경인자를 설명변수(독립변수, explanatory)로 하여 스텝와이즈(Stepwise)법으로 중회귀분석을 실시하여 환경인자의 영향을 살펴보았다. 통계계산은 Windows판 SPSS Ver.15를 사용하였다.

분석결과를 표 2-1에 정리하였다. 통계분석할 때 선택된 설명변수가 11개 이상인 경우는 10번째까지 채택하였다. 설명변수 표준화계수가 마이너스(−)인 경우는 종속변수와 음의 상관관계, 플러스(+)인 경우는 종속변수와 양의 상관관계인 것을 나타내며, 표준화계수 값이 클수록 설명변수의 영향도가 큰 것을 나타낸다.

어획량 합계, 어류 합계, 은어, 황어+피라미, 끄리(*Opsariichthys uncirostris*)의 어획량에 대한 설명변수로는 「북쪽 호수北湖의 투명도」 또는 「남쪽 호수南湖의 투명도」가 선택되어 계수는 마이너스가 되었다.

표 2-1. 어획량과 환경인자의 관계(스틱와이즈법에 의한 중회귀분석결과)

종속변수	상관계수	설명변수									
어획량 합계	0.691	투명도(남쪽호수) -0.452	방류량(3월) -1.099	수위(3월) 0.860	강수량(12월) 0.500	강수량(4월) 0.380	풍속(4월) 0.233				
어류 합계	0.624	투명도(북쪽호수) -0.624									
송어(マス)	1.000	풍속(4월) -0.236	평균풍속 -0.822	방류량(9월) -0.687	TP(북쪽호수) 0.156	수위(1월) 0.465	강수량(4월) 0.205	투명도(북쪽호수) -0.234	총일사량 -0.148	방류량(5월) -0.087	수위(3월) -0.053
은어(アユ) 합계	1.000	투명도(남쪽호수) -0.863	강설량 -0.689	강수량(5월) 0.450	강수량(1월) 0.372	수위(1월) -0.384	기온(2월) 0.307	기온(9월) 0.132	풍속(12월) -0.053	기온(4월) -0.075	방류량(11월) 0.029
잉어(コイ)	0.974	SS(남쪽호수) 0.951	방류량(2월) -0.298	강수량(5월) -0.205							
붕어(フナ) 합계	0.998	수위(2월) -0.855	강수량(11월) -0.454	풍속(7월) 0.283	풍속(1월) 0.289	BOD(북쪽호수) 0.173	풍속(11월) -0.223	방류량(1월) -0.125	기온(11월) -0.122		
황어(ウグイ)+ 피라미(オイカワ)	0.943	투명도(남쪽호수) -0.790	방류량(12월) 0.446	풍속(8월) 0.218							
뱀장어(ウナギ)	0.777	방류량(1월) -0.672	기온(1월) -0.425								
꾹저구치어(イサザ)	1.000	강설량(전년) 0.878	강수량(4월) 0.714	강수량(2월) 0.901	강수량(1월) 0.818	COD(남쪽호수) -0.842	하수도보급률 0.547	풍속(5월) 0.211	기온(11월) -0.164	강수량(11월) -0.127	SS(북쪽호수) -0.114
혼보로코(ホンモロコ)	0.993	포장정비률 -3.455	하수도 보급률 2.858	TP(남쪽호수) 0.326	기온(1월) 0.133						
농어(ハス)	0.990	투명도(남쪽호수) -0.512	풍속(11월) 0.516	풍속(2월) 0.387	BOD(북쪽호수) 0.256	풍속(3월) -0.234	수위(8월) 0.159				
빙어(ワカサギ)	1.000	풍속(11월) -1.016	풍속(8월) 0.894	기온(7월) -0.688	방류량(5월) 0.253	방류량(3월) 0.229	수위(12월) 0.197	수위(9월) -0.115	기온(4월) 0.064	기온(11월) -0.053	BOD(남쪽호수) 0.024
줄새우(スジエビ)+ 징거미새우(テナガエビ)	0.985	포장정비률 -1.243	풍속(10월) 0.468	수위(6월) -0.560	연평균기온(전년) -0.373	TP(북쪽호수) 0.162	추정カワウ생식수 0.159				
바지락 (シジミ)	1.000	BOD(북쪽호수) 1.114	평균풍속(전년) 0.808	강수량(11월) 0.554	연강수량(전년) 0.633	수위(1월) -0.349	방류량(10월) -0.132	방류량(4월) 0.297	수위(8월) -0.063	강설량 -0.118	연강수량 -0.121
기타 패류	0.971	포장정비률 -2.353	하수도 보급률 1.423								

*주1) 설명변수 하단의 숫자는 표준화계수를 나타낸다. *주2) 11번째 이후의 설명변수는 생략했다.

*주3) 짙은 회색은 표준화계수가 마이너스, 옅은 회색은 표준화계수가 플러스를 나타낸다. 출처 : 大久保(미발표자료)

즉 부영양화 방지대책으로 투명도가 올라가 겉보기 수질은 좋아졌지만, 이들 어류의 어획량은 감소하였다는 관계가 통계적으로 명확하였다. 또한 은어 어획량의 설명변수로는 「남쪽 호수南湖의 투명도」 외에 「강설량(계수는 마이너스)」, 「1, 5월 강수량(계수는 플러스)」 등이 선택되었다. 즉 은어 어획량은 남쪽 호수南湖의 투명도가 낮은 연도, 눈이 적게 내린 연도, 1, 5월 강수량이 많은 연도에 많아지는 경향이 있다.

한편, 혼모로코(ホンモロコ, *Gnathopogon caerulescens*), 줄새우(*Palaemon paucidens*)＋징거미새우(*Macrobrachium nipponense*), 그 외 패류 어획량의 설명변수로는 「포장정비율(계수는 마이너스)」이 표준화계수의 절대값이 가장 큰 설명변수로써 선택되었다. 포장정비가 이들 어패류에 어떠한 인과관계로 마이너스 영향을 미치고 있는지에 대해 단언할 수는 없지만 가능성으로써는 ① 농업배수로와 논바닥의 높이 차이 확대에 따른 거슬러 오름의 방해(혼모로코(ホンモロコ, *Gnathopogon caerulescens*)에 마이너스 영향), ② 농업 현탁수로 인한 연안 모래사장의 니질화(바지락 등의 이매패에 마이너스 영향), ③ 겨울철 논의 건조에 의한 생물 서식 공간의 감소 등을 생각할 수 있다.

그 외에 꾹저구 치어 어획량의 설명변수로는 「전년도 강수량(계수는 플러스)」, 「1, 2, 4월 강수량(계수는 플러스)」, 「남쪽 호수南湖 COD(계수는 마이너스)」가 선택되었다. 바지락 어획량의 설명변수로는 「북쪽 호수北湖 BOD(계수는 플러스)」, 「전연도 평균풍속(계수는 플러스)」, 「11월 강수량(계수는 플러스)」, 「전연도 강수량(계수는 플러스)」이 선택되었다. 고유 어패류 어획량에 대한 큰입우럭(*Micropterus salmoides*), 블루길의 영향에 대해서는 이들 외래어종 회수량의 연간 데이터가 적기 때문에 영향 인자로 선택되지 않았던 것으로 추정된다.

이와 같이 통계해석에 따르면 투명도 증가와 BOD, SS, TP 농도의

감소라고 하는 수질개선과 어획량 감소의 상관관계가 나타나는 어종이 많은 결과로 나타났다. 이것은 영양염의 공급량 감소가 어획량 감소를 초래할 가능성을 시사하고 있다. 그러나 큰입우럭, 블루길이 증가한 시기와 수질이 개선된 시기가 겹치기 때문에 양쪽의 영향을 분리하는 것은 어렵다. 또한, 포장정비는 혼모로코(ホンモロコ, *Gnathopogon caerulescens*), 줄새우(*Palaemon paucidens*)+징거미새우(*Macrobrachium nipponense*), 패류에 마이너스 영향을 미쳤을 가능성이 시사되었다.

2.6. 요약

비와호琵琶湖에서 어류와 새우류의 합계 어획량은 1980년 전후가 최대였으며, 이 시기는 비와호琵琶湖에서 적조가 발생하여 부영양화 문제가 클로즈업된 시기와 겹친다. 그 후 부영양화 방지대책의 실시로 영양염 부하량이 줄어듦에 따라 어획량도 감소하는 형태가 되었다. 그러나 실제로는 수위조작 규칙의 제정, 호숫가 개발, 하천 개량, 외래어 증가 등 다양한 영향 인자가 어업자원량에 관여하고 있기 때문에 영양염 부하량과 어획량의 관계만을 추출하여 해석·평가하는 것은 불가능하다.

한편 비와호琵琶湖 물의 클로로필a와 SS 농도가 감소하는 것으로부터 식물플랑크톤의 현존량은 영양염 부하량 감소에 동반하여 감소하고 있는 것으로 생각해도 좋을 것이다. 어류 현존량의 변화요인을 해석할 때에는 일차생산과 어업생산을 연결하는 먹이사슬 단계에 있는 동물플랑크톤의 현존량과 생산량(이차생산량)의 장기변화를 파악하는 것이 중요하며, 현재 시가현滋賀県 수산시험장과 시가현滋賀県 비와호琵琶湖 환경과학연구센터가 연합하여 조사·해석을 진행하고 있다.

인용문헌

藤原直樹·一瀨 諭·若林徹哉·水嶋淸嗣·野村 潔 (1999) 琵琶湖におけるCODの上昇と藍藻 *Aphanothece clathrata*の增殖について(1998年7月~9月). 滋賀縣立衛生環境センター所報, 34, 40-46.

細谷和海 (2005) 琵琶湖の濕地再生と內湖の役割. 西野麻知子·浜端悅治 編, 內湖からのメッセ-ジ-琵琶湖周邊の濕地再生と生物多樣性保全, サンライズ出版, 滋賀, pp.118-125.

近畿農政局滋賀農政事務所(各年) 滋賀縣農林水産統計.

國土交通省 (2010) 琵琶湖の總合的な保全のための計劃調査業務報告書. p.65.

森 淳 (2007) 水田生態系の變質と保全のための研究, 技術開發. 水環境學會誌, 30, 556-560.

中井克樹 (2004) ブラックバス等の外來魚による生態的影響(特集 外來種による生態系の攪亂と水環境への影響). 用水と廢水, 46(1), 48-56.

中井克樹 (2009) 琵琶湖の外來魚問題-歷史と展望, 地理, 54(4), 58-67.

農林水産省 (2010)「販穀」を軸とした米システムのあり方に關する檢討會 第15回檢討會(平成 20年7月25日) 資料5. 滋賀縣における生産調整の取組みについて.

大久保卓也·藤井滋穗·今井章雄 (2007) 琵琶湖における水質動向と水環境保全の新たな方向性. 用水と廢水, 49(7), 582-592.

大久保卓也·東 善廣· 佐藤祐一·辻村茂男·金子有子·森田 尙·大前信輔 (2012) 面源負荷とその消滅對策に關する政策課題研究-面源負荷量の定量的把握と今後の面源負荷對策の方向の檢討-. 滋賀縣琵琶湖環境科學研究センター試驗研究報告書, 7, 70-86.

佐藤祐一·大久保卓也·東 善廣·水野敏明井上榮壯·永田貴丸·岡本高弘·金再奎·木村道德·石崎大介·龜甲武志·小松英司·上原 浩 (2014) 滋賀縣琵琶湖環境科學研究センター試驗研究報告(編集中).

滋賀縣 (各年度a) 環境白書資料編.

滋賀縣 (各年度b) 滋賀縣水産試驗場研究報告.

滋賀縣 (2001) 平成 12年度環境省委託業務報告書 難分解性有機物淨化對策調査.

滋賀縣 (2012) 滋賀の農業農村整備·農村振興.

滋賀縣 (2013) 琵琶湖ハンドブック改訂版.

滋賀縣 (2014) 平成 25年度滋賀縣の下水道事業
http://www.pref.shiga.lg.jp/d/gesuido/sougoutyousei/signogesuidoujijyou/files/2014-1.pdf.

滋賀縣 (1991) 琵琶湖水質保全對策資料.

滋賀縣「魚のゆりかご水田プロジェクト」
http://www.pref.shiga.lg.jp/g/noson/fish-cradle/1-intention/index.html

滋賀縣琵琶湖環境部 (2013) 平成 24年度 滋賀縣の下水道事業.

滋賀縣琵琶湖研究所 (1986) 滋賀縣地域環境アトラス. 山本敏哉(2001) 琵琶湖の水位が魚類に与える影響. 京都女子大學自然科學論叢, 33, 7-13.

山本敏哉 (2002) 水位調整がコイ科魚類に及ぼす影響. 遺傳, 56(6), 42-46.

COLUMN

비와호琵琶湖에서 플랑크톤의 장기변동

이치세 사토시-瀬 諭

비와호琵琶湖에서 수질의 장기적 변화를 살펴보면, 현탁물질(SS)과 총인(TP), 클로로필a 농도 등이 1980년 이후 감소하는 경향을 나타내었으며, 수산어패류의 총어획량에 대해서도 현저하게 감소하고 있는 것으로 밝혀졌다(그림 2-12). 이것은 호수의 물 속에 질소와 인 밸런스의 변화와 유입 하천으로부터의 유입 부하량 감소, 온난화 등에 의한 수온 상승의 영향 등 다양한 요인이 복잡하게 얽혀있다고 생각된다(Kagami and Urabe, 2001).

식물플랑크톤은 영양염 공급이 많으면 증가하는 한편, 어패류에 먹히면 감소하기 때문에 영양염 부하의 증감과 어획량 변동의 영향을 받는다. 여기서는 장기적인 조사결과로부터 살펴본 식물플랑크톤의 변화와 식물플랑크톤과 동물플랑크톤의 먹고 먹히는 관계를 설명하고, 그 결과가 빈영양화와 관련이 있는지의 여부에 대해 고찰한다.

그림 2-15에 비와호琵琶湖의 4개 관측점에서 호수 물 1mL 속의 식물플랑크톤 종수의 변화를 나타내었다. 1980년대에는 30종 이상의 식물플랑크톤 종이 각 관측점에서 관찰되었던 것에 비해 1990년대에 들어서면서 급속하게 감소하여 2000년 이후에는 10종 정도까지 감소하고 있었다. 특히 현저하게 감소한 것은 비와호琵琶湖에서 옛날부터 분포하고 있었던 그물말과 조류인 *Pediastrum*과 *Staurastrum*등의 녹조류였으며, 게다가 고유종으로 겨울철에 많이 확인된 *Aulacoseira* 등의 규조류도 감소하는 경향이 있는 것이 밝혀졌다(Tsaiet et al., 2014).

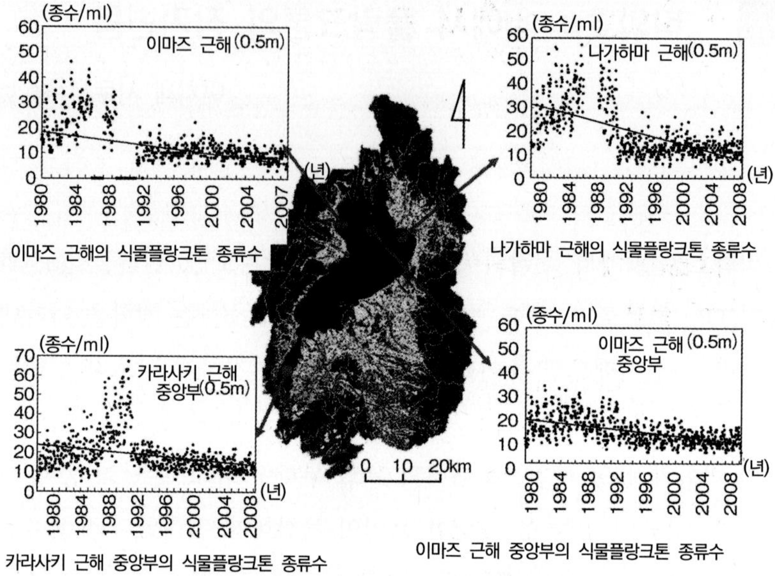

그림 2-15. 비와호琵琶湖에서 식물플랑크톤 종수의 장기변동.
(호수 물 1ml 속의 종수, 1978~2008년)

한편, 새로 출현한 종은 아니지만 총 세포 부피로 평가하여 증가해온 종으로는 미세한 세포가 모여 군체를 형성하는 *Aphanothece clathrata*와 *Gomphosphaeria lacustris* 등의 남조류가 있다(一瀨 등, 2007, 그림 2-16도 참조).

다음으로 북쪽 호수北湖 중앙(이마즈今津 근해 중앙)에서 식물플랑크톤 총 세포 부피(현존량)와 그 속에 남조류가 차지하는 비율의 변화를 그림 2-17에 나타내었다. 식물플랑크톤 현존량은 1979~1989년까지는 큰 폭의 증감을 반복하면서도 해가 거듭할수록 감소하는 경향을 나타내었지만 1990년 이후에는 약간 증가하는 경향도 확인되었으며, 2002년 이후에는 낮은 값으로 일정한 경향이 확인되었다. 또한 그림 2-17 아래 그림에 나타낸 총 세포 부피에서 차지하는 남조류의 비율을

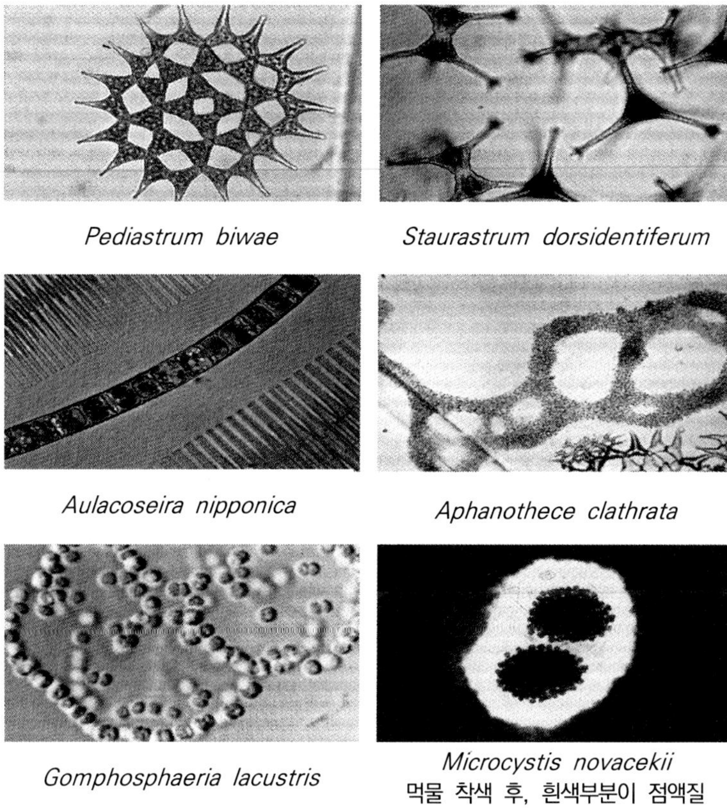

그림 2-16. 비와호琵琶湖에서 증가와 감소가 눈에 띄는 식물플랑크톤.

살펴보면 1979～1986년까지는 적었지만, 1987년 이후 서서히 증가하여 2000년 이후에는 50% 이상이 되는 시기가 확인되었다(Kishimoto et al., 2013).

그리고 그림 2-18에 북쪽 호수北湖 이마즈今津 근해 중앙에서 세포 크기별 총 세포 부피의 연간변화를 나타내었다. 비와호琵琶湖에서는 1985년 이후 1개 세포의 세포 크기가 4,000μm^3 이상인 *Staurastrum* 등 대형종이 감소하는 경향을 보였고, 100μm^3 이하인 소형 *Aphanothece clathrata* 등의 종이 차지하는 비율이 높아진 것이 밝혀졌다(Kishimoto et al., 2013).

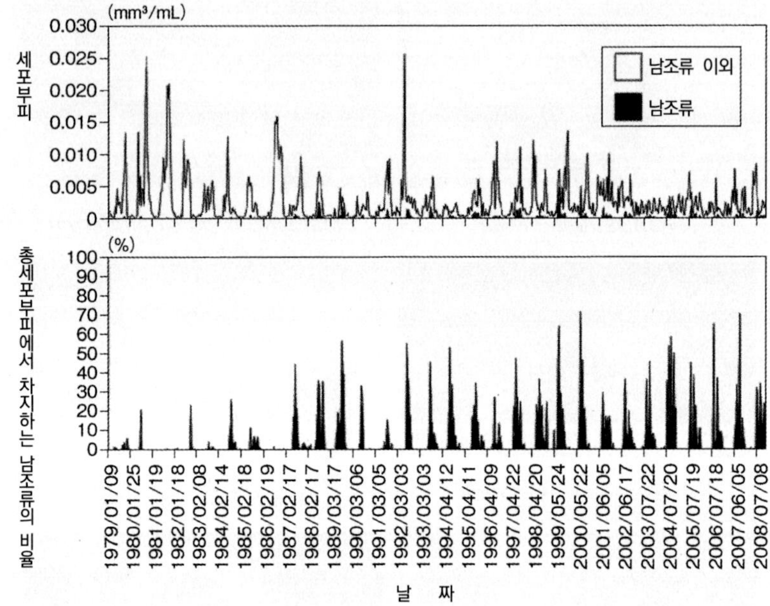

그림 2-17. 비와호琵琶湖 북쪽 호수에서 식물플랑크톤의 총 세포 부피(위)와 총 세포 부피에서 남조류가 차지하는 비율(아래)의 변화(북쪽 호수 이마즈오키今津沖 중앙, 수심 0.5m 수층).

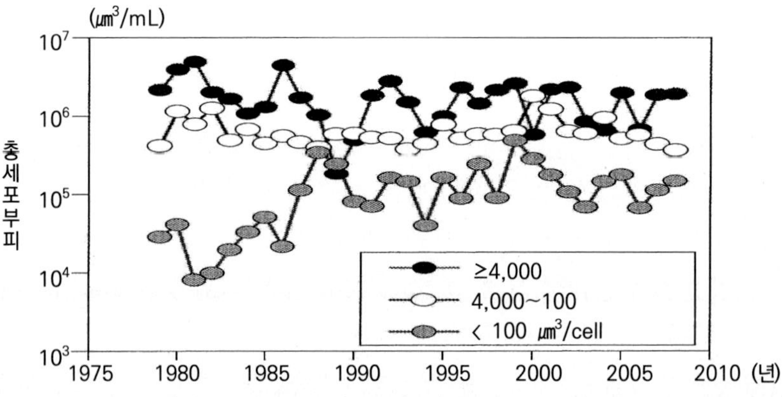

그림 2-18. 비와호琵琶湖 이마즈今津 근해 중앙부 표층에서의 크기별 총 세포 부피의 연간 변화(1978~2008년).

다음으로 이들 식물플랑크톤이 가지고 있는 점액질(각 세포를 둘러싸고 있는 무색 투명한 한천질 물질)에 대한 조사결과에서 식물플랑크톤의 총 세포 부피는 과거에 비해 감소하는 경향을 나타내는 것에 비해 점액질의 총 부피는 각 지점에서 현저하게 증가하고 있는 것이 시사되었다(一瀨 등, 2013).

또한, 동물플랑크톤에게 이들 식물플랑크톤이 좋은 먹이자원인지를 검정하기 위해 비와호琵琶湖에서 분리 배양하고 있는 물벼룩에 대해 남조류, 녹조류, 규조류 중에서 합계 14종의 식물플랑크톤을 사용하여 생태영향시험을 실시하였다.

시험방법은 갑각류의 생태 영향 시험에서 사용되는 급성유영장해시험(TG202, 1984)와 번식장해시험(TG211, 1994)를 활용하였다. 그 결과 곰팡이 냄새를 생성하는 듯한 남조류인 *Phormidium*과 미세한 피코식물플랑크톤(picoplankton)은 물벼룩의 먹이로 부적합하고, 어미물벼룩으로 성장할 때까지 아사하여 폐사斃死하는 개체도 많았다. 또한, 남조류 중에서도 녹조의 원인이 되는 부유성 군체를 형성하는 *Anabaena*와 *Microcystis*를 먹이로 주었을 경우 물벼룩의 성장은 확인되었지만 1회 분만하는 새끼의 수는 적었다.

이것에 비해 녹조류인 *Closterium*과 규조인 *Asterionella*는 대형종이지만, 물벼룩의 먹이로는 비교적 우수하여 1회의 분만 새끼 수도 많았다(一瀨 등, 미발표 자료).

현시점에서는 비와호琵琶湖의 식물플랑크톤 종과 현존량의 장기변동 원인을 충분히 특정할 수 없다. 그러나 부영양화 방지조례와 하수도 정비 등으로 비와호琵琶湖로 유입되는 영양염의 양이 1980년 이후 감소하였으며(그림 2-7, 2-8), 그것에 의해 식물플랑크톤의 현존량이 감소하였고, 종조성에도 영향을 미쳤을 것으로 생각된다. 또한, 남조류의 증가는 동물플랑크톤에게 성장장해와 번식장해가 되었을 가능성이 있으며, 동물플랑크톤을 먹이로 하는 비와호琵琶湖 바지락과 *Gnathopogon caerulescens* 등의 수산어패류에도 영향을 주었을 것이 시사된다. 비와호琵琶湖 플랑크톤의 상相변화가 빈영양화에 기인하는지의 여부는 추가적인 검토가 필요하다.

인용문헌

一瀬 諭·若林徹哉·古田世子·吉田美紀·岡木高弘·原 良平·青木 茂 (2007) 琵琶湖北湖における植物プランクトン總細胞體積量の長期變動と近年の特徴について. 滋賀縣琵琶湖環境科學研究センタ-所報, 2, 97-108.

一瀬 諭· 池谷仁里·古田世子·藤原直樹·池田將平·岸本直之·西村 修 (2013) 琵琶湖に棲息する植物プランクトンの總細胞容積および粘質鞘容積の長期變動解析. 日本水處理生物學會誌, 49, 66-74.

Kagami, M. and Urabe J. (2001) Phytoplankton growth rate as a function of cell size: an experimental test in Lake Biwa. Limnology 2, 111-117.

Tsai, C.H., Miki, T., Chang, C.W., Ishikawa, K., Ichise, S., Kumagai, M. and Hsieh, C.H. (2014) Phytoplankton function group dynamics explain species abundance distribution in a directionally changing environment. Ecology 95, 3335-3343.

Kishimoto, N., Ichise, S., Suzuki, K. and Yamamoto, C. (2013) Analysis of long-term variation in phytoplankton biovolume in the northern basin of Lake Biwa. Limnology, 14, 117-128.

TG 202 (1984) ミジンコ類急性遊泳阻害試驗 : OECD 生態影響試驗テストガイドライン.

TG 211 (1998) ミジンコ類繁殖試驗 : OECD 生態影響試驗テストガイドライン.

제 3 장

세토내해瀨戸内海의 빈영양화
- 그 원인, 프로세스, 메커니즘

야마모토 타미지山本民次

3.1. 서론

세토내해瀨戸内海는 일본 최대의 폐쇄성 수역이며, 유역권에는 일본 인구의 1/3이 거주하고 있다. 고도 경제성장기에는 육상으로부터 물질 부하가 증가하여 「빈사瀕死의 바다」로 불릴 정도로 수질이 악화되었고, 적조 빈발로 수산생물 특히 양식업에 막대한 피해가 발생하였다. 일본 환경성(당시 환경청)은 토쿄만東京湾, 이세만伊勢湾과 나란히 풍광명창風光明媚[1]한 세토내해瀨戸内海의 수질보전을 위해 수질오탁방지법에 추가하여 「세토내해瀨戸内海환경보전특별조치법」(당초 시한입법인 임시조치법으로 출발하여 후에 특별조치법으로 항구화되었음)을 시행하였다.

이 법의 시행으로 유기물량 지표가 되는 화학적산소요구량(Chemical Oxygen Demand; COD), 총인(Total Phosphorus; TP), 총질소(Total Nitrogen; TN)의 발생 부하량(원단위[2] 기반으로 산출한 육상에서의 발생량)은 크게 감소하였다(그림 3-1). 여기서 총인과 총질소는 물에

1) 풍광명창 : 산과 강 등 자연의 경치가 맑고, 아름다우며, 경치가 빼어나다는 뜻.

2) 원단위(basic unit) : 생산물 1개 또는 일정량의 생산물을 만들기 위하여 필요로 하는 원재료나 연료 또는 소요시간 등의 수량. (출처 : 두산백과)

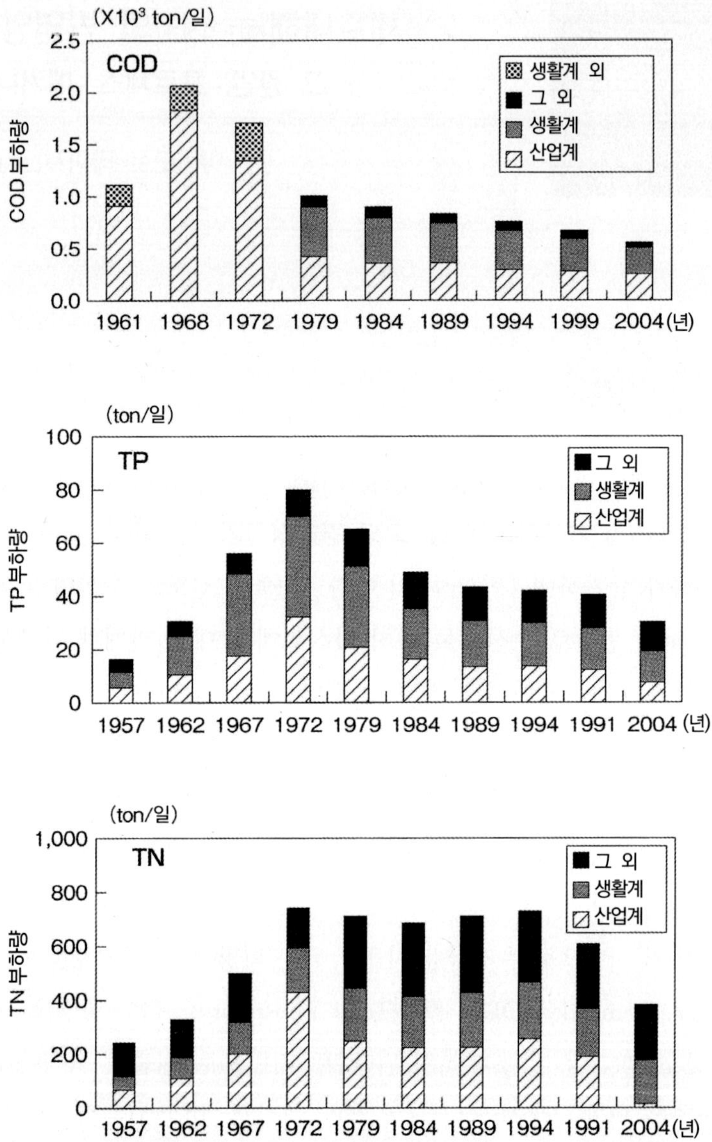

그림 3-1. 세토내해瀬戸内海에서 COD, 총인(TP), 총질소(TN)의 1일당 발생 부하량.

출처 : 瀬戸内 Net http://www.env.go.jp/water/heisa/heisa_net/setouchNet/seto/index.html를 바탕으로 작성

들어있는 입자와 녹아있는 것을 모두 함께 측정한 것이다. 그림 3-1에 나타낸 것과 같이 발생 부하량은 크게 감소하였고, 부하량 삭감 대책은 충분히 공을 세웠다고 평가할 수 있다.

그러나 한편으로 어획량은 현저하게 감소하였으며, 김은 탈색되어 검은색의 윤기가 나는 고급품을 생산할 수 없게 되었다. 김은 용존무기질소와 용존무기인 등 소위 영양염을 흡수하여 성장하기 때문에 질소와 인 유입 부하 삭감의 영향을 직접 받고 있다.

빈영양화의 주요 원인이 유입 부하량 삭감이라고 하여 세토내해瀬戸内海 관련 어련漁連·어협연락회의漁協連絡会議는 지속적 어업생산을 위한 해역 영양염 관리(실질적으로는 영양염 부하 삭감의 완화)를 필두로 세운 「세토내해瀬戸内海재생법(가칭)」의 입법화를 희망하였다(그림 3-2). 유입 부하 삭감이 가장 중요한 과제였던 특별조치법은 이미 35년 이상 경과하여 그 임무를 충분히 달성하였다. 임시조치법으로부터 계산하면 40년 이상 지났다. 향후에는 수질 개선뿐만 아니라 퇴적물 및 서식생물을 포함한 생태계 전체의 건전성 회복을 통해 예전의 「보물의 바다」로 되돌리는 것을 목표로 설정한 새로운 법률을 입법화할 필요가 있는 것이다.

필자는 세토내해瀬戸内海의 빈영양화에 대해 오래전부터 지적하였고(Yamamoto, 2003), 그 후에도 빈영양화의 원인, 프로세스, 메커니즘에 대해 다양한 각도에서 해석과 분석을 해왔다. 여기서는 그것들에 대한 일연의 검토결과에 대해 정리하여 기술하겠다.

그림 3-2. 「세토내해瀬戸内海재생법」의 정비를 위한 희망 팜플렛.
출처 : 세토내해관계어련瀬戸内海関係漁連·어협연락회의漁協連絡會議

3.2. 부영양화와 빈영양화

물질 부하가 증가해 가는 과정인 「부영양화」는 누구라도 이해하기 쉬웠다. 즉 영양염 등의 부하량이 증가하여 해수의 영양 레벨이 올라가고, 식물플랑크톤이 증가하여 종종 적조가 발생하게 된다. 따라서 여기에 대한 대책은 우선 유입 부하를 삭감하는 것이 당연히 취해야 할 대책이었다.

그러나 유입 부하 삭감에 따라 해양생태계에서 어떠한 변화가 일어날지에 대해 우리는 충분한 지식과 경험을 가지고 있지 않았다. 원래 「부영양화」와 「빈영양화」라고 하는 말의 정의조차 엄밀하지 않았다. 물론 문헌을 살펴보면, 이러한 것에 대해 기술한 문헌이 몇몇 발견된다(예를 들어 Nixon, 1995). 그러나 이 문헌들의 대부분은 「부영양」 또는 「빈영양」이라는 「상태」를 정의한 것이다. 그 기준은 다양하여 식물플랑크톤량의 지표인 클로로필a의 농도이거나, 인과 질소의 농도였다. 한편 「부영양화」, 「빈영양화」라고 하는 「프로세스」를 설명한 것은 전무하다고 해도 좋다. 이렇게 말하는 것보다는 「부영양」, 「빈영양」이라는 상태와 「부영양화」, 「빈영양화」라고 하는 프로세스를 구별할 수 없는 것이 현재의 실정이다(山本·川口, 2005).

이렇게 말하더라도 「바람이 불면 통을 파는 가게가 돈 번다(일본속담)」과 같이 빈영양화라고 하는 프로세스에서 생태계 내의 일련의 연쇄반응을 생각할 수 있다는 것은 사실 매우 고도의 수준이다. 그리고 해양생태계 연구에 종사하고 있는 전문가라도 생태계의 다이나믹스(dynamics), 소위 물질순환을 정량적으로 연구한 적이 없는 사람에게는 이해하기 곤란할 것이다.

가장 친근한 사례로써 물이 깨끗한지 더러운지라고 하는 것과 생물생산과의 관계이다. 일반적인 사람들이 바라는 수질이라는 것은 통상적으로 눈으로 봤을 때 투명도가 얼마나 높은가 이다. 즉 맑고 깨끗한 물일수록 바람직하다고 생각한다. 그러나 통상적으로 물이 깨끗하다는 것은 식물플랑크톤이 적고, 이것은 어류의 생산도 낮은 것에 연결된다. 속담에서도 나타나듯이 「물이 깨끗하면 물고기는 살지 않는다」이다. 다만 물의 투명도란 엄밀하게는 식물플랑크톤뿐만 아니라 광물입자와 생물 유해의 파편(detritus) 등의 양에도 영향을 받기 때문에 주의가 필요하다.

한편 조금이라도 수권환경학 또는 수권생태학을 접한 적이 있다면, 투명도가 좋아지는 것만을 바라는 것이 잘못된 것이라는 것을 알아차릴 것이다. 즉 영양분을 공급하면 부영양이 되지만, 그 결과 어패류도 잘 자라기 때문이다. 반대로 영양분을 줄이면, 바다는 깨끗해지지만 어패류는 줄어든다. 이것은 농업에서 작물을 키울 때 비료를 사용하는 것에서도 알 수 있을 것이다. 필자는 강의를 할 때 「깨끗한 물을 바란다면 산지의 맛있는 생선은 먹지 못할 것으로 생각하라」라고 가르치고 있다. 육지와 바다가 서로 다르다고 생각하는 것은 잘못된 것이다. 이것은 매우 일반적인 것이다.

이와 같이 말하면 「오키나와沖縄의 생선은 맛이 없는가?」라는 질문이 들어온다. 이것은 중요한 관점이다. 투명도가 높은 해역의 어패류가 맛이 없을 리가 없다. 자연산이 맛있는 것은 그 나름 이유가 있다. 통상 몇 만 마리로 태어난 치어 중에서 약한 개체는 살아남지 못한다. 즉 성체까지 성장하여 어획되는 개체는 그 군집에서 강하고, 매우 우수한 개체이다. 또한 맛이 있다·없다 라는 것은 음식문화의 문제이므로 그렇게 간단하지 않다. 기본적으로 투명도가 높으며, 어획이 된다는 것은 수요와 공급의 균형에 의존하는 것이 크다. 자원량에 비해 섭취하는 인구가 적으면 비료를 뿌려 자원량을 늘일 필요가 없다. 반대로 도시지역 사람들의 위장을 채울만큼 대량으로 포획하려면 위에서 말한 것과 같이 비료가 필요하게 될 것이다.

3.3. 세토내해瀬戸内海의 투명도와 적조 발생건수의 변화

오사카만大阪湾과 하리마해협播磨灘과 같이 고도 경제성장기에 유입부하가 현저하게 증가하여 수질이 극단적으로 악화된 해역에서는 최근 약 30년 동안 투명도의 상승이 매우 현저하였으며, 3m 정도 상승한 것을 눈으로 확인할 수 있다(그림 3-3a; 세토내해瀬戸内海종합수질조사, http://www.pa.cgr.mlit.go.jp/chiki/suishitu/index.html). 그러나

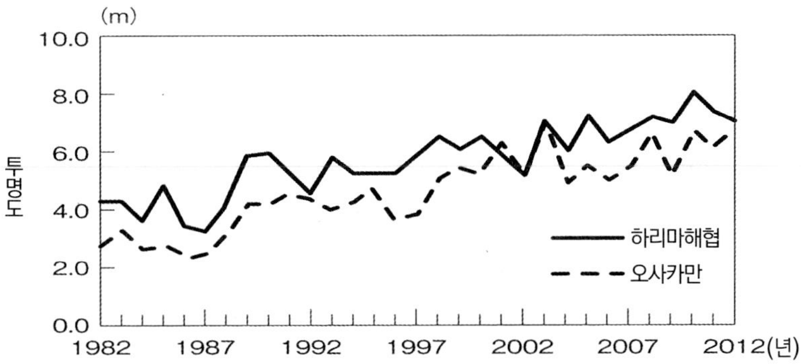

그림 3-3a. 오사카만大阪灣 및 하리마해협播磨灘에서 투명도 변화.

출처 : 세토내해瀨戶內海종합수질조사자료 http://www.pa.cgr.mlit.go.jp/chiki/suishitu/index.html로 작성

원래 수질이 나쁘지 않았던 해역(주로 세토내해瀨戶內海 서부해역)에서 같은 기간의 투명도 상승은 2m 정도 또는 그 이하로 그다지 크지 않았다(그림 3-3b, 山本 등, 2011).

뒤에서 설명하는 것과 같이 투명도는 물기둥에서 얼마만큼 깊이까지 빛이 도달하는지의 지표이며, 평균값으로 1m 상승하는 것은 온난화로 인해 수온이 1℃ 올라가는 정도로 생태계에 큰 영향을 미치는 것으로 생각된다.

2004년 가을 어느 학회에서 필자가 세토내해瀨戶內海의 빈영양화에 대해 발표한 것에 대해 「세토내해瀨戶內海는 하와이 바다처럼 깨끗한 것이 아니며, 어획량이 떨어지는 것은 빈영양화된 것 때문이 아닌 부영양화를 지나 과영양화되었기 때문이다」라는 매우 강한 반론이 있었다. 확실히 「하와이 바다」에는 조금 멀지만 데이터가 나타내고 있는 것은 명확하게 투명도가 상승하였으며, 과영양이 아닌 것이 명확하였다.

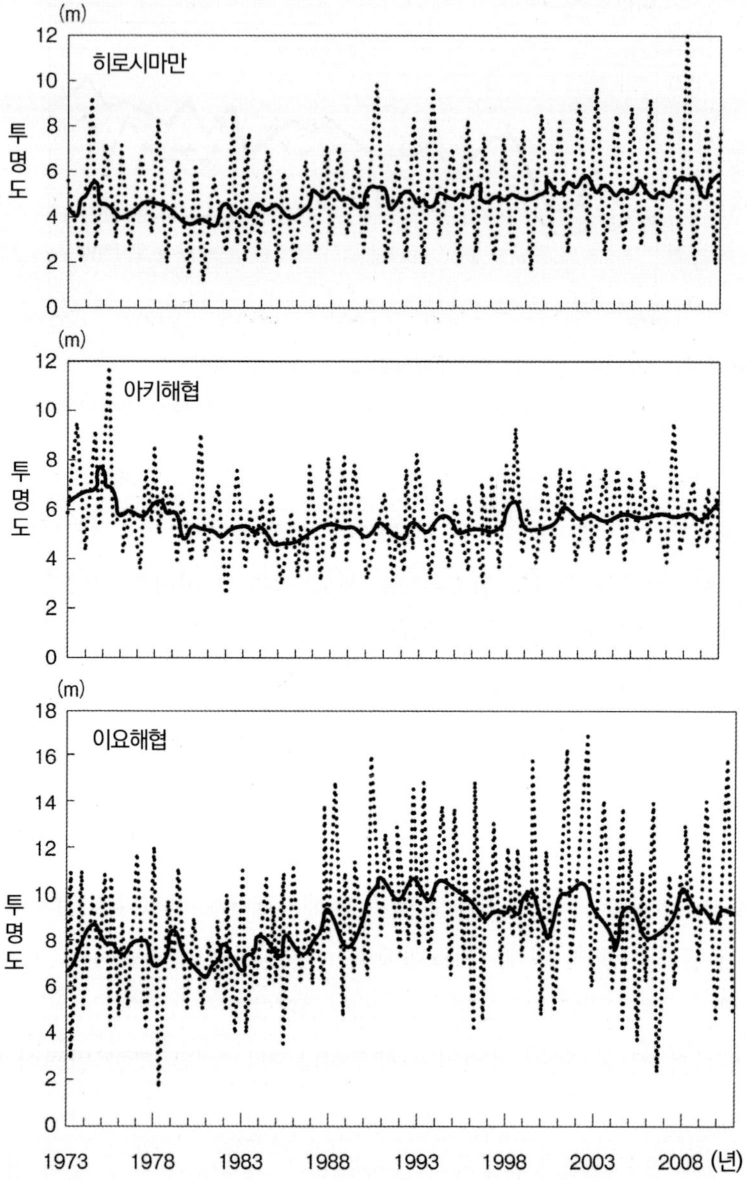

그림 3-3b. 히로시마만廣島灣, 아키해협安芸灘 및 이요해협伊予灘에서 투명도 변화.
굵은 선은 13개월 이동평균. 출처 : 山本 등외(2011)

원래 세토내해瀬戸内海와 하와이라는 생태계의 특성이 전혀 다른 해역을 비교하는 것 자체에 무리가 따른다. 투명도 데이터가 나타내듯이 세토내해瀬戸内海의 빈영양화는 필자가 그것을 지적한 2000년대 초반부터 이미 명확했었다. 투명도는 해수에서 조류가 광합성을 하는데 필요한 빛이 어디까지 도달하는지를 나타내는 지표이며, 조류가 광합성을 할 만큼의 빛의 세기가 얻어지는 최대수심까지를 「유광층」이라고 한다. 예를 들어 히로시마만広島湾의 측정결과에서는 「유광층=투명도 × 2.8」(橋本·多国, 1997)이기 때문에 그림 3-3과 같이 투명도가 2m 상승하면 5.6m, 3m 상승하면 8.4m나 더 깊은 곳까지 빛이 도달하게 된다. 이것은 생태계의 생물생산 구조에 큰 영향을 미칠 것이다.

적조의 대부분은 식물플랑크톤의 이상 발생으로 인한 것이며, 수역의 부영양화 중 하나의 표현 형태라고 해도 좋을 것이다. 세토내해瀬戸内海에서는 부영양화 진행에 따라 1976년의 피크 시기에는 연간 약 300건의 적조가 기록되었다(그림 3-4). 그것이 유입 부하 삭감으로 현재는 약 100건 정도이다. 이 값이 아직 높은 것으로 생각하여 추가로 총량규제를 해야 한다는 의견도 최근까지 있었지만 어류양식업자를 제외하면, 지금은 소수의 의견이 되었다. 어류양식에서는 인위적으로 먹이를 주기 때문에 빈영양화되어도 관계없이 먹이를 줄 수 있기 때문에 오히려 적조에 의한 피해 쪽이 염려된다.

다음 절에서 설명하는 것과 같이 현재의 유입 부하량 수준이라면 적조의 발생 건수는 확실히 더 적어야 할 것이다. 이 원인은 아직 충분히 해명되지 않았지만 적어도 대규모 적조는 거의 볼 수 없게 되었으며, 소규모인 것이 대부분이다. 그러한 의미에서 소규모 적조도 놓치지 않을 만큼 적조 감시가 이루어지고 있는지도 모른다. 또는 빛이 깊은 수층까지 도달하게 된 것이 원인의 하나일지도 모른다. 그리고

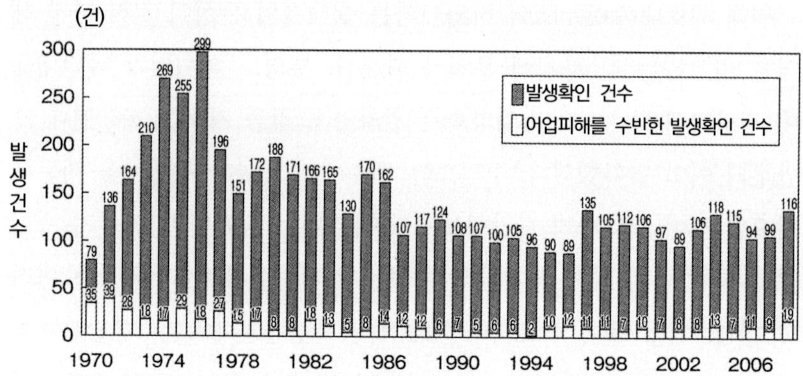

그림 3-4. 세토내해瀨戶內海에서 연간 적조발생건수 변화.
출처 : 瀨戶内 Net http://www.env.go.jp/water/heisa/heisa_net/setouchNet/seto/index.html

해색海色의 변화까지는 도달하지 않았지만 독성플랑크톤은 아직도 발생하고 있으며, 이들 생물은 상위 생물에게 포식되지 않아 먹이사슬에 들어가지 않기 때문에 문제이다.

세토내해瀨戶內海의 빈영양화에 대해서는 앞서 설명한 것처럼 이미 2003년에 『Marine Pollution Bulletin』이라는 해양환경분야 유명한 저널에 논문으로 발표되었지만(Yamamoto, 2003) 영어논문이라는 것도 이유가 되어 그다지 많은 일본인 연구자가 읽지 않았다고 생각된다. 사실 당시는 「빈영양화」라는 것에 대해 일본 국내학회에서의 인지도는 매우 낮았으며, 낮은 것뿐만 아니라 이해하기도 전에 반론하는 연구자가 절반 이상을 차지하고 있었다. 따라서 일본 국내 학술지에 투고하여도 그러한 연구자들에게 논문심사가 맡겨지면 우선 채택(accept) 되지 않을 것으로 필자는 생각하였다. 따라서 국제저널에 투고하였다. 그것은 완전히 정답이었다. 지금도 기억하고 있지만 심사자·편집자 모두 「매우 흥미 있는 논문이다」라는 것으로 큰 찬사를 받아 거의 수정하지 않고 학회지에 게재되었다.

3.4. 유입 부하량 증감과 생태계 히스테리시스(hysteresis) 응답

세토내해瀬戸内海가 빈영양화된 가장 큰 원인은 유입 부하 삭감이다. 이미 그림 3-1에서 나타낸 것처럼 피크 시기의 발생 부하량에 비해 COD에서 약 1/4, TP에서 약 1/3, TN에서 약 1/2까지 감소하고 있다. 일본 환경성의 집계에서는 COD, TP, TN 모두 「발생 부하량」(원단위를 바탕으로 산출한 육상에서의 발생량)이며, 실제 바다로 유입되는 양과 완전히 같지는 않지만 유입 부하가 크게 감소한 것은 쉽게 상상할 수 있다.

어업생산량은 1986년을 피크로 크게 감소하였다(그림 3-5). 어업생산량이 피크에 도달할 때까지의 부영양화 진행 시기에는 적조가 많이 발생하였다. 특히 세토내해瀬戸内海에서는 어류양식이 성황했기 때문에 대규모의 적조발생은 어류양식에 막대한 손해를 입혔다. 물론 그뿐만 아니라 적조의 색깔은 종에 따라서는 매우 칙칙한 색이었기

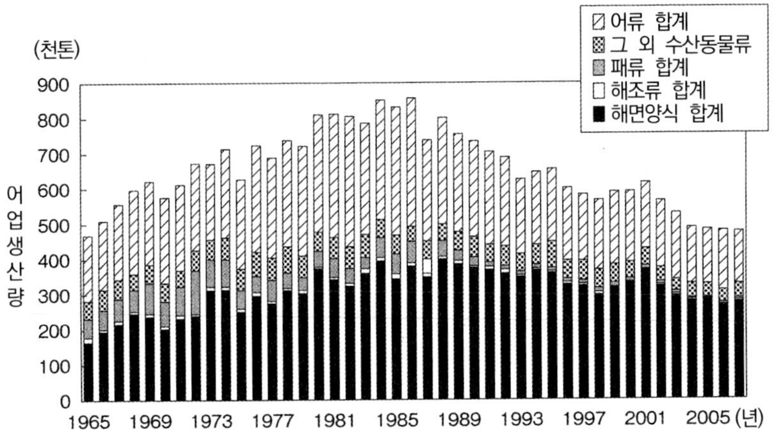

그림 3-5. 세토내해瀬戸内海에서 어업생산량 변화.

출처 : 瀬戸内 Net http://www.env.go.jp/water/heisa/heisa_net/setouchNet/seto/index.html

때문에 당시에는 거의 매일 메스컴을 떠들썩하게 하였다. 그러나 한편으로 어획량이 피크에 도달한 것은 거의 보도되지 않은 것이 커다란 오해를 불러일으킨 것으로 생각된다. 부영양화되면 물고기는 잡히는 것이다. 다만 부영양화되어 잘 잡히는 것은 소위 정어리 등과 같은 다획성 어류(많이 잡히는 어종)이며, 이들은 생태효율이 높고 재생산 속도가 빠른 종류이다. 덧붙여서 말하면 생태효율이라는 것은 어떠한 먹이단계의 생물군을 생각할 경우 거기에 들어오는 에너지(a)와 상위 먹이단계로 이동하는 에너지(b)의 비比(b/a)를 말한다.

부영양화된 수역에서 물고기가 늘어나는 것은 육수학과 댐 호수 연구분야에서는 일반론이다. 물이 막히면 물의 체류시간이 길어질 뿐만 아니라 거기에 유입되는 질소와 인의 체류시간도 길어진다(그림 3-6; 山本, 2006). 따라서 질소와 인은 반복하여 1차 생산에 이용되어 동물플랑크톤 등의 소비자를 통해 어류의 생산을 높인다. 따라서 댐 호수 등과 같은 폐쇄성 수역에서는 반드시 유입 부하량이 늘어나지 않아도 물질의 체류시간이 길어지는 것으로도 부영양화된다.

그러나 주의가 필요한 것은 댐 호수에서는 그림 3-7에서 나타나는 것처럼 부영양화는 오래 지속되지 않고 언젠가는 빈영양화로 돌아간다는 것이다(Stockner et al., 2000). 그 최대 원인은 댐 호수 내부에서 증식한 플랑크톤(주로 식물플랑크톤)의 사체가 호수 바닥에 침강·퇴적하여 상층수로 회귀하는 물질량이 줄어들기 때문이다. 플랑크톤 사체에서 유래하는 유기물은 물속에 산소가 있을 동안은 호기성 분해되지만 물속 용존산소량이 원래 적기 때문에(통상 10mg/L ≒ 0.001% 정도로 대기의 약 20%에 비해 매우 적다), 수심이 깊은 댐 호수 등에서는 상층에서 생산되어 침강한 유기물 분해에 의해 호수 바닥이 쉽게 빈산소화된다. 산소가 부족한 환경에서 유기물은 충분히 분해되지

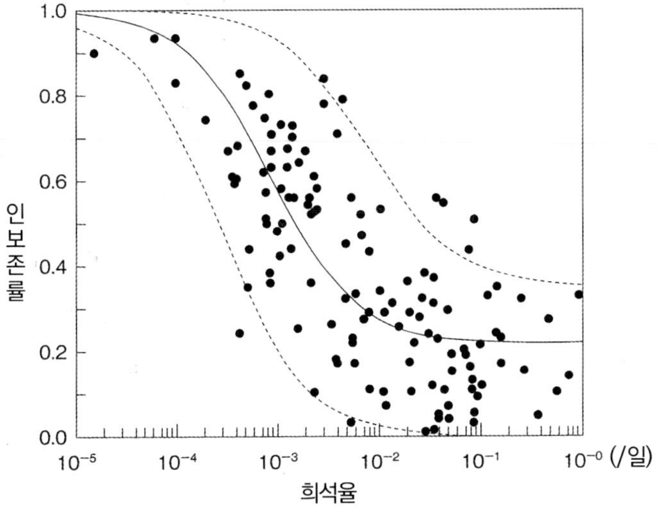

그림 3-6. 호수의 서로 다른 희석율(호수 물 교환율)에서 인燐 보존력 차이.

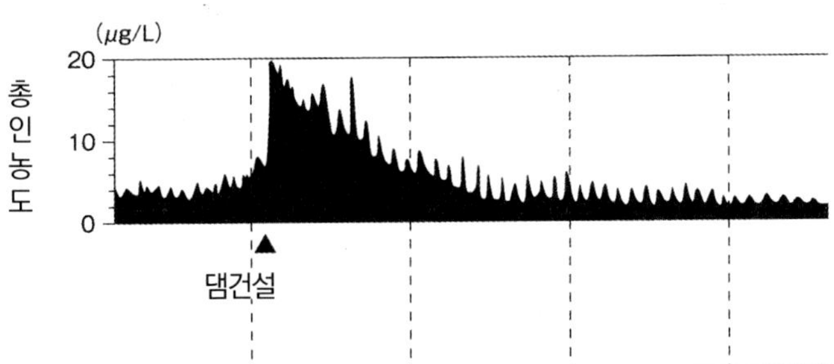

Phase(단계)	댐건설 전	번영기	과도기	쇠토기	후쇠퇴기
연도		4~5	5~8	8~15	계속
생산량[gC/(m^2·년)]	50~70	100~120	80~100	40~60	30~50
총인(TP) 농도	2~4	10~14	6~8	2~4	1~3
영양상태	빈영양	중영양	빈영양	초빈영양	초빈영양
어류생산량	낮음	중정도	낮음	매우 낮음	극히 낮음
투명도	낮음	낮음	중정도	높음	극히 높음

그림 3-7. 댐 건설에 따른 댐 호수내의 총인 농도 변화. 출처 : Stockner et al.(2000)

않고 호수 바닥에 퇴적되고, 그 위에 다시 유기물이 퇴적되기 때문에 퇴적물 속에는 점점 산소가 전달되기 어려워진다. 이러한 상태에서는 산소를 사용하지 않는 혐기성 분해가 탁월하게 된다. 혐기성 분해는 호기성 분해에 비하면 1자릿수 정도 분해속도가 느리기 때문에 상층수로 회귀하는 영양염량이 줄어든다. 다만 완전히 무산소상태가 되어 환원적으로 되면, 입자에 흡착된 인은 탈착하여 용출된다. 또한 질소도 암모니아 형태로 용출된다. 이들의 관계와 밸런스는 매우 복잡하다. 연안역에서도 같은 현상이 일어나는 것을 뒤에서 설명하겠다.

따라서 세토내해瀨戸内海에서는 부영양화로 인해 물고기가 많이 잡혔던 시기와 대조적으로 환경보전을 위한 시책으로 유입 부하를 삭감하여 물고기가 잡히지 않게 된 것이기 때문에 이것은 명확하게 「인위적 빈영양화」이다. 이미 유입 부하 삭감을 일본보다 먼저 진행한 유럽에서는 여기에 관한 논문이 몇몇 발표되어 있으며, 그들은 "cultural oligotrophication"이라고 부르고 있다(예를 들어 위에서 기술한 Stockner et al., 2000). 이 "cultural"을 「인위적」으로 번역한 사람은 아마도 필자일 것이다(山本, 2004). 이미 10년 정도 전의 일이기 때문에 확실하게 기억나지는 않는다.

Stockner et al.(2000)이 지적한 것처럼 인위적 빈영양화의 원인은 아래와 같이 몇 가지로 거론할 수 있다. (1) 하수처리장 설치, (2) 댐 건설, (3) 하천 유로 변경, (4) 삼림 벌채, 벌초, 식생제거, (5) 습지의 배수와 수로 정비, (6) 어류 회유 저지, (7) 호수, 하천수의 산성화, (8) 장기 기후변동(지구온난화) 등이다. 이 중에서 세토내해瀨戸内海의 빈영양화에 크게 기여한 것은 (1)과 (2)이며, Stockner 등은 거론하지 않았지만 연안역 매립이 거기에 추가될 수 있을 것으로 필자는 생각하고 있다. 여기에 대해서는 뒤에 설명하겠다.

그렇기 때문에 세토내해瀨戸內海가 경험한 부영양화 과정과 거기에 연결되는 빈영양화 과정은 생태학에서 알려져 온 현상 –히스테리시스– 를 그대로 구현화 하고 있다. 「히스테리시스」(hysteresis)는 사전을 찾아보면 「전력, 이력」 등으로 번역되어 있으며, 예를 들어 "hysteresis curve" 등 그때까지의 영향(이력)을 이끌어온 상황을 나타내는 반응 곡선을 말한다(p.181, 제5장 BOX 참조).

그림 3-8을 살펴보자. 그림의 곡선이 히스테리시스 곡선이다(Scheffer, 1989). 이 그림에서는 가로축에 영양염 부하량, 세로축에 도미과 어류(bream)의 어획량이 기입되어 있다. 부하량이 점차 증가해 가는 부영양화 과정에서는 도미의 어획량이 아래로 볼록한 형태로 상승한다. 그러나 부하량을 줄여가면 위로 볼록한 형태의 다른 경로를 따라서 어획량 감소가 일어나며, 양쪽 모두 초기의 점으로 되돌아간다. 빈영양화 후반의 어획량 감소는 급격하기 때문에 이러한 것이 현실에서 일어나면 어업종사자는 큰 위기감을 느낄 것이다.

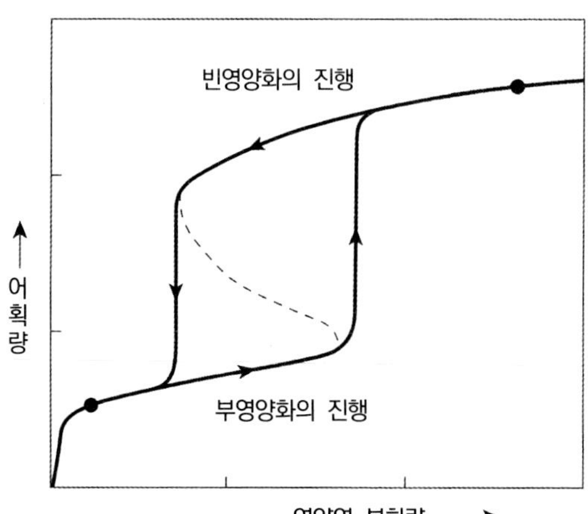

그림 3-8. 부영양화 진행기와 빈영양화 진행기에 나타난 Hysterisis.
출처 : Scheffer(1989)

그림 3-9는 실제로 세토내해瀬戸内海의 데이터를 이용하여 그래프로 나타낸 것이다. 그림 3-9(a)는 가로축이 인의 유입 부하량, 세로축이 적조 발생 건수이다. 그림 3-9(b)는 가로축은 같으며, 세로축이 어획량이다. 안타깝게도 가로축의 인燐 유입 부하량 데이터가 5년씩 집계된 값밖에 없기 때문에 1976년의 적조 피크시 데이터(어획량도 피크)가 표시되어 있지 않다. 그 연도의 값을 상상하면 더욱 깨끗한 루프 형태의 히스테리시스 곡선이 될 것이다.

세토내해瀬戸内海가 경험한 히스테리시스 곡선이 Scheffer가 나타낸 이상적인 곡선과 크게 다른 점은 어획량이 1950년대 수준으로 돌아가지 않았고, 그 이하로 감소한 것이다. 이 점에서 1994년 무렵의 어업 상황은 매우 위기적이었지만, 어업종사자도 무엇이 원인인지 알지 못하여 정부에 민원을 호소할 수도 없었다. 1990년대 후반~2000년대 초반은 앞서 설명한 것처럼 어획량 감소는 과영양이 원인이라는 정반대 의견 쪽이 강했기 때문에 학회에서도 과학적인 해석 등이 이루어지지 않았다.

그림 3-9는 인燐 부하량에 대한 해석만 이루어졌기 때문에 1994년 이후 Scheffer가 나타낸 이상적인 히스테리시스 곡선과는 달리 어획량이 급격히 떨어진 이유는 그 이외의 원인이 있을 가능성을 시사하고 있다. 예를 들어 흔히 알려져 있듯이 어류의 산란과 치어의 육성장으로서 중요한 해조류가 밀집된 지역의 면적 감소 등이 관여하고 있을지도 모른다. 수심이 얕은 곳의 매립은 해조류 밀집 지역과 갯벌의 면적을 감소시키고, 뒤에 설명하는 것처럼 호안공사는 퇴적물로부터 영양염 회귀량을 감소시켜 퇴적물을 오니로 만들었다.

앞에서도 설명한 것과 같이 부영양화 과정에서 늘어난 어종은 영양 요구가 크고, 재생산 사이클이 짧은 다획성 어종이었다. 한편 빈영

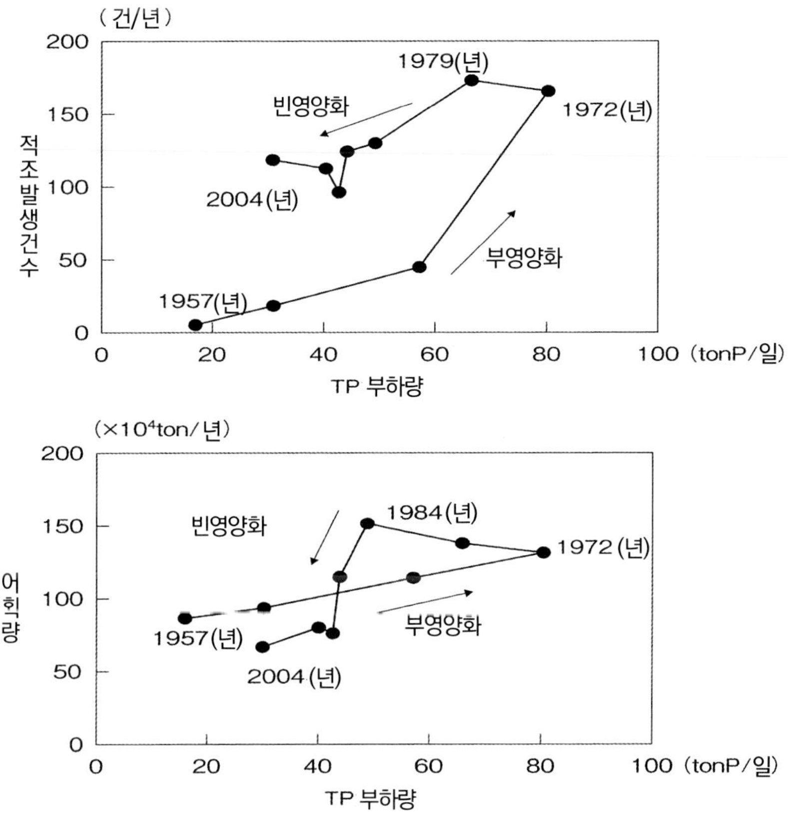

그림 3-9. 세토내해瀨戸內海의 TP 부하량과 적조 발생건수(a) 및 TP 부하량과 어획량(b)에 나타난 Hysterisis. 출처 : Yamamoto(2003)을 바탕으로 재작성.

양화 과정에서는 먹이부족이 일어나 기아에 견딜 수 있는 어종만 생존하게 된다. 이 점에서 먹이 선택성이 낮고 아무것이나 다 섭취하는 어종이면서 영양 요구량이 낮지만 재생산 사이클이 긴 어종으로 바뀌는 과정이라고 말할 수 있을지도 모른다.

저층의 빈산소상태가 좀처럼 해소되지 않는 것과 3.10절에서 설명한 것과 같이 악화된 퇴적물에서 발생하는 황화수소는 물고기 먹이가 되는 저서생물(benthos)의 서식량을 감소시켜 재생산 사이클이 긴 어종의 부활·재생을 방해하는 요인이 된 것으로 생각된다.

3.5. 물질부하와 분포의 공간적 편향

하천을 경유하여 바다에 도달하는 물질량을 정량화 하는 경우에는 발생 부하량의 몇 %가 도달하는 것인가 라는 「도달률(sediment delivery ratio)」을 유역별로 산정해야만 한다. 도달률은 물질이 만약 하천에서 정화작용을 받으면 1 이하이지만 반대로 하천으로부터 물질이 흘러나와 1을 넘는 경우도 있다. 하천 경유의 물질 부하량은 기본적으로 유량에 의존하지만 유량(Q)에 대한 물질 부하량(L)이 반드시 직선관계라고 한정할 수 없기 때문에 통상 $L=\alpha Q^b$로 나타낸다. 이 식에 의해 낮은 유량 또는 높은 유량일 때 각각 정화상태인지 또는 부하負荷 상태인지의 하천별 특징을 알 수 있다.

또한 육상에서 발생된 물질이 하천을 경유하지 않는 경우도 있다. 예를 들어 해안을 따라 매립된 땅에 세워진 공장으로부터 배출된 폐수는 하천을 경유하지 않고 직접 바다로 배출된다. 이러한 것들 때문에 실제 세토내해瀨戶內海로 유입되는 물질 부하량을 계산하는 것은 쉽지 않다.

필자는 1991년과 1992년에 각 하천으로부터 세토내해瀨戶內海의 각 만과 해협으로 유입되는 담수 유입량 및 질소와 인의 유입 부하량을 계산하였다(山本 등, 1996). 1급 하천의 유량은 자동관측장치에 의해 연속적으로 측정된 데이터가 「유량연표」로서 매년 발행되고 있다. 다만 데이터의 품질검정을 하기 때문에 통상 2년 후에 공개된다. 하천수의 COD, TN, TP 농도는 환경성의 「공공용수역수질조사」로서 실시되고 있으며, 각 현県의 환경부에 개별적으로 부탁하여 입수하였다. 「행정기관이 보유하는 정보의 공개에 관한 법률」 소위 「정보공개법」이 제정된 것이 1999년이기 때문에 당시 이들 데이터를 각 현県으로부터 제공 받는 것은 매우 힘들었다는 기억이 있다.

「1급 하천」이란 국가가 관리하는 하천을 말하며, 일반적으로 현県 경계를 가로지르는 큰 하천인 경우가 많지만 반드시 큰 하천이라고 한정할 수는 없다. 지방자치단체가 관리할 수 있는 여력이 없는 경우에는 중소하천이라도 1급 하천인 경우도 있다. 그 외의 하천은 「2급 하천」이며, 현県에서 관리하고 있다. 2급 하천이 되면 모니터링 데이터는 갑자기 적어진다. 이런 경우 유량은 가장 가까운 1급 하천의 유량을 이용하여 각각 하천의 유역면적 비로부터 계산하였다. 즉 인접하는 2개 하천의 집수역에서 내리는 비의 양상이 같다는 것을 전제로 계산하는 것이다.

결과는 그림 3-10과 같으며, 세토내해瀬戸内海 전역全域을 100이라고 하면 1991년과 1992년의 평균으로 오사카만大阪湾으로 유입되는 담수가 37%인 것에 비해 질소·인은 압도적으로 많았다. 각각 62% 및 68%를 차지하였다(Yamamoto et al., 2004). 반대로 오사카만大阪湾 이외의 해역에서 질소·인 유입 부하량은 담수 유량에 비해서는 작은 것을 알 수 있다. 그렇지만 여전히 총량규제가 지속되어 오사카만大阪湾 이외의 해역에서 수산업에 영향이 나타나기 시작했다. 그 후 약 10년이 경과하여 「제6차 수질총량규제의 이상적인 형태」(中央環境審議会答申, 2005)에서 「질소와 인도 적당하면 어업에 도움이 되며, 깨끗한 바다와 물고기가 풍부한 바다는 반드시 양립하는 것은 아니다」라는 것이 인식되어 「오사카만大阪湾을 제외한 세토내해瀬戸内海에서의 규제 강화는 보류한다」라는 판단을 하였다.

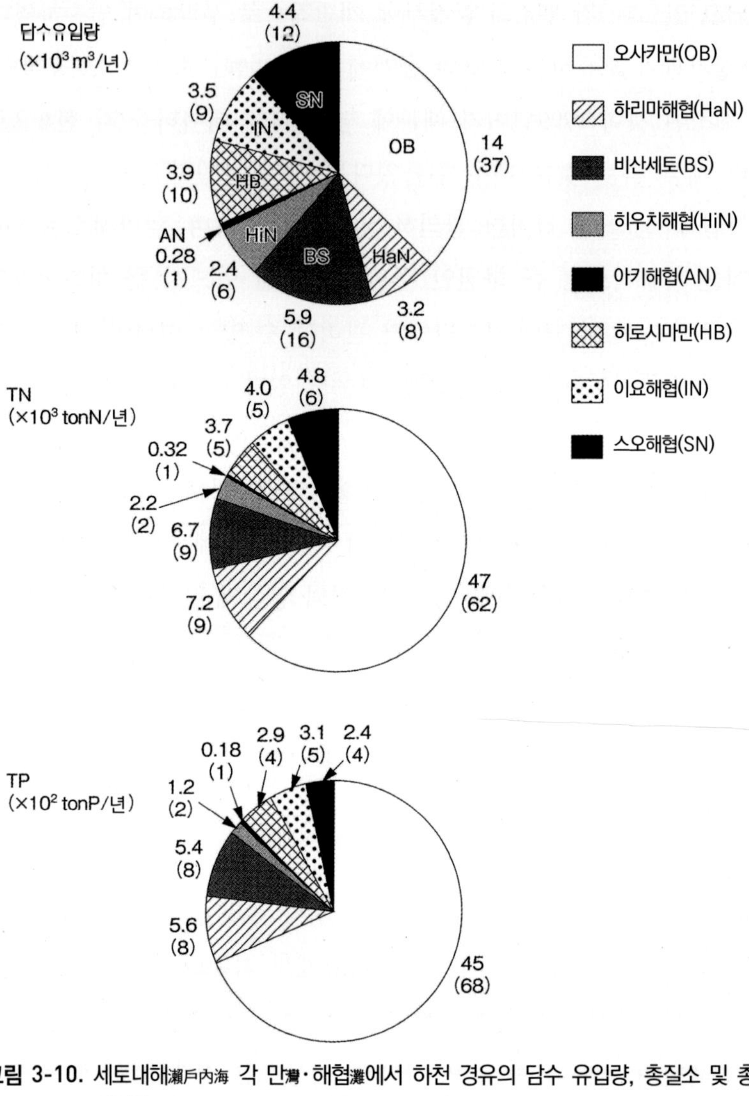

그림 3-10. 세토내해瀨戶內海 각 만灣·해협灘에서 하천 경유의 담수 유입량, 총질소 및 총인 부하량. ( ) 속의 숫자는 %를 나타냄. 출처 : Yamamoto et al.(2004)

해역의 TN·TP 농도는 유입 부하량에 의존하며, 오사카만大阪湾 안쪽에서 국소적으로 높았고, 하리마해협播磨灘과 키이수도紀伊水道에서도 어느 정도 높은 경향이었다(그림 3-11; 세토내瀨戶內 Net, http://www.env.

go.jp/water/heisa/heisa_net/setouchiNet/seto/index.html). 킨키권近畿圈에 세토내해권瀬戸内海圈 인구의 약 1/3이 집중되어 있으며, 특히 부하량이 큰 요도강淀川 수계를 비롯하여 육상 부하가 이들 서부해역 해수의 질소·인 농도를 증가시키는 것은 당연한 결과이다.

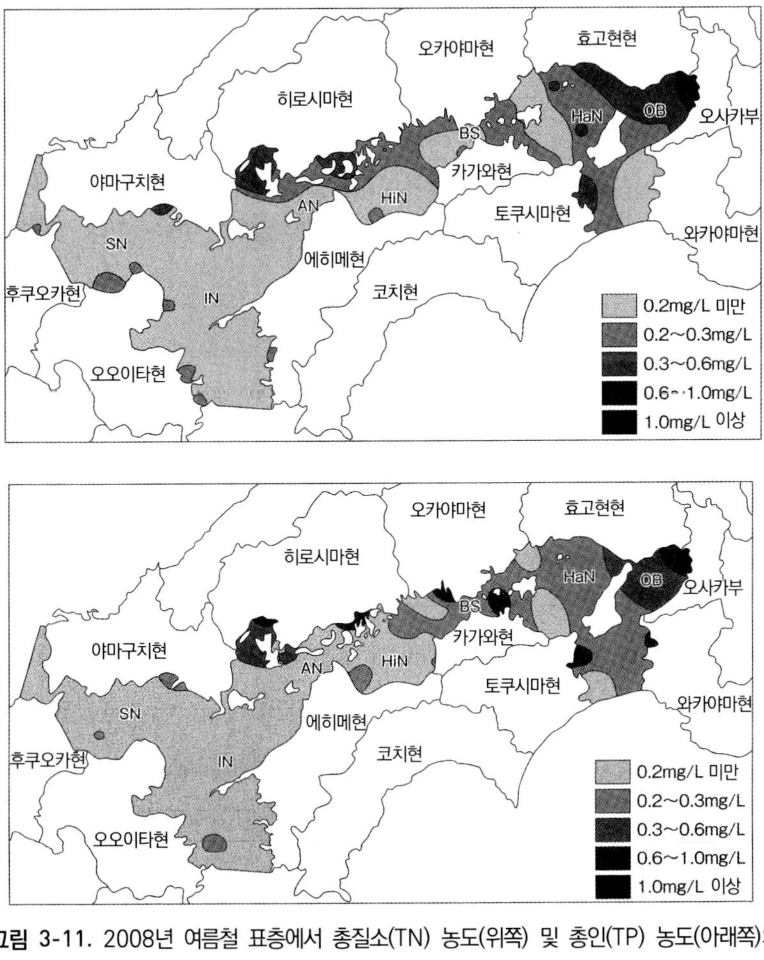

그림 3-11. 2008년 여름철 표층에서 총질소(TN) 농도(위쪽) 및 총인(TP) 농도(아래쪽)의 수평분포. 해역안의 알파벳은 해협灘 구분을 나타내고, 그림 3-10의 범례와 같다. 출처 : 瀬戸内 Net http://www.env.go.jp/water/heisa/heisa_net/setouchNet/seto/ index.html를 일부 수정.

그러나 한편으로 그것들을 제외한 세토내해瀬戸内海 중앙부에서 서부해역에 걸친 해역에서 질소 농도는 매우 낮은 것에 주목해야 한다. 뒤에 설명하는 것과 같이 원래 오사카만大阪湾 이외의 해역에서는 총량삭감을 계속 실시했음에도 불구하고, 해역의 질소와 인 농도는 거의 변하지 않는 것이 오랫동안 수수께끼였다. 당시는 유입 부하를 삭감하면 해역의 농도도 낮아지는 것이 당연하다고 생각한 것 같다. 그러나 서부해역에서는 원래 농도 자체가 그다지 높지 않았던 것이 실태였으며, 그것을 세토내해瀬戸内海 전체가 폐쇄성해역이라는 개념으로 세토내해瀬戸内海 전체를 대상으로 총량삭감을 실시한 것이 원래 잘못된 것이었다. 따라서 「오사카만大阪湾을 제외한 세토내해瀬戸内海에서의 규제강화는 보류한다」라는 2005년의 판단은 시기적으로는 조금 늦었지만 올바른 판단이었다고 할 수 있다.

3.6. 스톡(stock)과 플로우(flow)

유입 부하량이 크게 삭감되어 온 것은 환경성의 발생 부하량 데이터에서 명확하게 나타나지만(그림 3-1), 오사카만大阪湾을 제외하고 해역의 물질 농도가 거의 변하지 않은 것이 큰 의문이었다(그림 3-12). 오히려 그림 3-12를 잘 살펴보면 하리마해협播磨灘, 비산세토備讃瀬戸, 아키해협安芸灘, 히로시마만広島湾 등에서는 미약하지만 농도가 상승한 것처럼 보인다. 총량삭감을 진행해온 환경성 또는 검토위원회의 근본 사고방식은 유입 부하를 삭감하면 해수의 물질 농도도 그것에 따라 낮아진다는 것이었다. 아마도 환경성뿐만 아니라 많은 연구자들도 그와 같이 생각했음에 틀림이 없다. 총량삭감을 실시하는데도 불구하고, 해역의 물질 농도가 좀처럼 낮아지지 않았기 때문에 제3차~제5

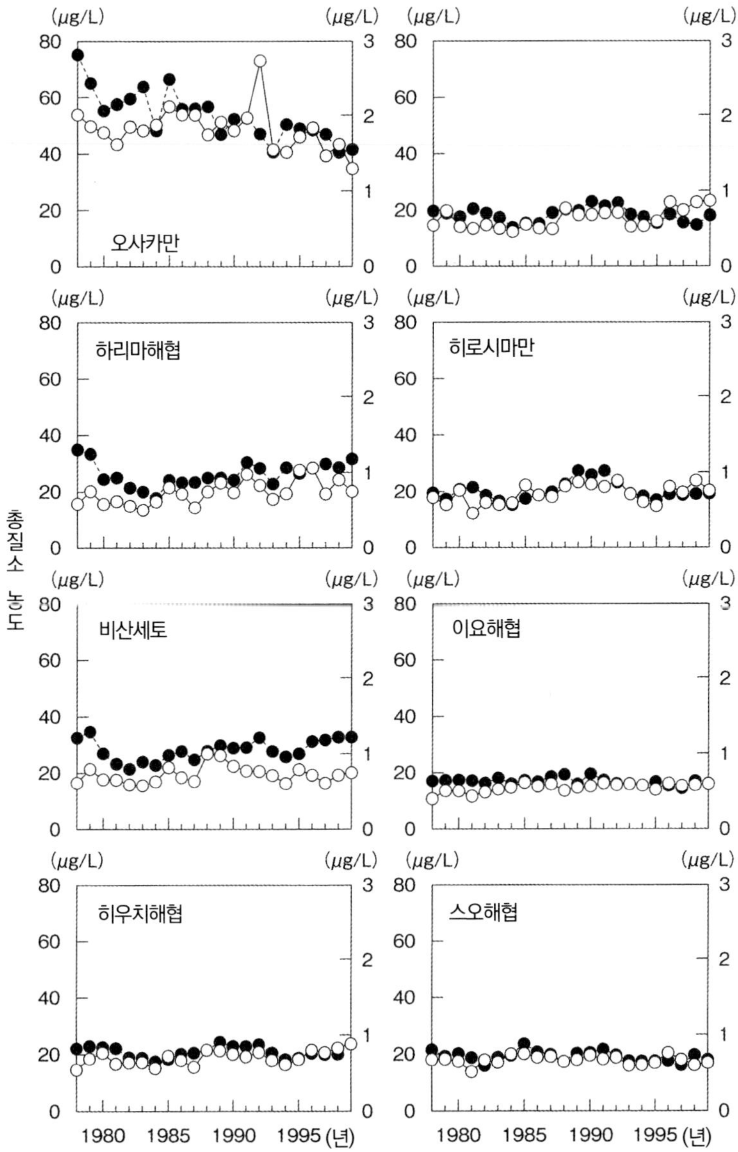

그림 3-12. 세토내해瀨戶內海 각 만灣·해협灘에서 해수 중 총질소·총인 농도 변화.
○ : 총질소 농도, ● : 총인 농도. 출처 : Yamamoto et al.(2004)

차 총량규제는 질소가 총량규제 항목에 추가되는 등 매번 더욱 엄격해진 것으로 생각된다.

질소와 인의 유입 부하를 삭감했지만 기대만큼 해수의 질소와 인 농도가 낮아지지 않는다는 이상한 현상을 이해하기 위해서는 「스톡(stock)」과 「플로우(flow)」 개념으로 생각하면 이해하기 쉽다. 예를 들어 편의점의 상품수를 상상해보자. 오늘 가까운 편의점에 물건을 구입하러 갔는데 우유가 10팩 있었다. 내일 또 편의점에 갔는데 역시 우유가 10팩 있었다. 이것을 보고, 이 편의점의 우유는 전혀 팔리지 않는다고 생각하는 사람은 거의 없을 것이다. 왜냐하면 편의점은 상품관리 시스템이 충실하기 때문에 조금이라도 상품이 부족하게 되면 바로 보충되기 때문이다.

세토내해瀬戸内海에서 일어나고 있는 현상은 편의점에서 일어나고 있는 것과 매우 유사하다. 해수 중 질소와 인의 양(농도)도 유입(inflow)과 유출(outflow)의 균형에 의해 결정된다. 즉 그림 3-13과 같이 부영양화가 현저했던 무렵(a)에 비해 총량규제에 의해 inflow는 줄고, outflow는 동일하다면 해역의 스톡인 TN·TP의 양은 줄어들기 때문에 그것은 현실과 다르므로 틀렸다(b). 그리고, 해수 중 TN·TP 농도가 유입 부하량 삭감이 실시되었는데도 불구하고, 변화하지 않는다는 것은 (c)와 같이 outflow도 inflow와 마찬가지로 줄지 않으면 계산이 맞지 않는다.

여기서 outflow(계(system)외로의 물질 흐름)는 도대체 무엇일까? 크게 2가지를 생각할 수 있다. 그 하나가 어획량 감소이다. 어획량은 플로우(flow)가 아닌 스톡(stock)이라고 생각하는 사람이 많을지도 모르겠지만 어획량 단위는 통상 「연간 어획량」 등으로 시간의 단위를

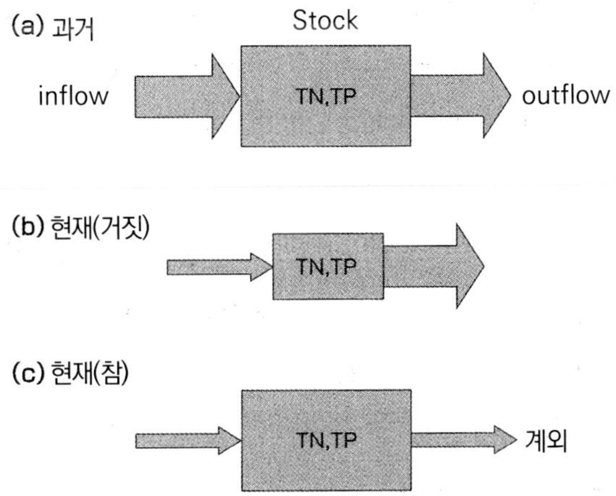

그림 3-13. 세토내해瀨戸內海의 빈영양화를 이해하기 위한 Stock과 Flow의 관계.
(a)는 과거의 상황, 빈영양화에 의해 오사카만大阪湾을 제외한 해역에서는 해수 중 TN·TP 농도는 감소하지 않았기 때문에 (b)가 아닌 inflow 감소에 따라 outflow(계외)도 감소했을 것이다.

포함하는 플로우(flow)인 것이다. 질소와 인의 유입 부하를 줄이면 어획량이 감소한다는 것은 이해한다고 하더라도 해수 중 TN·TP 농도가 줄어들지 않는 것은 역시 간단히 이해할 수 있는 것이 아닐지도 모른다. 이 점에 대해서는 조금 더 상세하게 로트카-볼테라 모델(Lotka-Volterra model)로 뒤에서 설명하겠다.

다만 빈영양화가 어획량을 감소시킨 원인의 하나라고 하더라도 이것이 반드시 100%를 설명하는 것은 아니며, 그 외의 원인도 생각할 수 있다. 예를 들어 북태평양 전체에서 발생하고 있는 어류의 종 교체(복수의 종이 서로 증가 또는 감소하여 주요 종이 교체되는 현상)와 현존량 변화 또는 해양생태계 구조의 변화로 알려져 있는「레짐시프트(Regime shift)」(川崎, 2009)가 세토내해瀨戸內海에도 작게나마 영향을 미치고 있을 것으로 생각된다. 또한 세토내해瀨戸內海에서는 항상 과잉의 어획 압력의 바탕에서 어업이 이루어지고 있기 때문에 남획이 원인이라는 사람도 있다. 이 점에 대해서는 뒤에서 설명하겠다. 아무튼 생각할 수 있는 각각의 원인이 얼마만큼 기여하고 있는 지를 정량적으로 밝히는 것은 간단하지 않다.

두 번째 outflow는 퇴적물로의 물질 축적(퇴적)이다. 이 부분이 줄어들었을 가능성이 있다. 호시카星加가 1980년대에 열정적으로 ^{210}Pb법을 이용하여 측정한 세토내해瀬戸内海의 퇴적량은 많은 곳(오사카만大阪湾 중앙부)에서 연간 0.8g/cm²였다(星加, 2008). 표층퇴적물의 밀도를 1.6g/cm³으로 가정하면(광물이 많이 포함되어 있는 경우는 1.9g/cm³ 정도이지만 유기물 함량이 높은 경우는 이 정도임) 연간 5mm 정도 퇴적되는 것으로 계산된다. 해역에서는 증식한 식물플랑크톤의 고사 세포와 그 외 생물의 분립(fecal pellet) 등이 퇴적하지만, 이 양이 줄어든 것으로 생각된다. 그림 3-4에 나타낸 것과 같이 해역에서 유기물 부하의 주요 원인 중 하나로 생각되는 적조 발생건수는 피크시(1976년)에 연간 약 300건 이었지만, 현재는 1/3인 100건 정도로 감소하였다. 또한 하구에서는 육지로부터 직접 부하되는 입자가 많이 퇴적되지만, 육상으로부터의 유기물 부하는 그림 3-1에서 추정되듯이 크게 감소하였을 것이다.

물기둥水柱으로부터 해저로의 유기물 부하가 적어지면 그만큼 분해되어 물기둥으로 돌아가는 영양염 플럭스(flux)도 줄어드는 것은 당연하다. 이러한 점에 대한 연구도 일부 진행되고 있다.

3.7. 무기영양염의 감소

세토내해瀬戸内海의 빈영양화 진행에서 특징적인 것은 무기영양염류 부하의 감소가 현저한 것이다. 조류藻類 중에는 예외적으로 용존유기물을 이용하는 종도 있지만 기본적으로는 무기영양염류를 이용한다. 용존무기영양염은 조류의 성장에 반드시 필요하다. 조류藻類의 생산(일차생산) 감소는 당연히 어패류 생산량의 감소로 이어진다. TP 감소의 대부분이 무기영양염인 인산태-인(Dissolved Inorganic Phosphorus; DIP) 감소에 의한 것이라는 것을 이전에 필자는 히로시마만広島湾으로 유입되는 오타강太田川의 데이터로 나타내었다(그림 3-14; 山本 등, 2002).

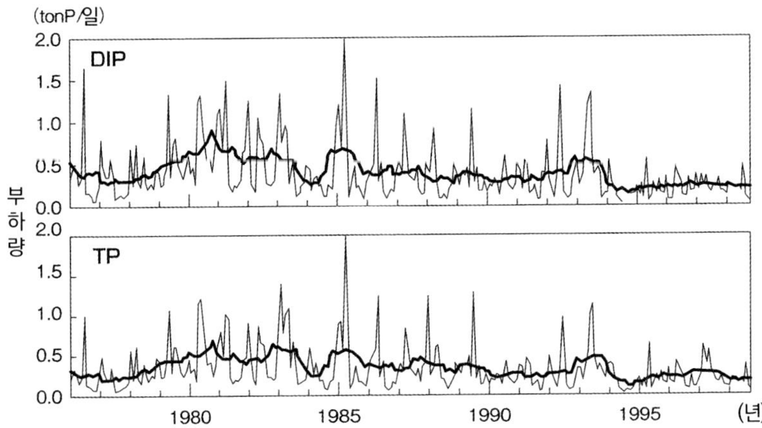

그림 3-14. 히로시마만廣島灣으로 유입되는 오타강太田川에서 용존무기인(DIP)과 총인(TP)의 연간변동. 굵은 선은 13개월 이동평균. 출처 : 山本 등(2002)

총량삭감은 TN, TP가 대상이지만 구체적인 삭감 노력은 하수처리장 완비와 공장폐수로부터 이들 물질을 제거한 것이다. TN, TP라고 하는 것은 질소와 인의 총량이며, 거기에는 입자상 물질도 있고, 용존물질도 있다. 모두 유기물과 무기물 양쪽 모두를 포함하고 있다. 입자상 물질은 필터를 사용하여 제거할 수 있다. 그러나 용존물질의 처리

방법은 예를 들어 인의 경우는 칼슘과 결합시켜 인산칼슘을 만들어서 침전시켜 제거할 수 있다. 질소의 경우는 산화조에서 폭기하여 암모니아를 질소화하여 질산으로 바꾼 후 이것을 환원조에 넣어 탈질하면 질소가스로써 제거할 수 있다. 이러한 것들은 모두 무기태의 질소와 인, 즉 영양염류를 제거하는 공정인 것이다.

스오해협周防灘은 원래 청정한 해역이었다. 1급 하천으로는 야마구치현山口県 쪽에서 유입되는 사바강佐波川과 오이타현大分県에서 유입되는 야마쿠니강山国川 정도이다. 또한 이 해역으로 유입되는 모든 하천 및 그 외 유역으로부터의 직접 부하의 합계량은 강우에 의한 부하량의 2배 정도이며, 오사카만大阪湾처럼 하천 부하가 강우에 의한 부하에 비해 2자릿수나 큰 해역과는 다르다(Yamamoto et al., 2008). 이와 같은 특징을 가진 스오해협周防灘에 대해서도 세토내해瀬戸内海를 하나의 폐쇄성 해역이라고 하여 총량규제가 실시되어 왔다. 그러한 규제의 영향은 어획량 감소, 특히 바지락 어획량에 크게 영향을 미친 것으로 생각된다. 바지락 어획량의 감소에는 얼룩매가오리(Aetobatus narutobiei, ナルトビエイ) 등에 의한 포식을 비롯한 몇몇의 요인도 거론되고 있다. 이와 같은 식해食害[3]가 주된 요인이라는 주장도 있지만 수치모델을 해석할 경우에는 생물량의 증감은 간단히 말하면, 증식에서 포식을 뺀 것이기 때문에 빈영양화에 의해 증식의 항이 상대적으로 작아지면 포식捕食(食害)이 눈에 띄는 것은 당연하다. 다만 어느 쪽이 얼마만큼 늘었는지? 줄었는지? 라는 정량적인 해석은 지금은 만족할 만큼 이루어지지 않았다.

스오해협周防灘의 영양염 농도에 대해 모니터링을 실시해온 야마구

---

3) 식해(食害) : 동물의 섭식행위로 인간에게 어떠한 피해를 미치는 것 (출처 : 위키피디아)

치현山口県 데이터를 해석하여 놀랄만한 결과를 얻었다(그림 3-15; 山本·和西, 2010). 인의 삭감지도削減指導가 시작된 1970년대부터 1995년까지 DIP의 농도는 약 0.22μM에서 약 0.13μM까지 일직선적으로 낮아졌고, 1995년 이후에 이번에는 DIN농도가 약 3.5μM부터 약 1.5 μM까지 일직선적으로 낮아지고 있는 것을 알았다. 전자는 인의 삭감지도削減指導가 이루어진 시기와 일치하였고, 후자의 시작인 1995년은 질소의 삭감지도削減指導가 시작된 연도였다. TN, TP를 살펴보고 있을 때는 알 수 없었지만, DIN과 DIP의 데이터에서는 명확하게 부하량 삭감의 영향이 나타난 것이다. 이러한 것으로부터 「인위적 빈영양화」로 부르는 것에 누구도 이론異論은 없을 것이다.

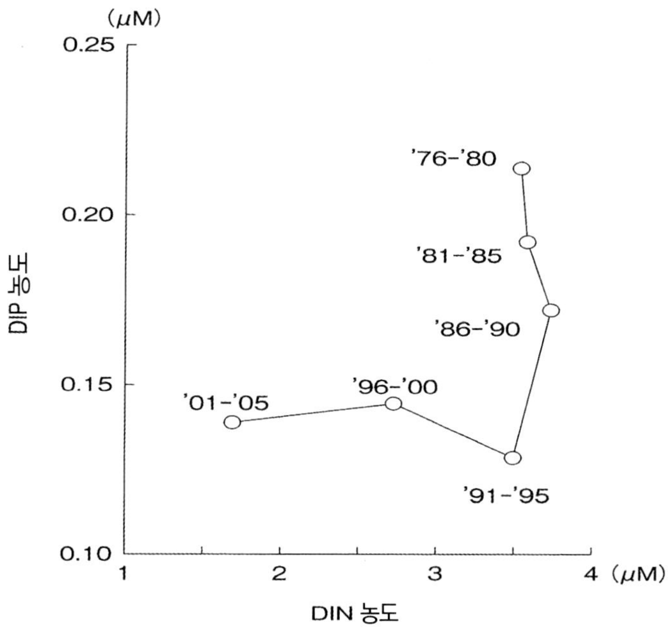

그림 3-15. 야마구치현山口縣쪽의 스오해협周防灘 해수 중 용존무기질소(DIN) 및 용존무기인(DIP)의 변화. 5년마다 집계. 출처 : 山本·和西(2010)

총량규제가 스오해협周防灘의 영양염 농도 변화에 명확하게 반영되고 있는 것을 알았지만, 해역의 영양염 농도를 낮추는 요인은 그 외에도 있다. Stockner(2000)의 지적에도 있는 것처럼 댐 건설에 의해서도 해역으로의 영양염 부하량이 감소하는 것도 추가해야 할 것이다. 댐은 물을 저장하는 것뿐만 아니라 토사와 영양염도 댐 호수 바닥에 머물러서 저장된다. 영양염이 댐 호수 바닥에 저장되는 것은 댐 호수 내에서 담수성의 식물플랑크톤이 영양염을 섭취하고, 호수 바닥에 가라앉아 영양염이 적은 물이 방류되기 때문이다. 즉 하류에 위치하는 해역에는 댐 건설 전에 비해 영양염 농도가 낮은 물이 공급 된다. 게다가 모래입자가 흘러내려가지 않으면 하구에 형성되는 간석지가 후퇴한다. 모래입자 정도의 입자이면 투수성이 있기 때문에 퇴적물에서 유기물의 산화 분해가 진행되지만, 세립한 입자가 퇴적되면 퇴적물이 환원적으로 되어 황화수소의 발생 등에 의해 생태계 전체의 붕괴로 이어진다.

3.8. 물질수지 계산

앞에서 설명한 스톡(stock)과 플로우(flow)에 대해 좀 더 엄밀하게 토의하기 위해서는 실측 데이터를 이용한 물질수지를 계산할 필요가 있다. 박스모델(box model)을 적용하여 실제 어느 정도의 부하가 있으면, 얼마만큼이 해역 내부에서 순환하고 얼마만큼의 물질이 어딘가로 가는지를 알 수 있다. 매월 1회의 장기 모니터링 데이터를 이용하여 이러한 해석을 수행하면, 해역의 생산성에 관한 장기변동을 이해할 수 있다. 히로시마만広島湾 북부해역(미야지마宮島와 에타지마江田島 사이에 끼어있는 나사비세토奈佐美瀬戸 이북 지역)에 대해 상하 두층을 박스로 설정하여 인접하는 남부해역과 쿠레만呉湾을 경계 영역으로하여 계산한 결과를 설명하겠다.

데이터는 1987~1997년까지 11년간의 자료이다. 오타강太田川, 그 외 하천의 유량 및 질소와 인 부하량의 계산은 3.5절에서 기술한 것과 같다. 또한 해안에 입지한 공장 등으로부터의 부하량은 환경성에 의해 원단위법과 하천수 경유 부하의 차이로부터 평균값을 산출하였다. 게다가 강우 및 증발과 그것에 의한 부하도 고려하였다. 만 입구(나사비세토奈佐美瀬戸)에서 물의 출입은 물과 염분의 수지계산으로부터 구하였고, 거기에 만 입구의 질소와 인 데이터를 곱하여 만 입구에서 물질의 출입량을 계산하였다. 상세한 것은 원저(Yamamoto et al.. 2005)를 참조하길 바란다. 또한 계산방법은 LOICZ-Biogeochemical Modelling Node(http://nest.su.se/mnode/)에 매뉴얼로 되어 있기 때문에 참조하길 바란다.

이 방법으로 계산하는 것은 순생태계대사량(NEM; Net Ecosystem Metabolism)과 순탈질량(ND; Net Denitrification)이다. 계산 대상인 박스내에는 다양한 생물이 서식하며, 그것들의 상호작용 또는 무기적 환경과 물질교환도 있다. 구체적으로 말하면 조류藻類는 영양염을 흡수하여 광합성 생산(일차생산)을 하고, 늘어난 조류는 동물에 포식된다. 또한 생물의 사체 또는 분·뇨 등은 박테리아에 의해 분해·무기화된다. 즉 이것들의 차이(생산 – 분해·호흡)가 NEM이다.

대사라고 하는 것은 통상 생물 개체에 사용되지만 이와 같이 생태계 전체의 대사에 대해서도 같이 적용된다. 이 방법은 계산 대상의 박스로 표현되는 생태계 내에 서식하는 개개 생물의 움직임 하나하나는 알 수 없지만, 총체적으로써 대사가 플러스(+)인지 마이너스(−)인지를 물질수지로부터 계산하는 것이다. 즉 NEM이 플러스이면 생산이 소비를 상회하여 계(system) 전체로써 생산적이라는 것이 되며, 그 반대는 비생산적인 것으로 해석된다. 또한 ND가 플러스이면 탈질脫窒이 그 반대 프로세스인 질소고정을 상회하고 있는 것이며, 그 반대이면 질소고정이 탈질脫窒을 상회하는 것을 나타내고 있다.

그림 3-16에 히로시마만広島湾 북부해역에 대해 계산한 NEM과 ND의 변동을 나타내었다. 우선 상하층의 차이가 명확하다. 상층에서는 생산, 하층에서는 분해가 탁월하며, 그것들이 거의 거울상으로 서로 대칭이 되어 있다. 상층 생산의 피크는 8월 부근이며, 하층 분해의 피크는 그보다도 1개월 늦어지는 것도 결과로부터 알 수 있다. 다만 데이터의 빈도가 월 1회이기 때문에 그 이상의 정확도는 알 수 없다.

최종적으로 알고 싶은 것은 상층과 하층을 포함한 물기둥 전체의 NEM이다. 이 때문에 상층과 하층 값의 합계를 계산하고, 거기에 그 13개월의 이동평균을 곱하여 연변동을 계산하였다. 이 계산에 의하면 NEM은 1987~1991년 사이에 플러스값, 즉 계(system) 전체로서는 생산적이었던 것이 1992년 이후에는 감소하여 거의 0 근처에서 맴도는 것을 알 수 있다. 즉 1992년 이후에는 만灣 전체의 생산성이 매우 낮았다는 것을 알 수 있다.

한편 ND는 1991년까지는 마이너스로 질소고정량이 탈질량을 상회하였고, 그 이후에는 역전하여 탈질량이 상대적으로 커졌다고 해석할 수 있다. 질소고정은 대기의 질소를 바다로 흡수하여 생물생산을 높이지만 탈질은 해수의 질소를 대기로 방출하는 작용이기 때문에 정화이며, 생산은 아니다. NEM도 ND도 상대적인 값밖에 얻을 수 없기 때문에 이들 값의 크기에 대해서는 엄밀한 토론은 할 수 없는 것에 주의가 필요하다.

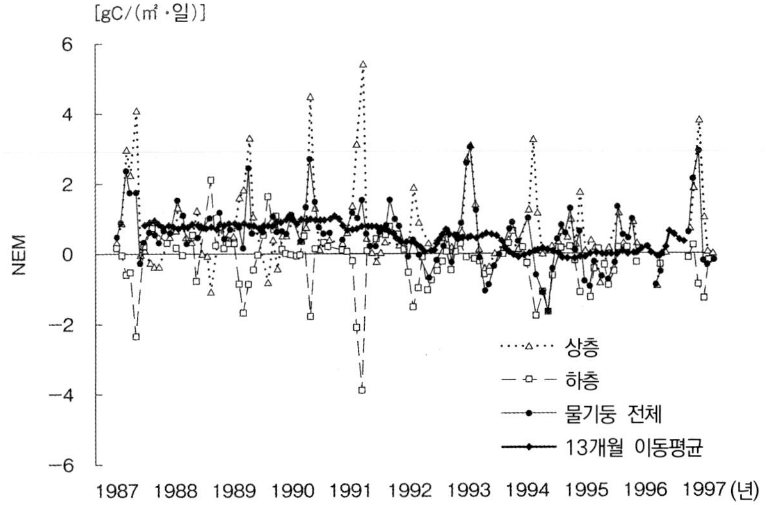

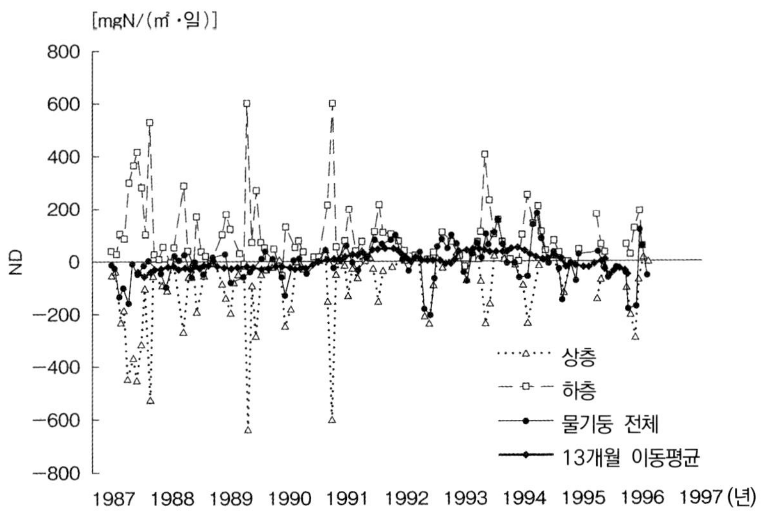

그림 3-16. 히로시마만廣島灣 북부해역(나사비세토奈佐美瀨戶 이북)에서 순생태계대사량(NEM)과 순탈질량(ND)의 연간변동. 출처 : Yamamoto et al.(2005)

3.9. Lotka Volterra 모델에 의한 고찰

박스모델에 의한 계(system) 전체의 물질수지 해석을 제1단계라고 하면, 제2단계는 박스(생태계) 내부에서 먹이사슬 구조를 고려한 해석이 필요하다. 山本(2005)에서는 4단계의 먹이사슬 구조에서 Lotka Volterra 모델에 의한 부영양화 및 빈영양화 과정에서 각 먹이단계의 응답을 고찰하였다(그림 3-17).

「Lotka Volterra모델」이란 알프레드 로트카(Alfred J. Lotka)와 비토 볼텔라(Vito Volterra)가 거의 동시에 고찰하였다. 포식자와 피식자의 개체수 변동을 해석하는 모델이다. 모델이라고 하더라도 종이와 연필이 있으면 식의 이항·대입 등으로 정상상태에서의 생태계 구조를 파악할 수 있다. 여기서 식은 생략하지만 흥미가 있는 사람은 위에서 언급한 山本(2005)의 논문을 참조하길 바란다.

이 해석에 따르면 부영양화 과정에서는 영양염 농도와 동물플랑크톤 biomass(현존량)이 변화하지 않고, 식물플랑크톤과 물고기가 증가한다(그림 3-17). 한편 빈영양화 과정에서는 그것들과 반대로 식물플랑크톤과 물고기의 biomass가 감소하며, 역시 영양염 농도와 동물플랑크톤의 biomass는 변화하지 않는다. 이것은 실제 세토내해瀬戸内海에서 일어나고 있는 것과 유사하며, 부영양화와 빈영양화 과정을 나타내고 있다고 생각된다. 게다가 제1장에서 설명한 것과 같이 스와호諏訪湖의 빈영양화 과정에서는 동물플랑크톤의 종種 교환이 나타났지만 biomass로서는 거의 변화하지 않았다는 고찰 결과가 얻어졌다. 즉 부영양화 과정에서는 적조 등이 빈발하지만 어획량도 증가한다. 한편 빈영양화 과정에서는 적조는 감소하지만 어획량도 줄어든다.

	질소·인	식물플랑크톤	동물플랑크톤	물고기
부영양화	→	↗	→	↗
빈영양화	→	↘	→	↘
어획압력 증가	↗	↘	↗	↘

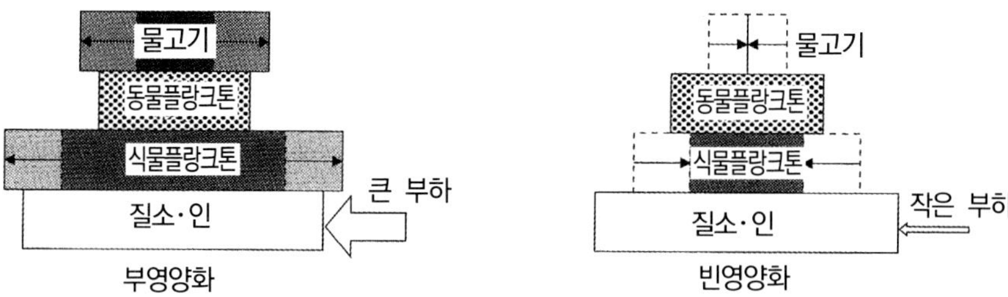

그림 3-17. Lotka·Volterra 모델에 의한 정상상태에서 부영양화 및 빈영양화 각 먹이단계 생물 등의 biomass 증감 경향. 출처 : 山本(2005). 단 어획압 증가는 山本·川口(2011).

세토내해瀬戸内海에서는 어획 압력이 매우 높은 것으로 알려져 있지만 어획 압력이 큰 경우의 정상상태는 영양염 농도의 증가, 식물플랑크톤 biomass의 감소, 동물플랑크톤 biomass의 증가, 어류의 감소가 된다. 그림 3-12와 같이 몇몇 해역에서는 유입 부하의 삭감에도 불구하고, 총질소와 총인 농도가 증가하는 경향이기 때문에 어획 압력이 높은 것을 반영하고 있는 것으로 추정된다. 또한 동물플랑크톤 현존량에 대해서도 p.125의 칼럼에 나타낸 것과 같이 데이터의 축적은 적고 변화가 없지만 약간 증가한 것처럼 생각된다. 다만, 이 계산은 먹이단계를 4단계로 구분한 단순한 것으로 어획대상이 되는 물고기와 어획대상이 되지 않는 물고기를 구별하지는 않는다. 게다가 개개 어종에 대한 어획 압력이 각각 서로 다르기 때문에 상세한 토의는 할 수 없다.

다만, 물고기의 스톡(stock)이 작아진 것이 명확하여 어획 노력을 많이 들이지 않으면 물고기를 잡을 수 없게 되어 있다. 이것을 남획이 원인이라고 말하는 사람도 있지만 어업종사자들은 통상 물고기가 잡히지 않게 되면 잡는 노력이 쓸데없는 것이 되어 버리기 때문에 그 이상은 잡지 않는다. 그림 3-17에 나타낸 생태계 피라미드에서 세토내해瀬戸内海의 생태계 구조에 대해 어획에 의한 top-down적인 힘과 영양염 부하량 감소에 의한 bottom-up적인 힘 중 어느 쪽이 큰 것인가를 정량적으로 해석한 연구는 필자가 아는 한 없다. 따라서 물고기가 잡히지 않는 것에 대해 단순하게 「남획」으로 정리하는 것은 학술적이지 않다고 필자는 생각하고 있다.

3.10. 퇴적물의 악화

육상으로부터 운반되는 입자에는 모래 알갱이와 같은 큰 광물입자가 들어있지만 해양에서 생성된 생물기원 입자의 주체는 식물플랑크톤이며, 이 입자는 미세하고 유기물을 많이 포함하고 있다. 유기물의 종류는 다양하고 분해되기 쉬운 것도 있지만, 분해되기 어려운 것(난분해성)도 있다. 이렇게 유기물을 많이 포함하고 있는 입자는 박테리아에 의해 산화 분해되어(호기성 분해), 저층의 산소를 소비한다. 미세한 입자가 많이 퇴적될 경우 퇴적물의 상층수로 산소가 유입되기 어려워 산소가 없어지면 통상 질산태의 산소를 이용하는 탈질과정을 거쳐 황산태의 산소를 이용하는 황산환원에 도달한다(혐기성 분해). 혐기성 분해의 속도는 호기성 분해에 비해 1자릿수 정도 느리기 때문에 물기둥水柱으로부터 유기물 침강 부하량이 많은 장소에서는 점차 퇴적물의 유기물 함량이 높아져서 흔히 말하는 오니汚泥 상태가 된다.

유기물 분해가 느리다는 것은 분해 생성물인 무기영양염류가 물기둥水柱으로 회귀하는 양이 줄어드는 것이다. 즉 퇴적물의 악화도 빈영양화 요인의 하나가 된다.

예를 들어 선박이 정박하기 위한 항만 또는 용지확보를 위한 매립 등에 의해 세토내해瀨戸内海 해안선의 많은 부분은 완만한 경사인 자연해안에서 콘크리트로 만든 직립호안으로 변해버렸다. 완만한 경사의 해변이면 조석에 의해 해수의 움직임에 의해 해저와의 마찰로 해수가 상하로 잘 혼합되어 충분하게 산소가 공급되어 유기물은 호기성 분해를 한다(그림 3-18 왼쪽 그림). 한편 직립호안에서는 간조와 만조가 있어도 해면이 상하로만 움직여서 수직방향으로 물이 혼합되지 않고 물기둥水柱은 성층이 되어 하층으로 산소가 공급되지 않는다. 따라서 유기물 입자는 충분히 산화되지 않은 채 퇴적된다(그림 3-18 오른쪽 그림 ; 山本, 2007).

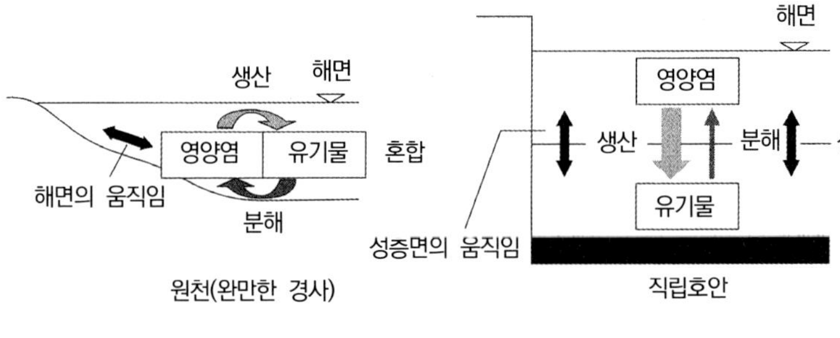

그림 3-18. 원천[4]遠淺(완만한 경사)의 경우와 직립호안에서 물의 움직임과 유기물 분해에 의한 영양염 회귀 차이. 출처 : 山本(2005)

4) 원천(遠淺) : 바다와 하천의 가장자리에서 멀리 떨어진 근해까지 수심이 얕은 것을 말함.

항만구역에서 오니汚泥가 쌓이는 것은 육상으로부터 유기물 부하가 많은 것뿐만 아니라 이와 같이 유기물 분해가 진행되지 않기 때문이다. 완만한 해안에서는 회귀된 영양염이 조류에 이용되어 효율 좋게 높은 차원으로 생물의 생산에 이어지기 때문에 물질순환이 원만하다. 그러나 직립호안에서는 유기물이 해저에 쌓여 영양염의 회귀량이 적고, 물질의 회전이 나빠진다. 따라서 필자는 Stockner et al.(2000)이 빈영양화 원인으로 지적하고 있는 항목에 퇴적물 악화를 바탕으로 한 유기물 분해 지연에 의한 영양염 회귀의 감소를 추가하고 싶다.

3.11. 결과

현재 세토내해瀨戶內海에서 어업생산의 감소는 매우 심각하며, 그 주요한 원인의 하나가 빈영양화인 것이 널리 인식되게 되었다. 이미 세토내해瀨戶內海 임시조치법으로부터 40년 이상이 경과했지만 임시조치법 및 뒤이어 제정된 특별조치법도 부영양화 진행기에 시행된 것이며, 그 기본 정신은 유입 부하를 삭감하여 세토내해瀨戶內海를 오염이 되기 전의 상태로 되돌리는 것이었다. 그러나 당시의 지식으로는 유입 부하의 삭감이 빈영양화로 이어져 어획량이 급감하는 것은 예상하지 못했다.

이러한 것으로부터 2014년 10월에는 중앙환경심의회의 답신(2012년 10월)을 근거로 세토내해瀨戶內海 환경보전특별조치법을 큰 폭으로 개정하는 것이 검토되었다. 이것으로 세토내해瀨戶內海 환경보전시책은 그때까지의 유입 부하 삭감에 의한 부영양화 방지에서 세토내해瀨戶內海의 다면적 가치와 기능이 최대한 발휘된 풍족한 바다를 실현하는 쪽으로 크게 방향을 바꾸려고 하고 있다. 이 시책의 기본적인 개념은 각 만과 해협 규모에서 「섬세한 수질관리」, 「퇴적물환경 개선」, 「연안역에서의 양호한 환경 보전·재생·창출」, 「자연경관 및 문화적 경관의 보전」, 「지역의 마을(고향)바다 만들기」, 「과학적 데이터 축적 및 순응적 관리의 프로세스 도입」이다.

즉 이 정신은 물·퇴적물·생물 모두를 포함하는 「생태계」 전체의 보전이라는 개념이며, 바람직한 생태계 모습을 명확하게 하는 것과 그 모습에 도달하기 위해서는 어떠한 수단이 필요한지를 과학적인 관점에서 설정하는 것이다. 바꿔 말하면 물질순환 연구분야의 과학에 큰 과제가 주어졌다고 해도 좋을 것이다.

인용문헌

中央環境審議會 (2005) 第6次 水質總量規制のあり方について (答申). http://www.env.go.jp/council/toshin/t097-h1703.html

橋木俊也·多田邦尙 (1997)廣島灣における海水の光學的特性. 海の硏究, 6, 151-155.

星加 章 (2008) 瀬戸內海の堆積速度と堆積物の重金屬濃度.「瀬戸內海の海底環境」(柳哲雄 編著), 恒星社厚生閣, 東京, pp.17-32.

川崎 健 (2009) イワシと氣候變動 : 漁業の未來を考える. 岩波書店, 東京, 224p.

Nixon, S.W. (1995) Coastal marine eutrophication - A definition, socail causes, and future concerns. Ophelia, 4, 199-219.

Scheffer, M. (1989) Alternative stable states in eutrophic, shallow freshwater systems : Aminimal model. Hydrobiol. Bull., 23, 73-83.

瀬戸內海總合水質調査データ : http://www.pa.cgr.mlit.go.jp/chiki/suishitu/index.html

せとうちネット : http://www.env.go.jp/water/heisa/heisa_net/setouchiNet/seto/index.html

Stockner, J.G., Rydin, E., Hyenstrand, P. (2000) Cultural oligotrophication :

Causes and consequences for fisheries resources. Fisheries, 25, 7-14.

Yamamoto, T. (2003) The Seto Inland Sea - Eutrophic of oligotrophic? Mar. Poll. Bull., 47, 37-42.

山本民次 (2004) 沿岸海洋環境の崩壞 - リン負荷消滅とダム建設による人爲的貧榮養化.「公開講座シリズ3 私たちの生活と環境- 環境修復·改善にどう取り組むか」(河野憲治·藤田耕之輔 編著), 廣大生物圈出版社, 廣島, pp.55-75.

山本民次 (2005) 瀨戸內海が經驗した富榮養化と貧榮養化. 海洋と生物, 158, 203-210.

山本民次 譯(2006) 水圈生態學の物質循環(Andersen, T., Pelagic Nutrient Cycles), 恒星社厚生閣, 東京, 259p.

山本民次 (2007) 生物環境としての淺海域の重要性. 瀨戸內海, 51, 15-18.

山本民次·石田愛美·清木 徹 (2007) 太田川河川水中のリンおよび窒素濃度の長期變動-植物プランクトン種の變化を引き起こす主要因として. 水產海洋研究, 66, 102-109.

山本民次·川口 修 (2005)「富榮養·貧榮養」と「富榮養化·貧榮養化」. 海洋と生物, 158, 210-212.

山本民次·川口 修 (2011) 貧榮養化によってもたらされる食物連鎖構造の變化. 水環境學會誌, 34, 51-53.

山本民次·北村智顯·松田 治 (1996) 瀨戸內海に對する河川流入による淡水, 全窒素および全リンの負荷. 廣島大學生物生產學部紀要, 35, 81-104.

Yamamoto, T., Kubo, A., Hashimoto, T. and Nishii, Y. (2005) Long-term changes in net ecosystem metabolism and net denitrification in the Ohta River estuary of northern Hiroshima Bay-An analysis based on the phosphorus and nitrogen budgets. In, Burk, A. R. (ed). Progress in Aquatic Ecosystem Research, Nova Science Publishers, Inc., New York, pp.99-120.

Yamamoto, T., Matsuda, O. and Hasjimoto, T. (2004) Chemical Environment of the Seto Inland Sea, Japan. In, Okaichi, T. (ed), Red Tides, Terra Scientific Pub. Co., Tokyo, pp.272-288.

山本民次·水野健一郎·高島 景·山本裕規 (2011) 廣島灣·安藝灘·伊予灘の水質と底質. 瀨戸內海, 62, 7-13.

山本民次·和西昭仁 (2010) 周防灘の水質·底質の變化と水產業. 瀨戸內海, 60, 1-8.

COLUMN

빈영양화로 세토내해瀨戶內海의 동물플랑크톤 현존량은 변화했는가?

타르타니 켄지樽谷賢治

요각류(미소한 갑각류의 한 분류군으로 칼물벼룩이라고도 부른다. 그림 3-19) 등 대부분의 동물플랑크톤은 식물플랑크톤을 섭취하는 한편으로 어패류의 먹이도 되기 때문에 연안·내만역에서 생물생산과 물질순환을 생각할 때 열쇠가 되는 생물군이다. 먹이생물인 식물플랑크톤의 증감이 동물플랑크톤에 어떠한 영향을 미칠 것이라는 것은 쉽게 상상할 수 있다. 실제로 몇몇 해역에서 동물플랑크톤 현존량과 식물플랑크톤 현존량, 생산량과의 사이에 양(+)의 상관관계가 나타나는 것이 보고되어 있다(Ware and Thomson, 2005).

그러면 세토내해瀨戶內海에서 동물플랑크톤의 현존량은 어떠한 상태일까? 필자들이 키이수도紀伊水道로부터 아키해협安芸灘에 이르는 해역에서 사계절에 걸쳐(2007년 4월, 7월, 10월 및 2008년 1월) 실시한 관측조사 결과에 따르면, 망목크기 100㎛의 플랑크톤 네트로 포집되는 중대형 동물플랑크톤 현존량(탄소량)의 전 조사해역에서 평균값은 1m³당 12~47mgC였다. 하계(7월) 및 추계(10월)에 높았고, 춘계(4월) 및 동계(1월)에 낮은 경향이 나타났다(그림 3.20의 오른쪽). 해역별로 보면, 오사카만大阪湾 동부해역에서 가장 높았고, 키이수도紀伊水道, 히우치해협燧灘 서부 및 아키해협安芸灘에서 낮은 값을 나타내었다. 또한 해역과 계절에 따라서는 지각류(통칭 물벼룩류)와 *Doliolum denticulatum*류(척색동물문에 속하는 대표적인 젤라틴질 동물플랑크톤 분류군의 하나)의 현존량이 큰 경우도 보였지만 총체적으로는 요각류가 우점하고

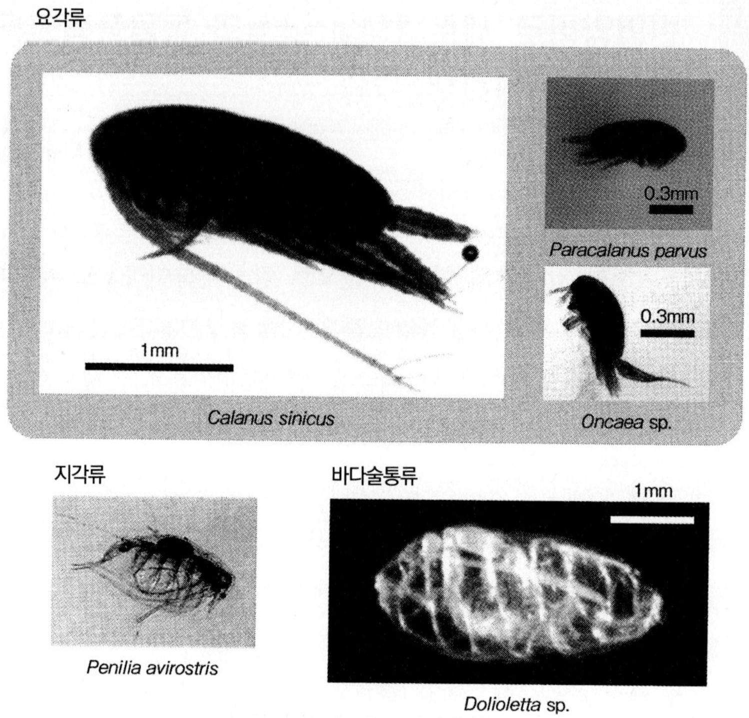

그림 3-19. 세토내해瀨戶內海에서 출현하는 주요 동물플랑크톤.

있었다(그림 3-19 참조).

세토내해瀨戶內海의 동물플랑크톤 현존량에 대해서는 지금까지 단발적인 관측조사 결과가 보고되어 있다. 여기서는 1990년대 전반에 세토내해瀨戶內海 전역에서 이루어진 관측조사 결과(Uye and Shimazu, 1997)와 비교하여 세토내해瀨戶內海에서 동물플랑크톤 현존량 변화에 대해 유추해보자.

Uye and Shimazu(1997)에 따르면 1990년대 전반의 세토내해瀨戶內海 전역에서 중대형 동물플랑크톤의 평균 현존량은 1m³당 14~45mgC으로 보고되어 있다(그림 3.20의 왼쪽). 이 값은 필자들의 관측조사 결

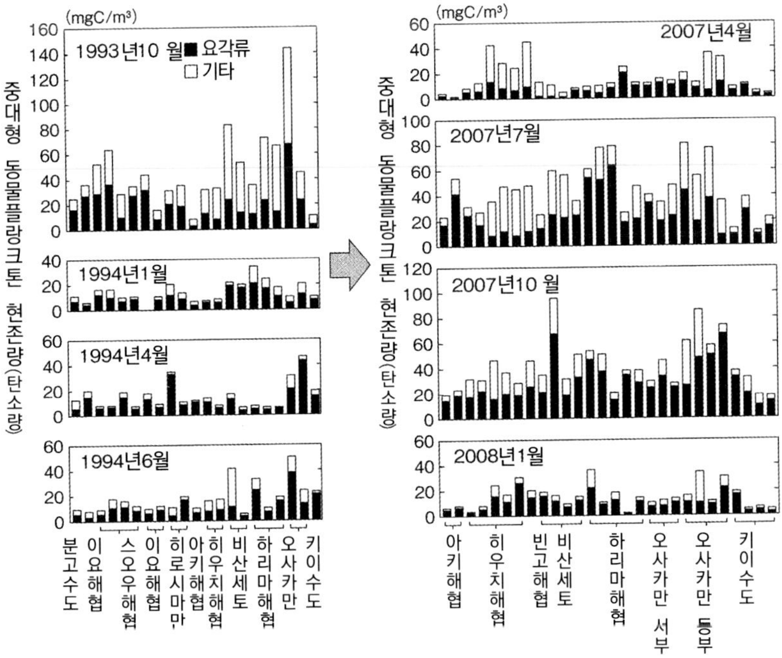

그림 3-20. 세토내해瀨戶內海에서 중대형 동물플랑크톤의 현존량과 군집구조.
왼쪽 : 1993년 10월, 1994년 1월, 4월 및 6월의 결과(Uye and Shimazu, 1997에서 인용). 오른쪽 : 2007년 4월, 7월, 10월 및 2008년 1월의 결과

과와 같은 정도이다. 또한 추계에 현존량이 높아지는 것, 오사카만大阪湾 안쪽해역에서 현존량이 높은 것, 요각류가 우점하고 있었던 것 등의 특징도 유사하다.

山本·川口(2011)는 4개의 먹이단계로 구성되어 있는 먹이사슬구조에서 간단한 모델로 해석을 실시한 결과, 부영양화와 빈영양화의 모든 과정에서 동물플랑크톤 현존량은 변화하지 않는다는 것을 보고하였다(그림 3-17 참조). 물론 조사정점과 조사시기 등이 다르기 때문에 필자들의 조사결과와 Uye and Shimazu(1997)의 보고를 간단히 비교하는 것은 위험이 따른다. 다만 동물플랑크톤 현존량은 동물플랑크톤

자신의 성장량과 어패류에 의한 포식량과의 균형에 의해 결정되는 것이며, 식물플랑크톤 생산량 즉 먹이의 공급만으로 결정되는 것은 아니다. 이번 조사결과가 山本·川口(2011)에 의한 해석결과를 증명하는 결과가 되었다는 것은 매우 흥미롭다.

인용문헌

Uye, S. and Shimazu, T. (1997) Geographical and seasonal variations in abundance, biomass and estimated production rates of meso- and macrozooplankton in the Inland Sea of Japan. Journal of Oceanography, 53, 529-538.

Ware, D.M. and Thomson, R.E. (2005) Bottom-up ecosystem trophic dynamics determine fish production in the Northeast Pacific. Science, 308, 1280-1284.

山本民次·川口 修 (2011) 貧榮養化によってもたらされる食物連鎖構造の變化. 水環境學會誌, 34, 51-53.

제 4 장

세토내해瀬戸内海 동부의 빈영양화와 어업 생산

한다 미노르反田 實

4.1. 서론

필자가 당시 효고현립兵庫県立 수산시험장에 취직되어 하리마해협播磨灘에 관여하게 된 것은 1973년이었다. 그 무렵 세토내해瀬戸内海는 유기오염이 진행되어 하리마해협播磨灘 북부인 하리마播磨 임해공업지대의 연안부에는 겨울에도 적조가 발생하여, 조사선의 스크류에 의해 교란된 항로의 하얀 포말과 갈색의 해수 콘트라스트가 강한 인상으로 남아있다. 그 1년 전인 1972년에는 하리마해협播磨灘 전 해역에서 해양 식물플랑크톤인 차토넬라(Chattonella)에 의한 대규모 적조가 발생하여 71억엔이라는 막대한 어업피해가 발생하였다. 피해는 효고현兵庫県, 카가와현香川県, 토쿠시마현徳島県, 오카야마현岡山県까지 미쳤고, 1,400만 마리의 양식 방어가 폐사하였다(津田, 1974). 그 무렵 히메지시姫路市 근해의 이에지마家島 제도에서는 어류양식이 왕성하게 이루어지고 있었지만, 1972년 이후에도 1977년과 1978년에 어업피해를 동반한 적조가 계속 발생하여 그 지역 어류양식은 점차 쇠퇴해갔다. 1973년 무렵은 적조뿐만 아니라 PCB와 수은오염 등의 환경오염이 큰 사회적 문제가 되었으며, 1960년대 고도 경제성장의 부작용이 나타난 시기였다.

부영양화 진행은 육상으로부터의 유기오염물질 유입이 주요 원인이기 때문에 산업폐수의 COD(화학적산소요구량 : Chemical Oxygen Demand) 부하량 삭감 등을 주요 내용으로 하는 「세토내해瀨戸内海 환경보전임시조치법」이 1973년에 시행되었다. 이 법률은 1978년에 COD 총량삭감제도, 인燐 삭감 지도제도의 도입 등을 축으로 개정이 이루어져 「세토내해瀨戸内海 환경보전특별조치법」으로 되었다. 이와 같이 COD 부하량 삭감이 선행되어 진행되었지만 해역에서 관측되는 COD 대부분이 내부생산에서 유래하기 때문에(浮田, 1998), 1996년에 질소 삭감 지도가 시작되어 2002년에 시작된 제5차 총량삭감부터는 질소와 인燐이 총량규제 대상항목에 추가되었다. 1993년에는 수질오탁방지법에 근거한 질소와 인燐의 폐수 농도규제가 시작되어 해역의 질소와 인燐의 환경기준도 정해졌다.

이러한 시책으로 세토내해瀨戸内海 수질은 개선되어 오사카만大阪湾 안쪽 등 일부 해역을 제외하면 세토내해瀨戸内海는 눈으로 보아도 깨끗한 바다가 되었다. 실제 하리마해협播磨灘에서는 2011년 2월에 해협 중앙부에 가까운 관측점에서 19.7m의 투명도가 관측되었다. 이것은 1972년 이후 40년 동안 2번째의 기록이었다. 순간적인 값이지만 육지로 둘러싸인 폐쇄적인 내만의 값으로는 매우 높았다고 할 수 있다. 뒤에서 다시 설명하겠지만 오사카만大阪湾과 하리마해협播磨灘의 투명도는 확실하게 개선되고 있는 것이다.

한편 생물생산에 필수적인 영양염, 그 중에서도 용존무기질소(Dissolved Inorganic Nitrogen :DIN)의 농도는 세토내해瀨戸内海 전 해역에서 낮아지는 경향이 계속되고 있다. 오사카만大阪湾을 제외한 세토내해瀨戸内海의 DIN 농도 수준은 토쿄만東京湾 주변과 비교하면 훗츠곶富津岬 이남의 우치보우内房~소토보우外房 바다의 수준에 가까웠다(藤原, 2013). 세토내해瀨戸内海는 전국 제2위의 김 생산해역이지만

DIN의 부족으로 2000년 무렵부터 거의 매년 김의 탈색이 발생하여 김 양식업에 심각한 영향을 주고 있다. 또한 어업생산량(어선어업)도 세토내해瀨戸内海 전 지역에서 피크 시기의 약 35%, 하리마해협播磨灘에서는 약 50%로 감소하였다.

이와 같이 세토내해瀨戸内海는 깨끗해졌지만, 어업생산으로 대표되는 바다의 풍족함은 소실되고 있다. 지금으로부터 약 10년 전 Yamamoto(2003)는 인燐의 부족이 원인으로 생각되는 어업생산 감소로부터 세토내해瀨戸内海의 빈영양에 대해 언급하였다. 앞서 설명한 것처럼 부하량 삭감 지도는 인燐부터 시작되었기 때문에 1990년 무렵은 인燐의 부족으로 인해 발생한 상황이었던 것으로 생각되지만, 적어도 현재의 하리마해협播磨灘은 질소 부족에 의한 빈영양 상태에 빠져있는 것으로 생각된다. 필자는 DIN 농도의 감소는 질소요구량이 높은 김뿐만 아니라 어선어업 생산에도 영향을 미치고 있다고 생각한다. 따라서 여기서는 하리마해협播磨灘을 중심으로 세토내해瀨戸内海 전체 상황과 함께 어장환경과 어업 생산의 현재 상황을 소개하면서 영양염 환경(주로 DIN)과 어획량과의 관련에 대해 고찰하겠다.

4.2. 하리마해협播磨灘의 어장환경

4.2.1. 하리마해협播磨灘의 개요

하리마해협播磨灘은 면적 3,426km², 평균수심 25.9m, 용적 88.9km³이며(瀨戸内海環境保全協會, 2012), 인접한 오사카만大阪湾과 비교하면 면적은 2.37배, 체적은 2.02배이다. 북쪽 연안은 하리마播磨 임해공업지대가 있으며, 인구 53.5만명의 히메지시姬路市, 인구 26.8만명의 카코가와시加古川市, 인구 29.1만명의 아카시시明石市 등이 있다. 또한 카코강加古川, 이보강揖保川, 이치강市川, 치쿠키강千種川 등의 큰 하천은 모두 북쪽으로부터 유입한다.

그림 4-1에 하리마해협播磨灘의 수심 분포를 나타내었다. 하리마해협播磨灘은 사발형 지형으로 되어 있어 해협부분을 제외하면 해협 중앙부의 수심이 가장 깊어 약 40m이다. 수심이 20m 보다 낮은 해역은 북부 연안을 따라 넓게 펼쳐져 있다. 퇴적물은 해협 중앙부부터 남부에 걸친 해역의 북쪽 연안에서 점토질 실트의 해저가 넓게 펼쳐져 있으며, 아카시明石 해협주변과 비산세토備讃瀬戸 주변은 사질이 주체인 해저이다. 아카시明石 해협 서쪽에는 시카노세鹿ノ瀬로 불리는 큰 사퇴가 있으며, 까나리의 산란장과 하면夏眠[1]장이면서 동시에 소형 저인망과 낚시하기에 좋은 어장으로 알려져 있다(神戸新聞明石総局編, 1989).

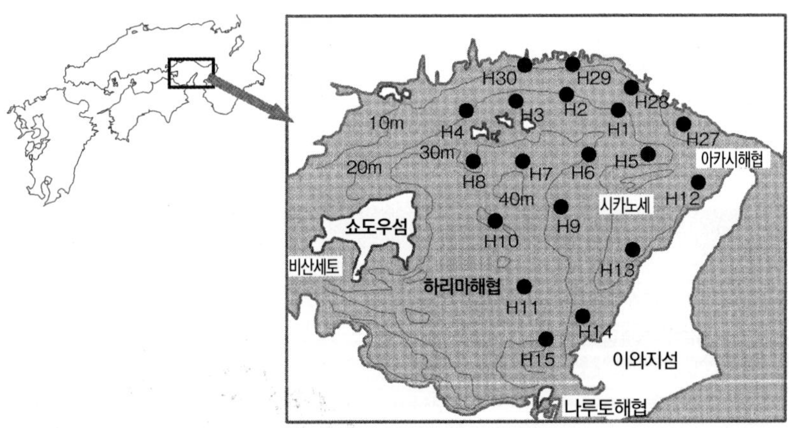

그림 4-1. 하리마해협播磨灘의 수심 분포와 해양관측점(천해정선조사).

1) 하면(夏眠, aestivation) : 생물이 무덥고 건조한 계절을 휴면으로 지내는 것. 주로 열대나 아열대에 사는 생물이 서열건조(暑熱乾燥)에 대응하여 물질대사를 절약하도록 운동이나 음식 등을 끊고 휴면하며 지내는 습성. 여름잠이라고도 하고 동면과 대비되는 말(출처 : 해양과학용어사전).

藤原(1983)에 따르면 세토내해瀨戸内海 해수의 90%는 1.4년에 외해수와 교환된다. 하리마해협播磨灘의 교환시간은 약 1.8년으로 세토내해瀨戸内海의 평균보다도 길며, 해수교환에 기여하는 키이수도紀伊水道와 분고수도豊後水道 해수의 비율은 각각 약 75%와 약 25%이다.

4.2.2. 투명도에 대해

눈으로 살펴보았을 때 바다의 깨끗함 정도를 나타내는 지표로 가장 알기 쉬운 것이 투명도이다. 하리마해협播磨灘에서는 1925년부터 수산기술센터의 전신인 효고현립兵庫県立 수산시험장이 해양관측을 실시하고 있었다. 1972년 이후의 해양관측점은 그림 4-1과 같지만, 그 이전은 관측점 위치가 몇 번 크게 변경되었다. 관측점 H8의 해역에서는 장기간에 걸쳐 관측점이 유지되어 왔다. H8에서는 제2차 세계대전 영향으로 공백기간이 있었지만, 1932년부터 현재까지 약 80년에 걸친 투명도의 관측기록이 남아있다(그림 4-2). H8에서 2차 세계대전전의 투명도에 대한 연 평균값은 대략 9~11m로 높았으며, 1933년 7월에는 20m의 기록도 있다.

2차 세계대전 후에는 1950년에 관측이 재개되었고, 유기오염이 가장 현저했던 1970년대 전반에는 7~8m까지 감소하였다. 이 무렵을 바닥으로 해서 서서히 상승하여 2005년 무렵 이후에는 9m 전후에서 변동하고 있었으며, 대략 1950년대 수준까지 회복하였다.

국토교통성이 실시하고 있는 세토내해瀨戸内海 종합수질조사 결과에서도 투명도 개선 경향은 명확하게 나타난다(反田 등, 2013a). 그림 4-2에서는 2차 세계대전 이전에 비해 아직 낮다는 의견이 있을지도 모른다. 그러나 매립에 의해 수심이 얕은 곳과 갯벌이 소실되어 이매

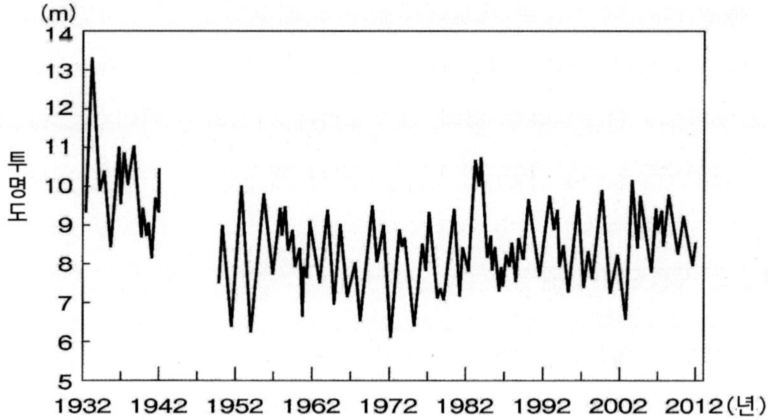

그림 4-2. 하리마해협播磨灘(관측점 H8, 그림 4-1 참조)에서 투명도의 장기변동(13개월 이동평균).

패류 등 해수를 여과하여 투명도를 높이는 역할을 하는 여과성 생물의 서식장이 축소되었기 때문에 바다의 상태가 원래대로 돌아가지 않으면 투명도가 2차 세계대전 이전의 수준으로 회복하는 것은 어려울지도 모른다.

4.2.3. 영양염 환경

아카시明石 해협에 가까운 관측점 H5(그림 4-1 참조)의 영양염 농도 변화를 그림 4-3에 나타내었다. H5는 조류가 빠르고 연중 수직혼합이 활발하여 상층과 하층의 영양염 농도 차이가 작기 때문에 물기둥水柱의 평균적인 값을 나타내고 있을 것으로 생각된다.

DIN 농도의 연 평균값은 1970년대에 7~12μM(=μmol/L)이었지만, 그 후 큰 변동을 나타내면서 계속 감소하여 2010년 무렵에는 3μM로 1970년대의 1/3 수준까지 감소하였다. 용존무기인(Dissolved Inorganic Phosphorus: DIP)은 1970년대 후반에 0.6~0.8μM로 높은 값을 나타

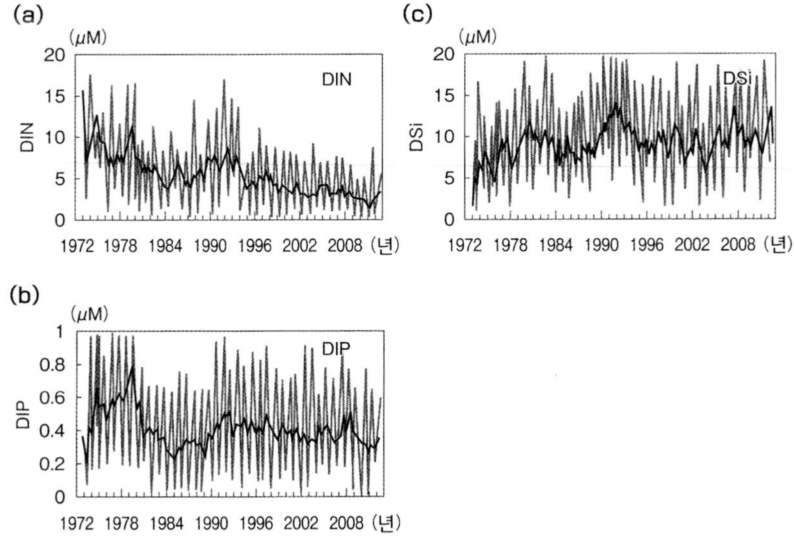

그림 4-3. 하리마해협播磨灘(관측점 H5, 그림 4-1 참조)에서 영양염 농도 변화.
검은 실선은 13개월 이동평균. (a) : DIN, (b) : DIP, (c) : DSi

낸 후 1980년대 중간 무렵에는 0.3μM을 밑도는 수준까지 급감하였다. 그 후 1990년대 전반에는 0.4μM까지 상승하였고, 이후에는 일정하거나 약간 감소하는 경향으로 변동하고 있다. 용존규소(Dissolved Silica: DSi)는 1970년대 전반에 7μM 전후에서 1990년대 전반에는 10μM 이상까지 증가하였으며, 이후 연간 변동은 크지만 거의 일정한 경향을 보였다.

DIN, DIP 및 DSi 농도의 장기적인 변화에 대응하여 이들 성분의 몰비도 변화해왔다(그림 4-4). DIN/DIP비의 변화는 크게 2개의 단계(phase)로 나눌 수 있다. 즉 값이 급격하게 변화한 1994년 이전과 이후이다. 1974~1993년 사이는 변동이 크지만 15~20 이상의 높은 값으로 변동하였다. 이 시기에는 DIP 농도 감소가 진행된 시기였으며, 해역은 인燐 부족 경향이었다고 추측된다. 그 후 DIN/DIP비는 1994년에 10으로 급감한 후 점차 줄어드는 경향이 지속되어 2010년에는 7.2가 되었다. 이것은 1994년 이후의 변화가 DIN 농도의 감소에 의한 것이며, 최근에는 절대값뿐만 아니라 상대적으로도 질소 부족이 진행되고 있다. DSi/DIP비에도 크게 편중된 시기가 확인되었다. 1974년부터 1979년까지는 10~15의 범위였지만, 1980년에는 25로 크게 상승하였고, 이후에는 20~30의 범위에서 변동하고 있다. DSi의 부족은 식물플랑크톤의 상相을 규조 플랑크톤에서 다른 식물플랑크톤으로 변화시키는 요인이 되지만, 현재의 하리마해협播磨灘은 DSi 부족 상태는 아니다.

DIN 농도의 감소는 하리마해협播磨灘뿐만 아니라 세토내해瀨戸内海 전 해역에서 일어나고 있다. 각 부현府県의 수산연구기관이 실시하고 있는 해양관측(천해정선조사) 결과에 따르면, 1980년 이후 30년 동안 DIN 농도는 각 조사해역 모두 가장 높았던 시기의 40% 전후까지 감

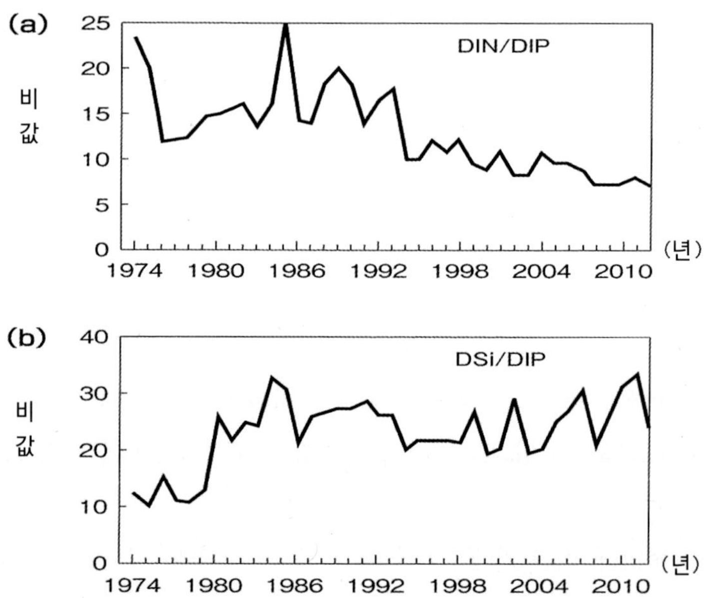

그림 4-4. 하리마해협播磨灘(관측점 H5, 그림 4-1 참조)에서 (a) DIN/DIP 비와 (b) DSi/DIP 비의 변화.

소하고 있으며, 2009~2010년은 하리마해협播磨灘~스오해협周防灘에 걸친 넓은 해역에서 DIN 농도의 평균값이 2μM을 밑돌고 있다. 오사카만大阪湾은 다른 해역보다도 DIN 농도가 높았지만 감소 정도가 컸다(反田 등, 2014).

이어서 총질소(TN)와 유기태 질소에 대해 소개하겠다. 수산관련 시험연구기관이 수행하고 있는 해양모니터링에서는 DIN과 DIP 등 무기태 질소와 인燐의 측정이 실시되어 왔지만, 유기태의 질소와 인燐 측정은 거의 이루어지지 않았다. 한편 환경분야에서는 수질관리 지표인 TN, TP(총인)가 측정되고 있다. 환경성이 실시하고 있는 광역종합수질조사 결과에서 하리마해협播磨灘의 TN 농도 변화와 천해정선조사의 DIN 농도 변화를 그림 4-5에 나타내었다. 서로 다른 조사이기 때문에 상세한 비교는 할 수 없지만, TN에서 차지하는 DIN 비율은 1990년대 중간 무렵까지 20~30% 였으나, 그 이후 15~25%로 감소하였다. TN과 DIN의 차이가 유기태 질소이며, 이 비율은 70~80%로 높았다.

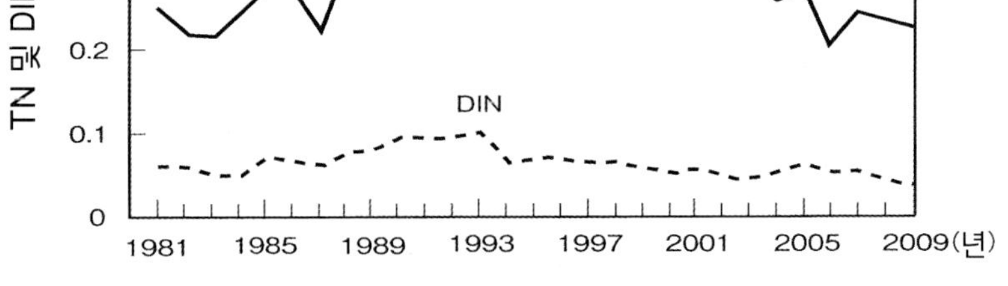

그림 4-5. 하리마해협播磨灘에서 TN 농도와 DIN 농도변화.
TN 농도 : 광역종합수질조사(환경성), DIN 농도 : 천해정선조사(관측점 H1~H15 [그림 4-1 참조]의 3개 층[0.5m, 10m, 저층] 평균)

유기태 질소의 구성 성분을 조사한 사례는 적지만, 2012년 효고현兵庫県 수산기술센터가 4~10월에 실시한 하리마해협播磨灘 표층수 조사에 따르면 TN의 약 70%가 DON(용존 유기태 질소), 약 20%가 PON(입자성 유기태 질소)였으며, DIN은 약 10%밖에 되지 않았다. 이와 같이 DON 비율이 매우 높았다. 이 DON 중에서 얼마만큼이 다시 생물생산으로 되돌아가는지는 명확하지 않지만 난분해성 DON

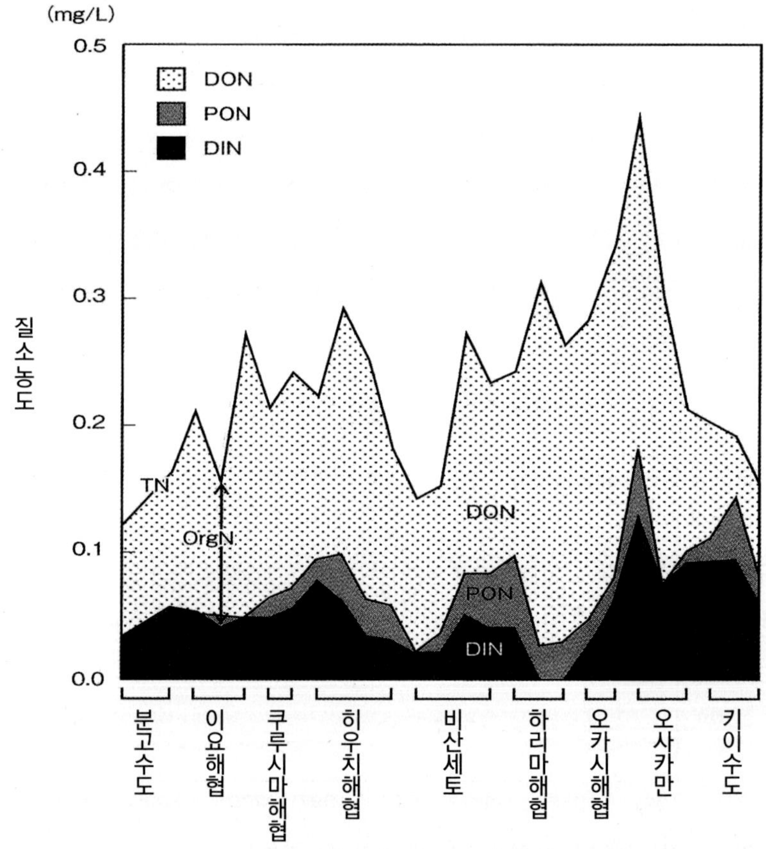

그림 4-6. 세토내해瀬戸内海 종단선에서 각 형태의 질소 분포(2008년 1월 하순, 광역총합조사, 0.5m 층). 출처 : 藤原(2013)을 수정

이 0.07mg/L 정도 포함되어 있을 가능성이 있기 때문에(藤原, 2013), 생물활동에 이용되기 쉬운 질소의 양은 적을 것으로 추측된다. 또한 세토내해瀨戶內海 종단선의 질소 분포에서 세토내해瀨戶內海 내부의 DIN 농도는 외해보다도 낮은 농도였다. 특히 해협부분에서는 DON은 많았지만 DIN과 PON 합계는 작았기 때문에 영양단계가 높은 생물에 이용되기 쉬운 형태의 질소가 소실되고 있을 가능성이 있다(藤原, 2013; 그림 4-6).

4.2.4. 육상 부하와 해역의 DIN 농도

하리마해협播磨灘에서 DIN 농도의 감소 요인은 무엇일까? 해역으로의 질소 공급원은 주로 육상, 외해수, 해저퇴적물로부터의 용출이지만, 각각의 기여 비율은 명확하지 않다. 외해로부터의 공급에 대해서는 몇개의 보고된 값이 있지만 변화폭은 크다. 武岡(2006)는 세토내해瀨戶內海의 질소에서 차지하는 외해수 유래의 비율은 60%도 되지 않을 것으로 기술하고 있다. 하리마해협播磨灘에서 해저퇴적물로부터의 기여에 대해서는 하천으로부터의 질소 유입 부하의 82%에 이른다는 보고(神山 등, 1998)와 육상으로부터 DIN 부하량의 58%에 상당한다는 보고(山本 등, 1998)도 있지만, 보고 사례는 적으며, 연간 변동도 명확하지 않다.

세토내해瀨戶內海 전체와 하리마해협播磨灘으로의 총질소 발생 부하량 변동은 그림 4-7과 같다. 총질소 발생 부하량은 1990년대 후반부터 감소하고 있어서, 1993년 질소 폐수 농도 규제 이후의 삭감 효과를 엿볼 수 있다. 2009년 세토내해瀨戶內海 전 해역의 총질소 발생 부하량은 질소 삭감 지도 이전인 1979~1994년과 비교해서 약 64%였다. 또한 하리마해협播磨灘의 경우에는 53%로 감소하였다. 이와 같은 육상 부하의

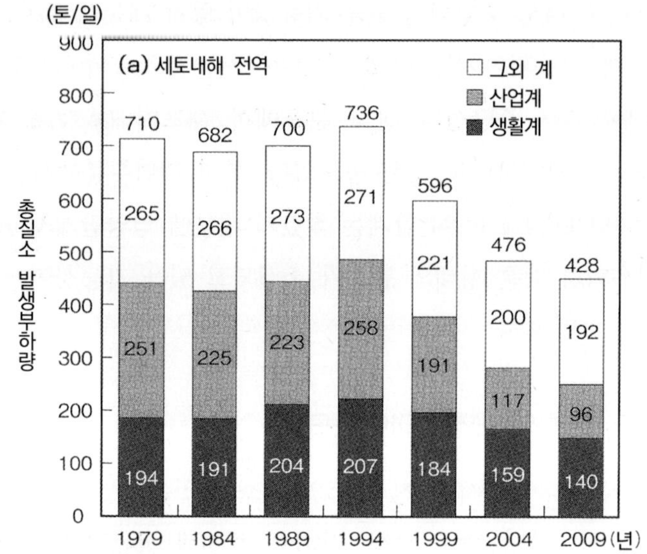

(자료) 2004년까지 : せとぅちネット
http://www.env.go.jp/water/heisa/heisa_net/setouchiNet/seto/kankyojoho/kankyohozen/kanho-2-4.htm
2009년 : 2010년도 수질총량삭감에서 오염부하삭감대책 등의 최적 실시를 위한 검토조사업무 보고서(2011년 3월, 환경성 수·대기환경국)

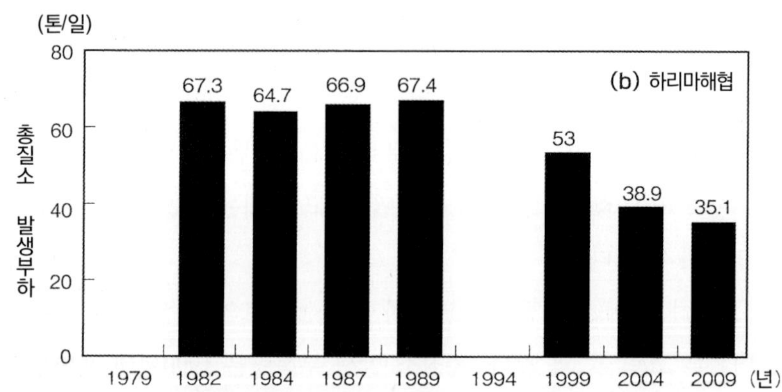

(자료) 1999년까지 : 세토내해 환경정보기본조사 총합해석편(2006년 3월, 환경성)
2004년 : 2005년도 발생부하량 등 산정조사보고서(2006년 3월, 환경성 수·대기환경국)
2009년 : 2010년도 수질총량삭감에서 오탁부하삭감대책 등의 최적 실시에 대한 검토조사업무 보고서(2011년 3월, 환경성 수·대기환경국)

그림 4-7. 세토내해瀨戶內海 전 해역(a)과 하리마해협播磨灘(b)에 대한 총질소의 발생 부하량.
출처 : 反田·原田(2012)

감소는 해역의 DIN 농도 감소에 영향을 주고 있다고 생각된다.

육지에 내린 비는 육상의 다양한 물질을 하천 등을 통해 바다로 운반한다. 당연히 삼림, 농지, 도시 등으로부터 나온 질소와 인燐도 바다로 유입된다. 하리마해협播磨灘은 북부의 주요 하천을 통해 유입하는 육수陸水가 많다. 이들 하천의 집수역에 있는 히메지姬路, 아카시明石, 카미고리上郡의 연평균 강수량과 12월 하리마해협播磨灘 15개 관측점의 평균 DIN 농도 변화를 그림 4-8에 나타내었다. 수직혼합시기인 12월은 하리마해협播磨灘의 DIN 농도가 연간 최고가 되는 시기이기 때문에 그 해의 영양염 수준을 평가하기에 적합한 시기라고 생각된다. 그림 4-8은 강수와 해역 DIN 농도의 관련을 시사하고 있지만, 1990년대 후반부터 강수량과 DIN 농도 변동에 격차가 보였으며, 최근 그 정도가 더 커졌다.

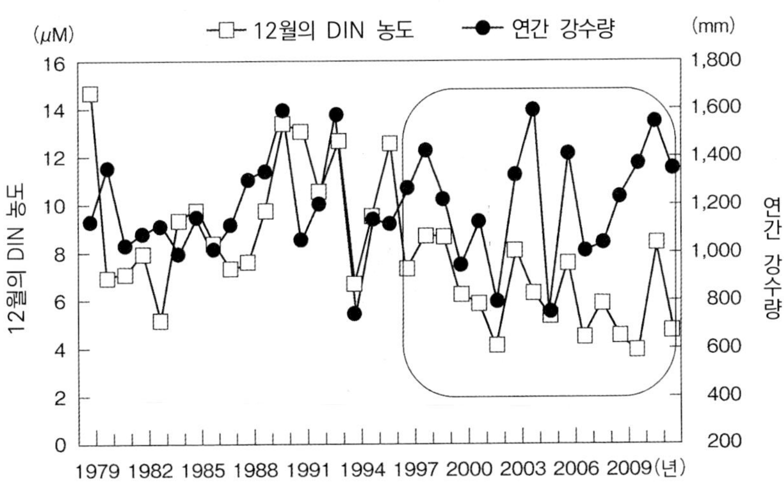

그림 4-8. 강수량과 해역에서 12월의 DIN 농도.

DIN 농도 : 하리마해협播磨灘 Stn. H1~H15의 15개 관측점(그림 4-1 참조), 표층, 10m층, 12월 평균값.

강수량 : 히메지姬路, 아카시明石, 카미고리上郡의 연평균 강수량

이것은 비가 내려도 해역의 DIN 농도가 높아지기 어려운 상황을 나타내고 있으며, 강수에 동반하는 육상으로부터의 질소 공급이 줄어든 것을 추측할 수 있다.

4.3. 김 양식 현황

효고현兵庫県 김 양식의 생산매수, 생산금액 및 단가 변동을 그림 4-9에 나타내었다. 효고현兵庫県의 김 양식은 1970년대에 생산이 급증하여 1978년에는 생산매수가 11.5억장, 생산금액이 225억엔에 이르렀다. 그 후 1990년대 중간 무렵까지는 15~18억장, 170억엔 전후를 유지했었지만, 1990년대 후반부터 감소기에 접어들어 최근의 생산매수는 11~15억장, 생산금액은 90~120억엔이다.

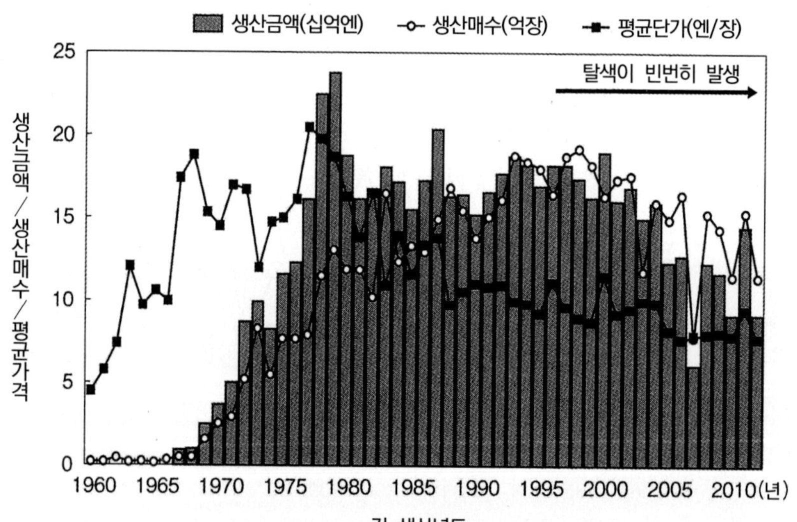

그림 4-9. 효고현兵庫縣의 김 양식 생산 동향.
생산금액, 생산매수, 평균단가 : 효고현兵庫縣 어업협동조합연합회 자료

이러한 감소의 최대 요인은 김의 탈색이다. 탈색이라는 것은 해수의 영양염 부족(하리마해협播磨灘에서는 질소 부족)으로 김의 색소 함유량이 감소하여 엽체가 다갈색으로 변하는 현상이다(그림 4-10). 탈색은 1990년대 후반부터 빈발하기 시작하여 2000년 무렵부터는 매년 발생하고 있다. 탈색된 김 엽체는 제품의 맛도 나빠지며, 상품 가치는 현저하게 떨어진다. 김 생산금액과 양식 기간 중 DIN 농도의 사이에는 의미 있는 양(+)의 상관관계가 확인되었다(原田, 2013).

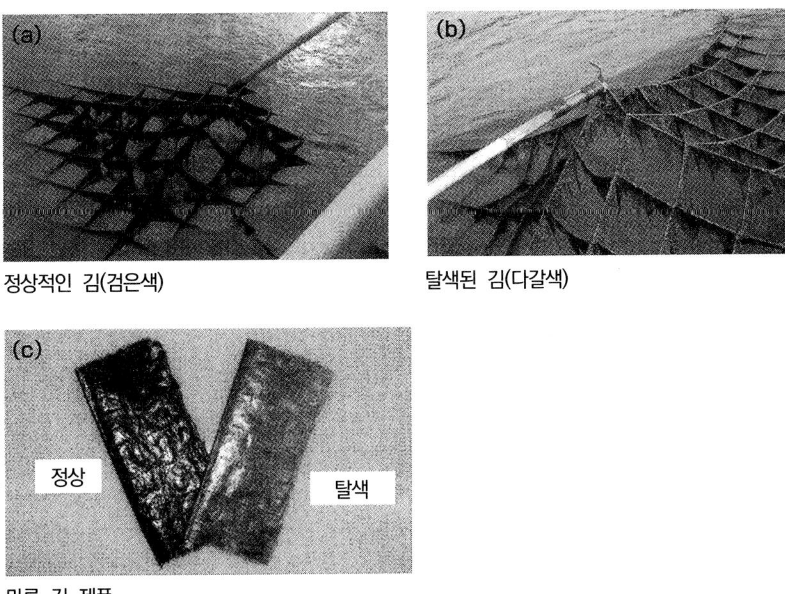

그림 4-10. 양식 김의 탈색.
정상적으로 키운 김은 검은색이지만, 탈색된 김은 다갈색으로 된다(책 커버의 뒤쪽 날개의 사진도 참조).

하리마해협播磨灘의 김 양식은 11월 하순~12월 상순에 시작하지만, 이 시기는 일년 중 DIN 농도가 가장 높아지는 시기이다. DIN 농도가 3μM를 밑돌 때 김 탈색이 발생하는 척도(永田 등, 2001)로 보며, 최근에는 양식 개시시기 조차도 3μM 보다 약간 높은 정도이다. 그리고 김 양식시기에 특히 *Eucampia zodiacus*와 *Coscinodiscus wailesii* (p.232의 그림 7-2 참조)와 같은 대형 규조류의 대량발생이 겹치면서 이들 규조류들에 의해 영양염이 소비되어버리기 때문에 탈색시기가 빨라진다.

게다가 세토내해瀬戸内海의 김 양식 생산 매수의 합계는 1988년 40억장에 도달한 이후 1990년대에도 거의 35억장 이상을 유지하고 있다. 그러나 2000년대에 들어서부터 급감하여 2009년에는 20억장 정도 되었다. 특히 세토내해瀬戸内海 서부 스오해협周防灘 연안의 3개현(야마구치현山口県, 후쿠오카현福岡県, 오오이타大分県)에서 감소가 현저하였다. 1980년에는 3개현에서 총 7억장을 초과하여 생산되었지만, 이후 계속 감소하여 2008년에는 8,000만장을 밑돌았다(그림 4-11). 그리

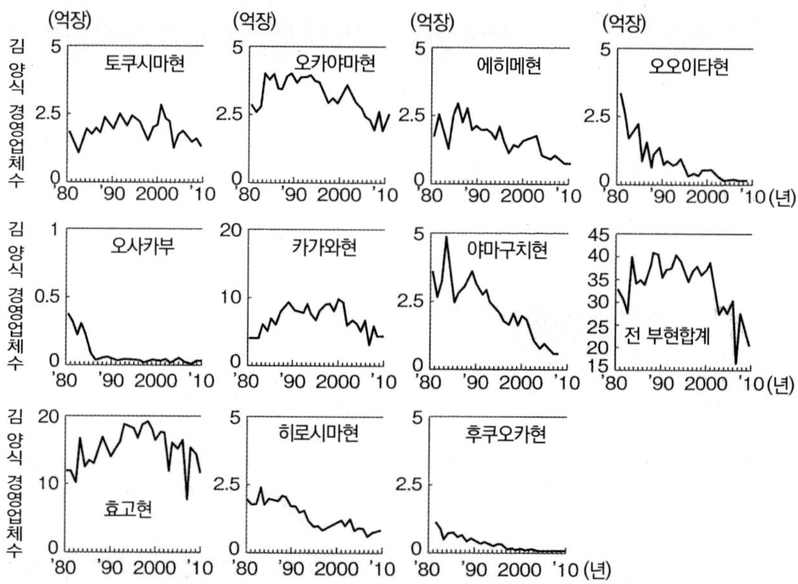

그림 4-11. 세토내해瀬戸内海의 양식 김 생산매수 변화.

출처 : 反田 등(2014)

고 2007년에 총 생산매수가 모든 부현府県에서 극단적으로 적은 것은 2008년 3월 아카시明石 해협에서 발생한 화물선 침몰사고로 인해 효고현兵庫県의 김 생산이 조기에 종료되었기 때문이다.

김 양식 경영업체의 수도 세토내해瀬戸内海의 모든 부현府県에서 1980년대 이후 감소가 계속되고 있다. 경영업체의 수가 1980년에 비해 절반 이하가 된 시기는 세토내해瀬戸内海의 서부에 있는 현県에서는 1980년대 후반, 세토내해瀬戸内海의 동부에서는 1990년대 중반 무렵 이후로 김 양식업의 쇠퇴는 세토내해瀬戸内海의 서부에서 먼저 진행되었다(그림 4-12).

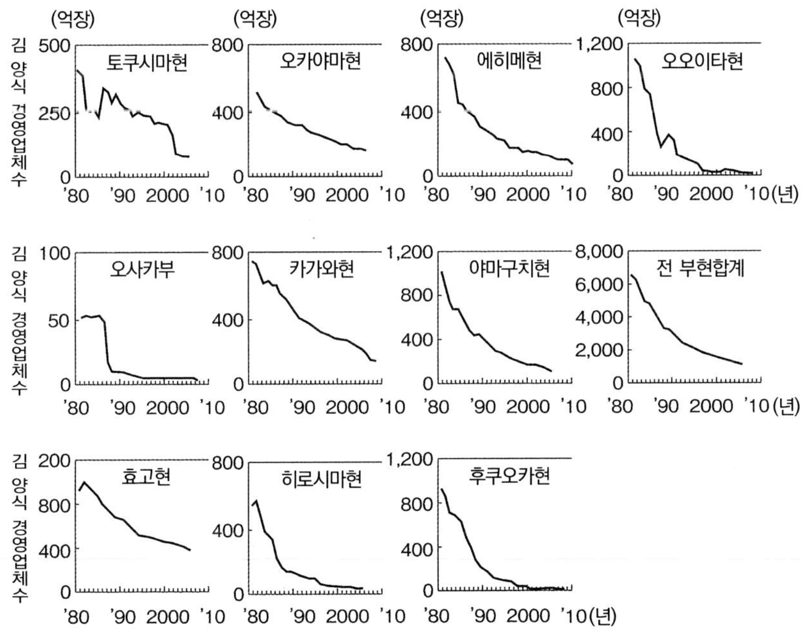

그림 4-12. 세토내해瀬戸内海의 김 양식 경영업체 수의 변화.
출처 : 反田 등(2014)

4.4. 어선어업 현황

효고현兵庫県의 어업종사자는 세토내해瀬戸内海 동부의 넓은 범위(하리마해협播磨灘, 오사카만大阪湾, 키이수도紀伊水道 북부)를 어장으로 이용하고 있으며, 어획동향은 세토내해瀬戸内海 동부의 상황을 반영하는 것으로 생각된다. 주된 어업 종류는 소형 저인망어업과 선인망 어업이며, 이것들에 의한 어획량은 현県 전체의 각각 22%와 65%를 차지하고 있다(2011년).

효고현兵庫県의 어획량은 1990년대 후반 이후 급격히 감소하고 있으며, 6~7만톤 정도에서 최근에는 3~4만톤까지 거의 절반 수준으로 줄어들었다(그림 4-13). 소형 저인망어업의 어획량은 1952년 이후 다소의 증감을 나타내면서도 1995년 무렵까지는 증가하는 경향이었지만, 그 이후 급격하게 감소하고 있다. 또한 경영업체(주된 경영업체)별 어획량도 같은 시기에 감소로 돌아섰으며, 1995년 무렵 이후의 어획대상 자원의 감소를 추측할 수 있다(그림 4-14).

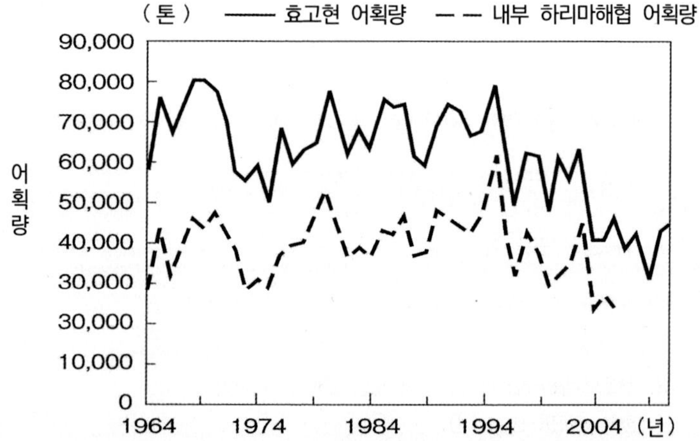

그림 4-13. 효고현兵庫縣 및 하리마해협播磨灘의 어선어업 어획량 변화.

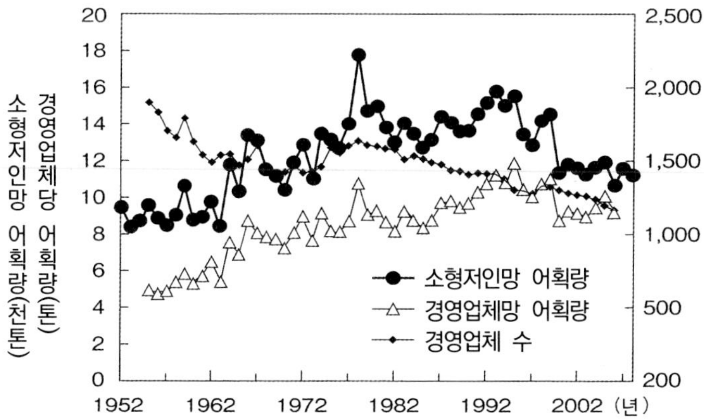

그림 4-14. 효고현兵庫縣의 소형 저인망 어획량, 동일 경영업체당 어획량 및 경영업체수의 변화(까나리 패치망 제외).

선인망 어업의 주된 어획 대상종은 까나리와 시라스[2](주로 멸치 치어)이다. 까나리의 어업 시기는 대략 3월부터 4, 5월이며, 그 해 부하한 것을 어획한다. 1세어 이상도 어획하지만, 그 비율은 적다. 한편 멸치 치어의 어업 시기는 대략 5~11월이다. 선인망 어업의 어획량도 1955년 이후 거의 지속적으로 증가해왔지만, 1985년 무렵 4만톤 정도의 수준으로 최대를 나타낸 후 1995년 무렵부터 급격히 감소하고 있다(그림 4-15). 한편 1개 경영업체당 어획량은 1970년대부터 감소하는 경향이 계속되고 있지만, 특히 1995년 무렵 이후에는 감소 정도가 컸다. 이와 같이 주요한 2개의 어업 종류 모두 거의 같은 시기, 즉 1990년대 후반부터 어획량이 감소하는 경향으로 돌아섰다. 이것은 김 양식에서 탈색이 빈발하기 시작한 시기이기도 하다.

2) 시라스(シラス) : 우리말에는 없는 용어로 주로 정어리, 멸치, 뱅어 등 어류의 치어를 총칭하는 말, 우리나라 서해에서는 뱅어, 실치 등으로 불리어 뱅어포의 주원료가 됨. 일본에서 영어로 표기할 때는 whitebait라고 번역하고 있으며, 한자로는 백자白子라고 표기되어 수산학에서는 그대로 사용하기도 함. 따라서 이 책에서는 원어 그대로 시라스라고 표기함.

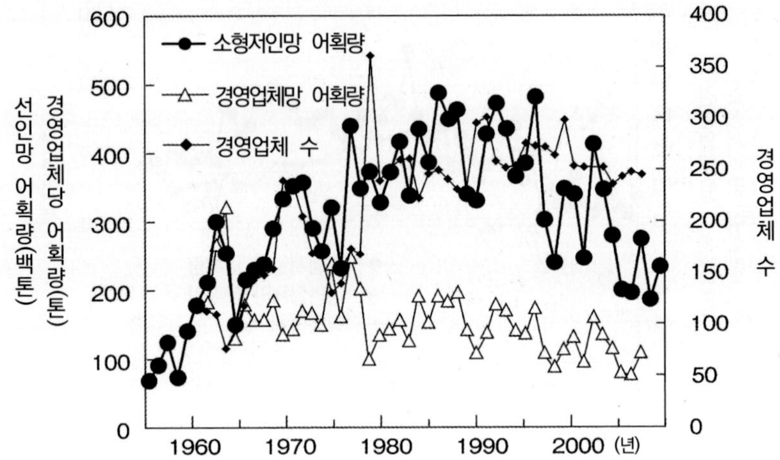

그림 4-15. 효고현兵庫縣의 선인망 어획량, 동일 경영업체당 어획량 및 경영업체 수의 변화.

게다가 1952~2010년의 세토내해瀬戸内海 전체 어선어업의 어획량은 1985년 무렵까지 증가한 후 감소 국면에 들어가서 2010년에는 가장 높았던 시기의 어획량인 48만 5,000톤의 약 36%인 17만 6,000톤으로 감소하였다. 이 어획량의 수준은 1952년 무렵과 거의 같았다(그림 4-16a). 1980년대 후반에 나타나는 급격한 감소에는 정어리와 멸치의 감소가 영향을 미치고 있었다(그림 4-16b). 그리고 까나리도 1980년대부터 감소하고 있다. 패류의 어획량은 1970년대 초기의 피크 시기에는 10만톤을 넘는 해도 있었지만, 70년대 말에 급감하였다. 이것은 연안 매립 등의 영향으로 생각된다.

또한 1980년대 후반 두 번째의 큰 감소 시기가 있었지만, 이것의 원인은 아직 밝혀지지 않았다. 최근에는 3,000톤 이하에서 변동하고 있다(그림 4-16c). 이와 같이 어종별로 변동 경향은 서로 다르지만, 부영양화가 가장 크게 진행된 1970년대의 어획량 수준이 높았다는 것은 사실이다.

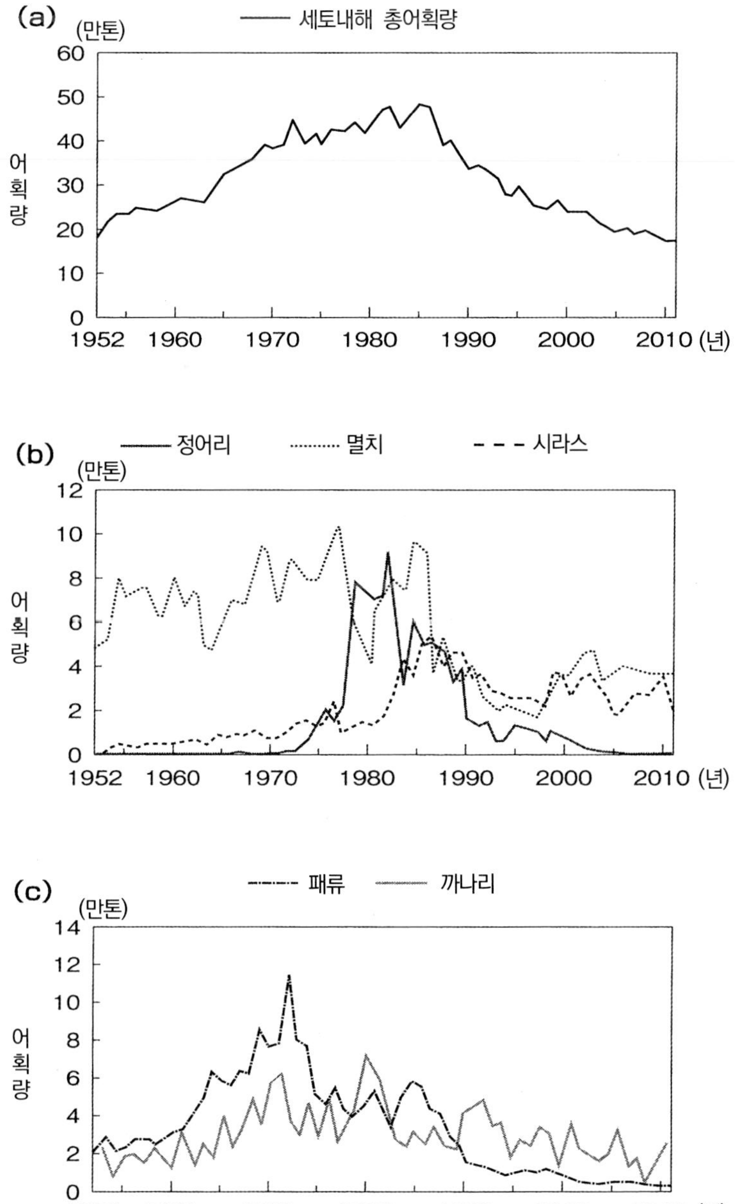

그림 4-16. 세토내해瀨戶內海의 총어획량(a) 및 주요종의 어획량(b, c) 변화.

4.5. 어획량과 영양염(DIN) 변동

4.5.1. 소형 저인망 어획량과 DIN 농도

통계 명목상의 어종별 어획량 변동은 다양하다. 효고현兵庫県 세토내해瀬戸内海에서 살펴보면 1990년대 후반 이후 증가하고 있는 종류(예를 들어 참돔, 갯장어, 갑오징어류 등)도 있으며, 감소하고 있는 종류(예를 들어 가자미류, 붕장어류, 갈치, 바지락류 등)도 있다. 이러한 변동에는 어종별로 환경 변동과 어획 영향, 그리고 먹이를 둘러싼 어종 상호 간의 관계 등 다양한 요인이 복합적으로 관여하고 있는 것으로 생각되어 종 별로 분석하는 경우, 분석 결과의 해석은 매우 어려울 것으로 생각된다.

따라서 어획량과 생물생산의 기반인 영양염 환경(DIN 농도)과의 관련을 검토할 때에는 어종 단위가 아닌 어획량을 생물생산의 output으로 취급하여 어업 형태별이라는 거시적 관점에서 검토하기로 하였다. 어획 대상종이 비교적 좁은 생활범위를 가지고 있을 것이라고 생각되는 소형 저인망 어획량(농림통계의 해협별·어업 종류별 어획량)을 검토대상으로 하였다.

그림 4-17에 하리마해협播磨灘에서의 소형 저인망 어획량과 DIN 농도 변화를 나타내었다. 양쪽의 변동 경향은 유사하였다. 특히 주목해야하는 것은 1980년대 DIN 농도의 일시적인 감소로부터 몇 년 늦게 그것을 따라가듯이 큰 변동이 어획량에도 나타난다는 점이다. 어획량을 1년씩 늦춘 경우의 DIN 농도와 상관계수를 순차적으로 계산한 결과, 2년 후의 어획량과 상관계수가 0.741($p<0.001$)로 가장 높았다(그림 4-18).

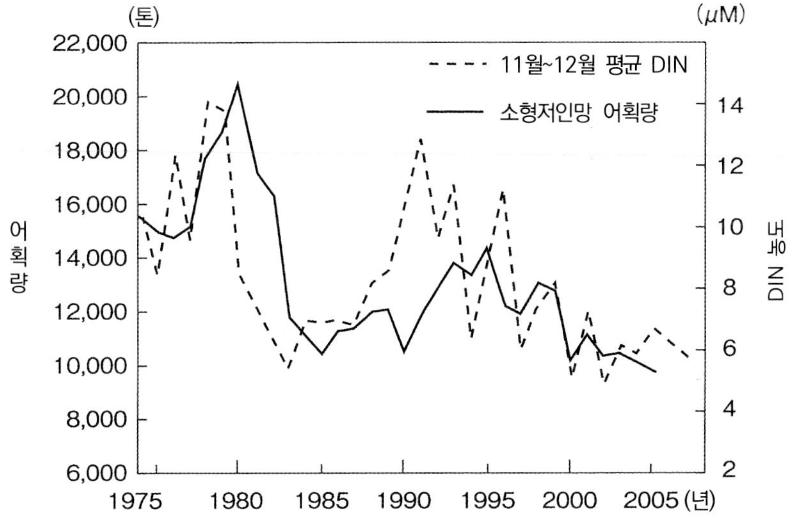

그림 4-17. 하리마해협播磨灘에서 소형 저인망 어획량과 DIN 농도 변화.
DIN 농도 : 정점 H1~H15의 15개 관측점(그림 4-1 참조), 표층·10m층, 저층의 11~12월 평균값 출처 : 反田·原田(2011).

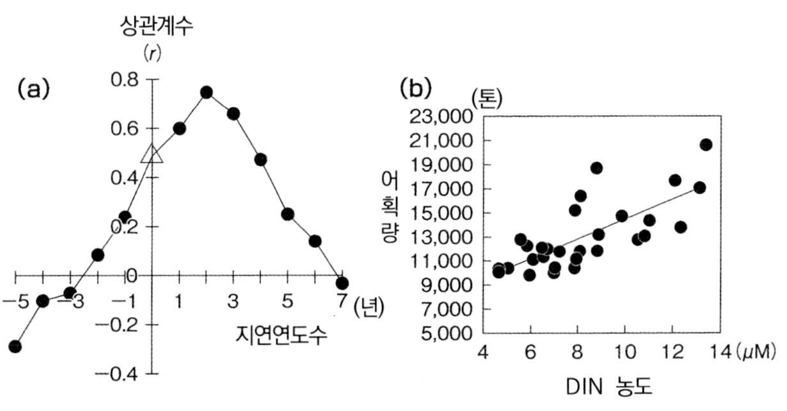

그림 4-18. (a) 하리마해협播磨灘에서 DIN 농도와 소형 저인망 어획량의 상관계수.
(b) 지연연도수 2년의 DIN 농도와 어획량의 관계.
지연연도수 1이란 DIN 농도와 그 1년 후 연도 어획량의 상관관계. 마찬가지로 -1은 1년 전년도와 상관관계, 0(△ 표시)은 동일 연도 어획량과 상관관계(n=30, r=0.741, $p<0.001$). 출처 : 反田·原田(2011).

또한 효고현兵庫県 하리마해협播磨灘의 어종별 어획량 중 주로 소형 저인망으로 어획되는 통계분류 어종(2004~2006년 연평균으로 소형 저인망에서의 어획 비율이 40% 이상인 어종, 다만 「그 외 수산동물」은 거기에 해당되지만 선인망에 의한 어획이 절반을 차지하는 해가 있기 때문에 제외하였다)의 어획량과 DIN 농도의 사이에도 변동의 유사성이 확인되어 3년 뒤 어획량과 사이에 높은 상관관계가 확인되었다(r=0.674, p<0.001, 反田·原田, 2012).

하리마해협播磨灘과 마찬가지로 오사카만大阪湾에서의 소형 저인망 어획량과 DIN 농도의 관련성을 검토하였다. 그 결과 오사카만大阪湾에서의 DIN 농도와 1년 후 소형 저인망 어획량의 사이에 의미 있는 상관관계가 확인되었다(r=0.770, p<0.001) (그림 4-19). 그리고 같은 해

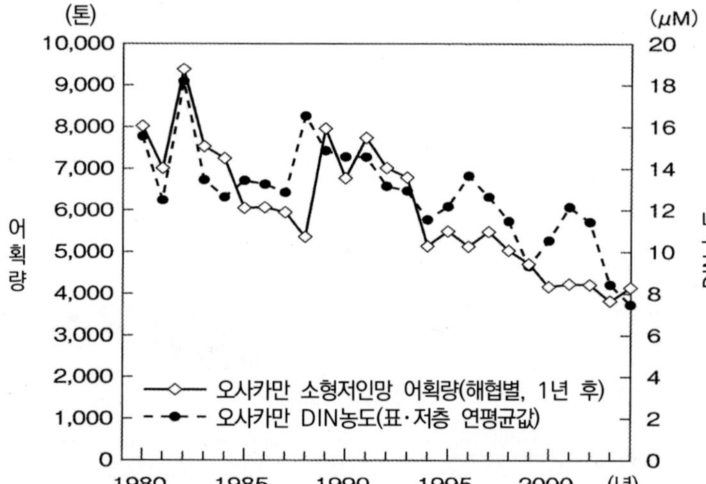

그림 4-19. 오사카만大阪灣에서 DIN 농도와 1년 후의 소형 저인망 어획량.
n=26, r=0.770, p<0.01 출처 : 反田·原田(2013)
DIN 농도 : 오사카大阪 부립환경농림수산총합연구소 수산연구부 수산기술센터의 자료(표·중층 20개 정점, 2, 5, 8, 11월의 연간 평균값)
어획량 : 시코쿠中西國 농정국 통계부, 세토내해구瀨戶內海区 및 태평양남구太平洋南区에서의 어업동향자료, 출처 : 反田·原田(2012)

어획량과의 상관계수는 0.557, 2년 후 및 3년 후 어획량과의 상관계수는 각각 0.706과 0.689였다. 이와 같이 하리마해협播磨灘과 마찬가지로 오사카만大阪湾에서도 소형 저인망 어획량과 DIN 농도의 관련을 시사하는 결과가 얻어졌다.

4.5.2. 까나리 어획량과 DIN 농도

까나리는 동물플랑크톤을 섭취하는 다획성多獲性 어종이며, 그 생활사는 세토내해瀬戸内海에서 완결된다. 2008년 어획량은 13,814톤으로 어획되는 어종 중에서 가장 많았으며, 효고현兵庫県 어획량의 33%를 차지하였다. 단일 종이지만 이와 같이 어획량이 많았고, 해역 내부의 환경 영향을 강하게 받는 것으로 생각되기 때문에 영양염 환경과의 관계를 검토하였다.

이 종은 12월 하순에 조류의 흐름이 좋고 깨끗한 모래밭에 산란하여 10일 정도에 부화한 치어는 3월 초순에 전장 약 30mm로 성장하여 어획 대상이 된다(日本水産資源保護協會, 2006 ; 反田, 1998). 어획 주체는 0세어이며, 3~4월에 선인망으로 어획된다. 농림통계의 까나리 어획량에는 0세어와 1세어 이상이 포함되어 있어서 0세어 만의 어획량은 알 수 없었다. 따라서 하리마해협播磨灘을 어장으로 하는 표본조합의 매년 0세어 어획량을 이용하여 검토하였다. 까나리는 동계에 부하하여 자치어 시기를 보내기 때문에 DIN 농도는 11~3월 평균값을 이용하였다. 그리고 같은 기간의 수온, 염분과의 관계도 검토하였다.

그림 4-20에 까나리 어획량과 DIN 농도의 관계를 나타내었다. 오사카만大阪湾, 하리마해협播磨灘에서는 효고현兵庫県과 오사카부大阪府가 협력하여 까나리 자원관리에 힘쓰고 있지만, 어획량의 연 변동이

크고, 많이 잡히는 해는 적게 잡히는 해 어획량의 4배가 넘는다. 이 때문에 어획량과 DIN 농도 변동의 관련은 잘 나타나지 않았지만, 양쪽의 사이에는 통계적으로 의미 있는 관계가 확인되었다($r=0.581$, $p<0.001$). 또한 3년간 이동평균移動平均(moving average)으로부터 어획량 변동을 평활화(smoothing) 하면, 보다 명확한 양쪽의 동조성同調性이 확인된다. 동일한 데이터세트를 이용하여 수온과 염분에 대해서도 검토하였지만, 모두 어획량과의 사이에 의미 있는 상관관계는 나타나지 않았다(수온 : $r=-0.20$, $p>0.1$ 염분 : $r=-0.23$, $p>0.1$).

이상과 같이 소형 저인망 및 까나리 어획량과 DIN 농도의 사이에는 각각 의미 있는 상관관계가 확인되었다. 그리고 소형 저인망 어획량의 경우에는 DIN 농도 변동으로부터 1~2년 후에 보다 높은 상관관계가 확인되었다. 이와 같은 현상에 대해 필자는 다음과 같이 추측하였다.

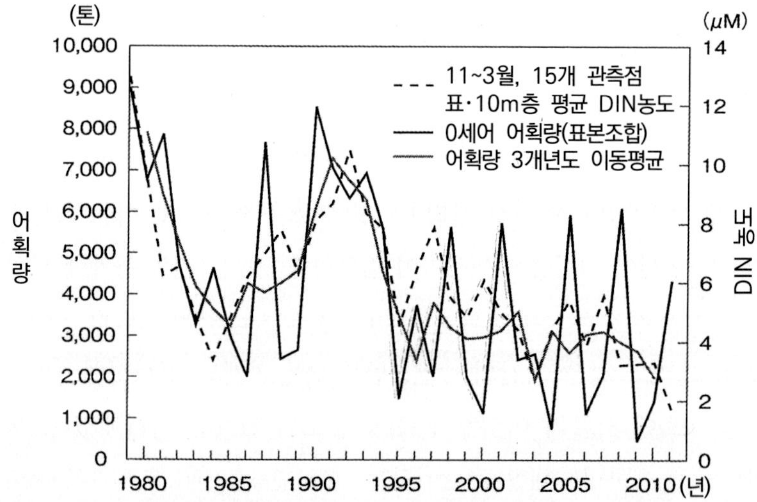

그림 4-20. 하리마해협播磨灘에서 까나리 0세어 어획량과 DIN 농도 변화.
n=33, r=0.581, p<0.01 출처 : 反田·原田(2012)

영양염 농도의 변동 영향은 다양한 경로와 단계를 거쳐 전파되어 가는 것으로 생각된다. 일반적으로 해양생태계의 상위에 있는 어류에서는 먹이생물 생산 과정이 먹이망 사이에 들어가기 때문에, 그 영향이 나타나기 까지는 낮은 단계 생물보다도 시간이 걸릴 것으로 추측된다. 또한 어업생산에 영향이 나타날 때까지는 대상종이 어획 가능한 크기가 될 때까지의 시간이 더해진다. 이번에 DIN 농도와 1~2년 후의 소형 저인망 어획량의 사이에서 강한 상관관계를 보였다. 이것에 대해서는 하리마해협播磨灘과 오사카만大阪湾에서 소형 저인망의 주요 어획 대상종의 어획 연령이 참돔(0~3세), 문치가자미(1~3세), 도다리(1~2세), 왜문어(0세), 꽃게(0~2세), 작은 새우류(0~1세) 등이다. 주로 생후 1~2년의 생물이 많은 것이 그 이유라고 추측하고 있다. 자치어 시기의 영양염 환경이 먹이생물을 통하여 그들의 생존과 성장에 영향을 미치고 있을 가능성을 생각할 수 있다.

지중해 리온만(Gulf of Lion)에서는 론(Rhône)강의 하천수 유출에 따른 유기물 공급량 변화에 대응하여, 다모류(갯지렁이 일종)의 종류별로 서로 다른 시간 지연으로 서식밀도와 생물량에 최대가 나타난 것, 그리고 론강 유량 변동과 다모류를 주로 먹는 가자미의 5년 후 어획량의 사이에 양(+)의 상관관계가 확인되었다(Salen-Picard et al., 2002).

4.6. 하리마해협播磨灘의 어획량 감소 요인 고찰

1995년 무렵이 전환점이라고 한 하리마해협播磨灘의 어획량 감소에 대해서 여러 가지 의견이 있다. 예를 들어 남획이 아닐까? 해조류 서식장과 수심이 얕은 곳 및 갯벌이 줄었기 때문은 아닐까? 적조와 빈산소수괴가 원인은 아닐까? 등이다. 아래에 전환점 전후의 어장환경 비교를 바탕으로 이러한 의견에 대한 필자의 생각을 기술하겠다.

4.6.1. 남획?

세토내해瀬戸内海의 수산자원은 다양한 어업방법으로 고도로 이용되고 있어서 남획이 우려되는 것은 당연하다. 실제로 조금 더 성장한 후에 어획하는 것이 어획량이 많아지는 어종도 있다(이것을 성장 남획이라고 한다). 효고현兵庫県 어업 종사자도 남획에 대한 불안을 안고 있으며, 1990년 무렵부터 주 2일 휴업과 성장 제한 등 자원관리에 힘을 쏟고 있다. 특히 선인망에 의한 까나리 어업에서는 해금일과 종료일을 연구기관도 함께 협의하는 등 고도의 자원관리가 이루어지고 있다(日下部 등, 2008).

일반적으로 남획의 징후가 되는 것은 단위노력량당 어획량(CPUE) 감소와 어획물의 소형화 등이다. 그림 4-14에 나타낸 소형 저인망 경영업체당 어획량을 CPUE의 근사값으로 보면, CPUE는 1995년 무렵을 경계로 명확하게 감소하고 있었다. 그러나 1995년 전후에서 소형 저인망을 둘러싼 어업실태, 즉 어업 경영업체 수 감소 경향에 큰 변화는 보이지 않았다. 따라서 CPUE 감소는 어업쪽 요인보다도 어획 대상종의 평균적인 재생산 성공률 감소에 기인할 가능성이 높을 것으로 생각된다. 소형 저인망은 많은 종류의 어패류를 어획하는 혼획형 어획 방법이다. 이 때문에 여러 종류의 재생산 성공률에 동시에 관여하는 요인으로서는 적어도 해협 규모 또는 그보다 큰 규모의 환경 변화를 생각할 수 있다. 또한 전혀 다른 어획 방법으로 어획 대상종도 다른 선인망에서도 거의 같은 시기에 감소하는 경향으로 바뀌었으며,

이러한 것들로 부터도 어업 요인이 아닌 환경 요인 영향이 강한 것으로 시사된다.

4.6.2. 갯벌, 수심이 얕은 곳, 해조류 서식장의 감소?

갯벌, 수심이 얕은 곳, 해조류 서식장의 감소는 어장의 소실뿐만 아니라 해양생태계의 기능 감소를 통하여 어업생산에 악영향을 준다. 하리마해협播磨灘에서는 하리마播磨 임해공업지대 연안부를 중심으로 매립이 실시되어 왔다. 그림 4-21에 매립면적 및 수심이 얕은 곳의 면적(수심 5m 미만)과 갯벌 면적의 변화를 나타내었다. 하리마해협播磨灘의 매립면적은 1970년대에 급증했지만, 1980년대 이후 매립이 억제되어 매립면적의 증가는 완만하였다. 수심이 얕은 곳의 면적(해도로 계측)은 1936년 무렵에는 6,823ha이었지만, 연안역의 매립 진행으로 1978년에는 4,997ha로 감소하였다. 그러나 그 후의 감소 정도는 작았고, 2004년 수심이 얕은 곳의 면적은 4,498ha였다. 1936년 무렵 하리마해협播磨灘에는 약 950ha의 갯벌이 존재했던 것으로 추측되지만(해도로 계측), 연안역 매립으로 인해 1978년에는 190ha, 1990년에는 135ha가 되어 1936년 무렵의 약 1/7로 감소하였다. 그러나 1990년대 이후의 갯벌 면적의 변화는 작았다.

그림 4-22에 효고현兵庫県 세토내해瀬戸内海 해조류 서식장 면적의 변화를 나타내었다. 그림에서 혼슈本州 하리마해협播磨灘은 매립 등으로 해조류 서식장의 소실이 가장 컸던 해협 북부 연안역이었다. 이 해역의 해조류 서식장은 1950년대부터 1990년에 걸쳐 크게 감소하였지만, 그 후에는 일정하거나 약간 증가하는 경향이었다.

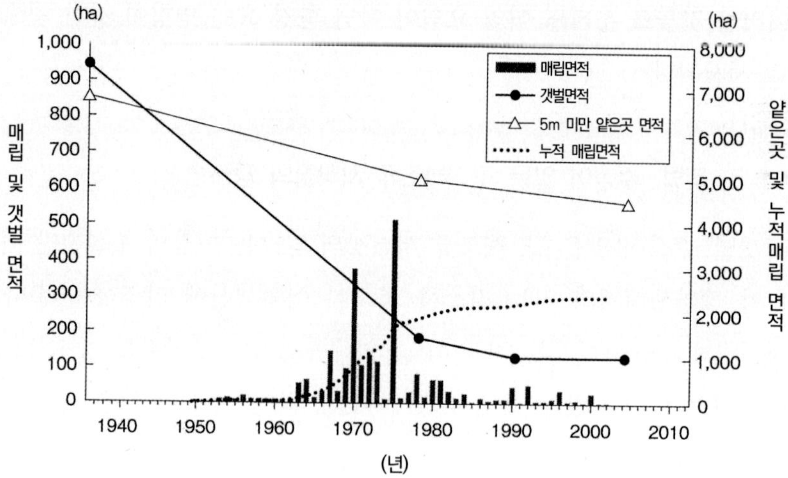

그림 4-21. 하리마해협播磨灘에서 매립면적, 간척면적 및 수심이 얕은 곳의 면적 변화.
출처 : 兵庫縣ノリ漁場環境豫測モデル檢討委員會(2007)

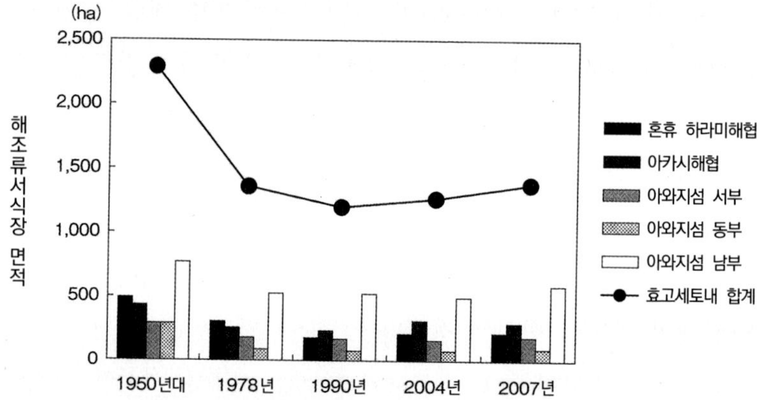

그림 4-22. 효고현兵庫縣 세토내해瀨戶內海의 해조류 서식장 면적 변화.
출처 : 兵庫縣(2007)

이상과 같이 하리마해협播磨灘에서 갯벌과 수심이 얕은 곳 및 해조류 서식장의 면적이 크게 감소한 것은 매립이 집중적으로 이루어진 1970년대까지였으며, 그 이후에는 변화가 작았다. 즉 해안 형태가 크게 변화한 연대와 어획량이 급감하기 시작한 1990년대 후반의 사이에는 약 15년의 간격이 있다. 환경변화 영향이 시간차이를 두고 생물생산에 나타나는 것은 당연한 것으로 생각할 수 있지만, 15년의 시간차이는 어획 대상 생물의 세대 사이클에 비해서도 길다. 갯벌과 수심이 얕은 곳 및 해조류 서식장의 중요성은 말할 필요도 없지만 시간축에서의 변화를 보면, 이러한 것들의 소실과 축소를 최근 어획량 급감의 원인으로 하기에는 의문이 있다.

4.6.3. 빈산소수괴와 적조가 원인?

하리마해협播磨灘에서 실시되고 있는 해양관측 결과에 따르면, 여름철 저층 용존산소포화도는 일정한 분포를 나타내고 있어서 1995년 무렵 이후 악화 경향은 나타나지 않았다(그림 4-23).

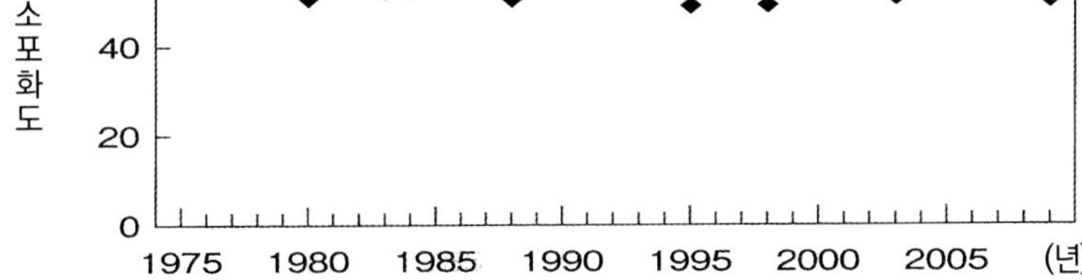

그림 4-23. 하리마해협播磨灘에서 여름철 저층 용존산소포화도.
Stn. H1~H15(그림 4-1 참조), 저층 8, 9월 평균값.

하리마해협播磨灘의 적조 발생 건수(총 건수)는 1970년대의 경우는 약 50건이었지만, 최근에는 20건 정도로 변하였다. 吉松(2012)는 발생

건수가 아닌 적조의 발생 규모를 정의하여 그 변화를 나타내었다. 이것에 따르면 1990년대 중반 무렵에 발생 규모가 약간 큰 시기가 있었지만 이후에는 낮은 수준으로 바뀌고 있다. 이러한 결과로 부터 빈산소수괴와 적조는 하리마해협播磨灘에서 발생한 1990년대 후반부터의 급격한 어획량 감소 요인으로는 생각할 수 없다.

4.6.4. 고수온화는?

수온은 1980년대부터 비교적 명확하게 상승 경향이 확인되었으며, 2010년 무렵까지 약 1℃ 상승하였다. 까나리에서는 하면夏眠 시기의 고수온이 생존과 재생산에 영향을 미쳤을 가능성이 나타난다(赤井・内海, 2012). 또한 문치가자미도 여름철 고수온이 자원량에 부(−)의 영향을 주는 것으로 생각된다(有山, 2004). 한편 왜문어는 수온이 높을수록 어획량이 많아지는 경향이 있다(反田, 未発表).

수온 상승은 세토내해瀬戸内海의 수산자원에 다양한 영향을 미치는 것으로 생각되지만 관련 정보는 많지 않다. 이번에 어획량과 DIN 농도의 관계를 해석하면서 몇몇 종류에 대해 수온과의 관련성도 살펴보았지만, 명확한 관계는 나타나지 않았다. 수온 상승이 세토내해瀬戸内海의 어획량에 미치는 영향에 대해서는 향후 중요한 검토 과제이다.

4.6.5. 빈영양화는?

지금까지 설명한 것처럼 하리마해협播磨灘에서는 1990년대 후반부터 양식 김의 탈색, 소형 저인망 어획량의 감소 및 선인망 어획량의 감소 등 어업생산에서의 문제가 거의 같은 시기에 발생하고 있었다. 바로 이 무렵에 총질소 유입 부하량 감소에 관여하는 몇몇의 사건이 일어났다.

하리마해협播磨灘으로 유입하는 1급 하천의 수질이 1994년 유역하수도 정비로 인하여 극적으로 개선되어 총질소 유입 부하가 크게 감소하였다. 제철소는 커다란 질소 부하원負荷原이지만 1993년 히메지시姬路市의 제철소 용광로가 가동을 정지하였다. 또한 같은 해에 질소 폐수의 농도 규제가 시작되었고, 1996년에는 총질소 삭감 지도가 시작되어 총질소 발생 부하량이 감소하는 국면에 들어갔다. 이러한 계기들에 호응하듯이 하리마해협播磨灘의 DIN 농도는 1994년에 크게 감소하였고, 그 이후 그림 4-4에서 나타난 것처럼 N/P비가 일단 낮은 단계로 이동하였다.

이와 같이 하리마해협播磨灘의 어획량이 감소하기 시작한 시기와 서로 전후하여 질소 부하량 감소에 관여하는 여러 사건이 일어났다. 이러한 것으로부터 하리마해협播磨灘에서는 질소 유입 부하의 큰 감소가 1990년대 중간 무렵에 있었고, 이것에 의해 해역의 DIN 농도가 크게 감소하기 시작하여 김의 탈색과 어획량 감소로 이어진 것으로 필자는 추정하고 있다.

4.7. 부영양화 진행기와 빈영양화 진행기에서의 어업생산

4.7.1. 어획물 조성의 변화

多々良(1981a)는 세토내해瀨戶內海 부영양화 진행기(1951~1977년)에서의 어획량 증가에 수반하여 어획물의 평균 영양단계가 감소한 것을 밝혔다(그림 4-24). 영양단계란 먹이사슬에서 생산자 → 소비자 → 분해자의 흐름 속에서 몇 개의 단계를 상정한 것이다. 예를 들어

소비자 중에서도 동물플랑크톤부터 그것들을 잡아먹는 물고기에 이르기까지 몇 개의 단계가 있다. 여기에서는 어획 생물이 무엇을 섭취하고 있는지를 고려하여 식물플랑크톤·현탁물 식성종, 동물플랑크톤 식성종, 어류 식성종으로 나누었다. 즉 그림 4-24는 식성의 관점에서 살펴보면 어종 조성이 변화한 것을 의미하고 있다. 구체적으로는 어류 식성 물고기가 감소하였고, 플랑크톤 식성 어류의 비율이 증가한 것에 의한 변화이다.

하리마해협播磨灘에서는 1970년대 중간 무렵에 총질소 발생 부하량이 감소로 돌아선 것으로 생각된다(反田·原田, 2013). 따라서 총질소 발생 부하량이 감소로 돌아선 이후를 빈영양화 진행기, 그 이전을 부영양화 진행기로 하였다. 빈영양화 진행기에서 어종 조성 변화를 살

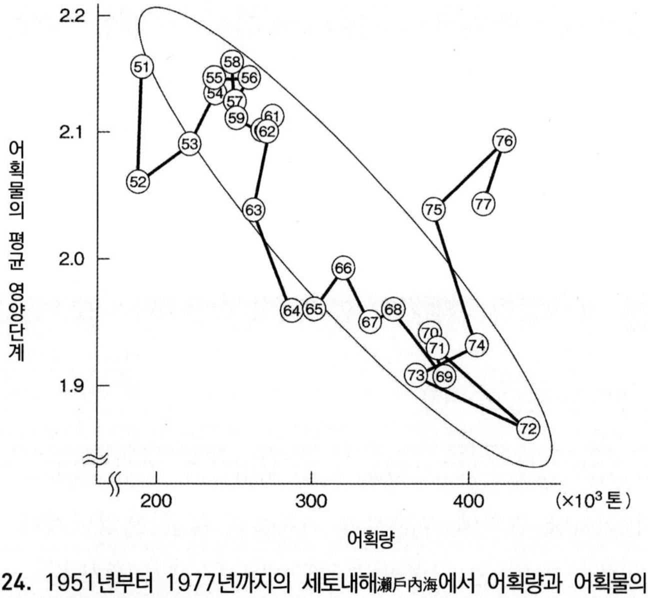

그림 4-24. 1951년부터 1977년까지의 세토내해瀬戸内海에서 어획량과 어획물의 평균 영양단계의 관계.

○속의 숫자는 년도를 나타내며, ㉛은 1951년의 의미임. 출처 : 多々良(1981a)

펴보기 위하여 1974~2006년 어획 통계자료(농림수산통계로부터 추출한 효고현兵庫県 하리마해협播磨灘의 통계 데이터)를 분석하였다. 분석은 계속성이 없는 통계항목 및 해조류를 제외하였고, 최종적으로 43개 항목에 대해 실시하였다. 각 어종의 영양단계는 Tian et al.(2006)과 多々良(1981b)를 참고하였다. 또한 생활 형태에 대해서는 辻野(2002)와 南西海區水産研究所(1977) 등을 참고하였다.

그림 4-25a는 정주형 종과 교류형 종의 어획량 변화이다. 각각 변동이 크지만 1990년대 후반 이후 교류형 종의 어획량은 대체적으로 일정하였다. 그러나 정주형 종은 감소하는 양상이었으며, 점차 교류

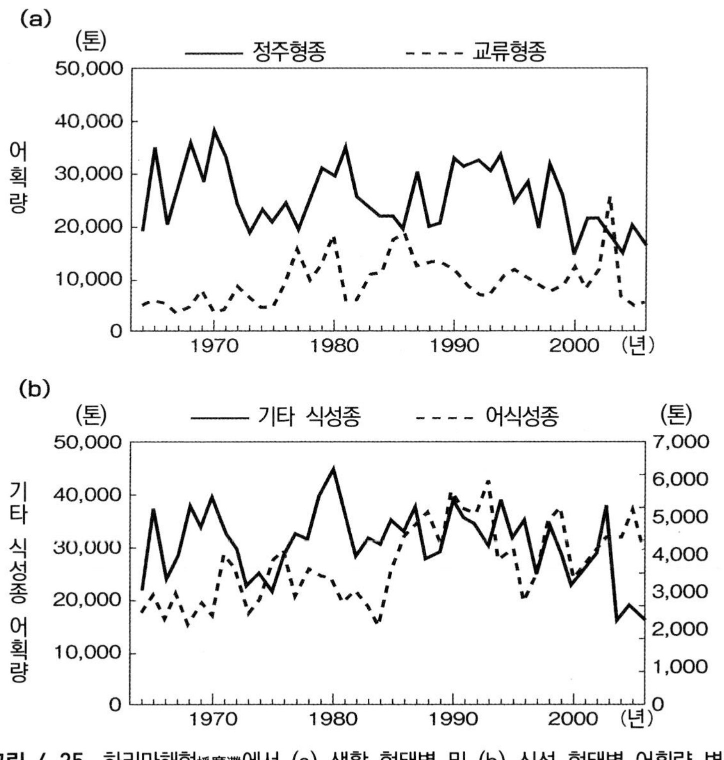

그림 4-25. 하리마해협播磨灘에서 (a) 생활 형태별 및 (b) 식성 형태별 어획량 변화.

형 종 비율이 높아지고 있다. 그림 4-25b는 전형적인 어류 식성 종과 그 외 식성 종별 어획량 변화이다. 연간 변동은 크지만 어류 식성 종에서 증가하는 한편, 그 외 식성 종은 1990년대 후반부터 감소하고 있다. 그림 4-26a는 평균 영양단계의 변화이다. 영양단계는 전형적인 케이스에 대해 식물플랑크톤·현탁물 식성 종을 2점, 동물플랑크톤 식성 종을 3점, 어류 식성 종을 4점으로 계산하였다. 어류 식성 종이 증가하는 경향에 대응하여 평균 영양단계는 상승하고 있다. 또한 DIN 농도와 평균 영양단계의 사이에는 부(-)의 상관관계가 확인되었다(그림 4-26b).

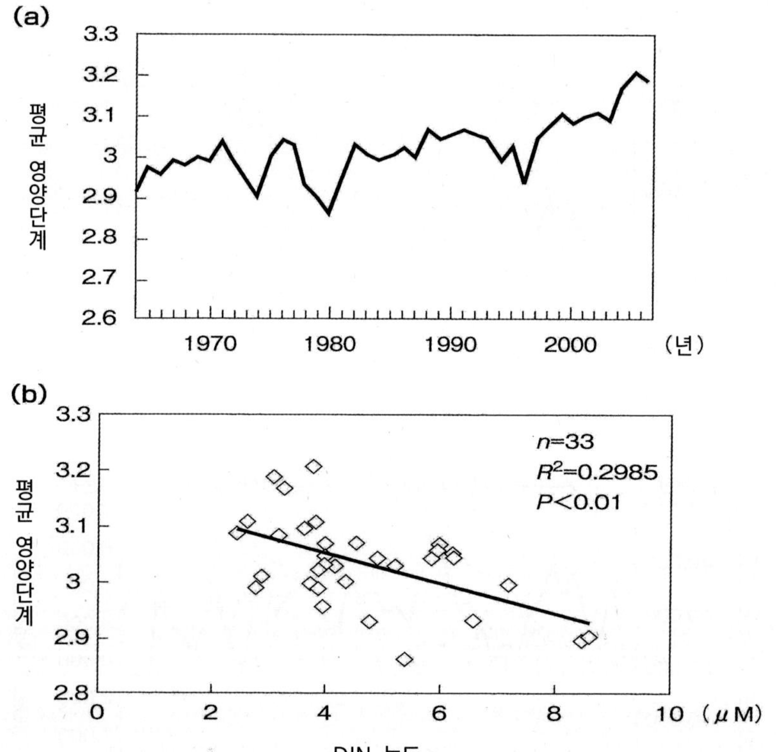

그림 4-26. 하리마해협播磨灘에서 (a) 평균 영양단계의 변화 및 (b) DIN 농도와 평균 영양단계의 관계.

이번 결과와 多々良(1981a)의 결과를 비교하면, 평균 영양단계와 어획량의 사이에는 모두 부(−)의 상관관계가 확인되었지만 시간의 변화는 역방향이었다. 즉 「부영양화 진행, 어획량 증가, 평균 영양단계 감소」에 대해 「빈영양화 진행, 어획량 감소, 평균 영양단계 상승」이라는 역방향의 변화였다. 이 양쪽의 해석은 대상으로 하는 해역과 규모가 다르기 때문에 같은 사례의 비교라고는 할 수 없지만, 부영양화 진행기에는 기초생산력 상승에 의해 식물플랑크톤이 늘어나며, 이것에 의해 식물플랑크톤 식성 어류를 중심으로 자원량과 어획량이 증대하고, 평균 영양단계가 감소하는 것으로 생각된다. 또한 부영양화의 피크가 지나 빈영양화 단계에 들어서면 그때까지와는 반대의 변화가 진행되는 것으로 추측된다.

4.7.2. 부영양화와 어업생산

부영양화와 어업생산의 관계에 대해서는 부영양화 진행기의 오사카만大阪湾을 대상으로 한 연구가 있다. 城(2002)는 세토내해瀬戸内海의 만과 해협별 단위 부피당 질소 부하량 및 인燐 부하량과 단위 부피당 최대 어획량과의 사이에 밀접한 관계가 있는 것를 발견하였고(그림 4-27), 어업생산의 잠재적인 가능성은 질소와 인燐 부하량에 의존하고 있어서 자원 수준이 회복되면 영양 조건이 잠재적으로 어업생산을 좌우하는 인자가 될 수 있다고 하였다. 또한 어획 통계 항목별로 인燐 부하량과 어획량의 관계를 검토하여 몇몇 종류에서 부하량에 대해 어획량이 산과 같은 형태의 분포를 나타내는 것을 밝혔다. 그리고 퇴적물 유기오염에 민감한 새우·게류의 어획량은 인燐 부하량이 가장 낮은 해에 피크가 나타났고, 오염에 대한 내성이 강하다고 알려진 갯가재류와 문치가자미를 주로 하는 가자미류 어획량이 보다 높은 수준에서의 부하량이 최대가 되는 것으로부터 이들의 관계는 저서어패류와 부영양 정도의 인과관계의 한 측면을 나타낸다고 하였다(城, 1991; 2002). 부영양화 진행기의 오사카만大阪湾에서 인燐이 검토대상이 된 이유는 질소와 인燐의 몰비가 1970년대에는 34정도 였지만, 1980년 이후에는 45 정도로 높아져서 질소 과잉이었기 때문이라고 생각된다(星加, 2002).

세토내해瀬戸内海의 어획량은 2차 세계대전 후의 20만톤에서 1980년대에는 45만톤으로 증가하였다. 이 동안의 변화에 대해 多々良(1981c)는 반폐쇄적인 내해·내만 어장에서의 시비施肥에 의한 부영양화 실험 및 철저한 어획 강화실험의 시도라는 견해를 나타내었다. 즉 부영양화 진행기의 어획량 증가 요인을 어획노력량의 강화와 부영양화의 진행으로 생각하였다. 또한 어획량 증가와 함께 영양단계가 높은 종류가 줄어들어 플랑크톤 식성 종 등 영양단계가 낮은 종류의 비율이 증가한다는 질적인 변화(열화劣化)도 보고하였다(多々良, 1986).

이상으로 부영양화 진행기에 관한 몇몇의 보고를 정리하면 부영양화로 어장생산력이 커지고, 어획노력량 강화로 어획량이 비약적으로 증가하였다고 할 수 있다. 이와 같이 어획량 전체로 평가하면 부영양화는 어선어업에 큰 피해를 미친 것은 아니지만, 개별적으로 살펴보면 퇴적물 악화와 빈산소화에 의해 새우·게류 등 저서 어패류가 감소하는 한편, 멸치 등 플랑크톤 식성 어류가 크게 증가하였다. 이것은 일반적으로 고급 어종이 감소하고, 저가 어종이 증가하는 것이다. 따라서 수산업 측면으로는 질적인 문제가 발생한 것으로 생각할 수 있다.

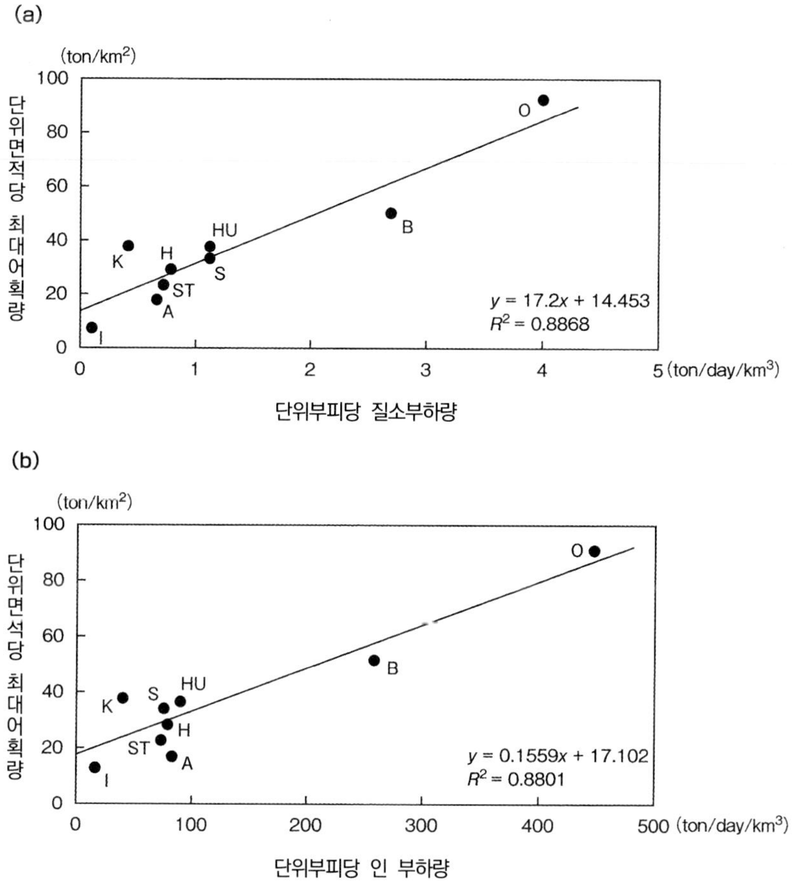

그림 4-27. 해협灘별 부피 부하량과 최대 어획량의 관계.
(a) 단위부피당 질소 부하량과 최대 어획량; (b) 단위부피당 인 부하량과 최대 어획량 K: 키이紀伊수도, O: 오사카만大阪灣, H: 하리마해협播磨灘, B: 비산세토備讃瀬戶, HU: 히우치해협燧灘, A: 아키해협安藝灘, I: 이요해협, S: 스오해협周防灘, ST: 세토내해瀬戶內海 평균. 출처 : 城(2002)

그러면 1970년대 중반 무렵 이후부터 최근까지의 빈영양화 진행기에서는 어떠한 변화가 있었을까? 山本(2005)는 인燐 성분이 없는 세제의 사용 등으로 인燐 부하량 감소에 의해 N/P비가 상승하여 적조 발생 종의 주체가 규조류로부터 침편모조류, 그리고 DOP(Dissolved

Organic phosphorus, 용존유기인)를 이용할 수 있는 와편모조류로 변화했을 가능성을 지적하였다. 그리고 와편모조류는 증식속도가 느리기 때문에 먹이사슬에서 생태 효율이 감소한다고 설명하였다. TP 부하량이 증가한 부영양화 진행기에는 적조가 지수함수적으로 증가한 후 몇 년 뒤에 어업생산이 증가하였지만 빈영양화 진행기에는 적조 발생 건수가 같은 궤도를 그리지 않고 고리모양으로 감소하며, 어업 생산은 그 보다 몇 년 뒤에 감소한 것을 나타내었다. 또한 그것들의 관계는 히스테리시스(Sheffer, 1989; p.181, 제5장의 BOX 참조)의 출현으로 해석이 가능하게 되었으며, 그 결과로 부터 인燐 부하량 삭감과 어업생산 감소와의 관련을 추측하였다.

樽谷·中嶋(2011)는 갯가재류, 서대·가자미류, 문어류, 새우·게류에 대해 어획량과 인燐 발생 부하량의 관계를 검토하였다. 여기서 새우·게류를 제외하고 부영양화 진행기와 빈영양화 진행기에서 인燐의 발생 부하량 증감에 대해 어획량이 거의 같은 경로를 거치는 형태로 대응한 것을 제시하였다. 그리고 그러한 저서 어패류와 인燐 발생 부하량과의 인과관계 존재를 추정하였다. 또한 새우·게류의 어획량 변화에 대해서는 영양염 이외의 요인이 지배적이라고 추정하고 있다.

해외에서는 해역으로 영양물질 유입이 어업생산에 영향을 미친 사례로서 이집트 나일강의 사례가 있다. 나일강에서는 아스완 하이 댐(Aswan High Dam)이 완성되어 유량이 크게 감소하여 해역으로의 영양염 공급이 급격히 감소하였다. 이 때문에 하구 해역의 어획량이 크게 감소하여 한동안 어획량은 낮아졌지만, 그 후 카이로의 인구 증가, 도시화 등으로 질소·인 부하량이 증가하여 다시 어획량이 회복되었다(Nixon, 2003). 이와 같이 현재, 세토내해瀬戸内海에서 일어나고 있는 사태와 동일한 사례가 해외에서도 나타났다.

4.8. 정부와 지방자치단체의 빈영양화 대책

최근 세토내해瀬戸内海에서는 김보다도 탈색되기 어려운 미역에서도 탈색이 발생하고 있다(住友, 2008). 이것은 세토내해瀬戸内海의 빈영양화가 더욱 진행되고 있다는 것을 나타내고 있다. 또한 川井·山西(2011)는 1981년부터 오사카만大阪湾에서 실시된 생물모니터링에서 최근 만 입구형인 가시굴(*Saccostrea kegaki*)의 분포해역이 만내에서 북쪽으로 확장하여, 만 안쪽형인 참굴(*Crassostrea gigas*)이 쇠퇴하고 있는 것에 대해 식물플랑크톤 감소 또는 빈영양화가 가져온 현상일 것으로 추측하고 있다.

해산 종자식물인 거머리말은 과거의 수질오염 진행으로 분포 해역이 급격하게 감소하였다. 거머리말 서식장의 감소는 해조류 서식장 소실의 대명사와 같은 존재였지만, 그 거머리말 서식장이 최근 하리마해협播磨灘에서도 회복되고 있다. 이유는 명확하지 않지만 필자는 투명도 회복이 하나의 요인으로 생각하고 있다. 세토내해瀬戸内海에서는 그 외에도 빈영양화를 나타내는 사례가 있을 것으로 생각된다. 세토내해瀬戸内海의 빈영양 실태를 밝히기 위해서는 보다 많은 사례를 수집하고 분석을 축적해야할 필요가 있다.

여기서 일본 정부의 움직임을 약간 소개하겠다. 환경성에서는 총량 삭감제도 등의 실시에 의해 세토내해瀬戸内海의 수질개선이 진행되었지만, 적조와 빈산소수괴 등의 발생, 어업생산량 침체 등의 과제가 남겨져 있다. 또한 「풍족한 바다」로 향한 새로운 시책의 전개가 요구되고 있는 것으로부터 2010년 9월에 「향후 세토내해瀬戸内海의 물 환경 본연의 모습 간담회」를 개최하였고, 여기에서의 논의를 정리하여 2011년 3월에 「향후 세토내해瀬戸内海의 물 환경 본연의 모습 논점 정리」를 공표하였다. 여기서 기본적인 개념의 하나로 「수질관리를 기본으로 하면서 풍부한 바다로 향한 물질순환, 생태계관리로의 전환을 도모한다」라는 방향이 제시되어 있다. 그리고 2011년 7월에 환경대신으로부터 중앙환경 심의회 회장에게 「세토내해瀬戸内海에서 향후 지향해야할 미래 모습과 환경보전·재생의 본연의 모습에 대해」라고 제목을 붙인 자문이 이루어져 2012년 10월에 답신이 제출되었다. 이 답신에서는 지향해야할 미래 모습을 「풍족한 세토내해瀬戸内海」라고 하고, 환경보전·재생의 기본적인 개념으로 「세세한 수질관리」, 「퇴적물 환경 개선」, 「연안역에서 양호한 환경의 보전·재생·창출」, 「자연경관 및 문화적 경관 보전」, 「지역에서의 마을(고향)바다 만들기」, 「과학적 데이터 축적 및 순응적 관리의 프로세스 도입」이 제시되었다.

게다가 기본적인 개념을 기반으로 한 중점적 대책의 신규 사항으로 「영양염 농도 수준의 관리」와 「세토내해瀬戸内海에 관련된 계획 및 법제도의 점검·재검토」 등이 포함되어 세토내해瀬戸内海의 현재 상황을 고려한 새로운 개념이 나타나 있다. 그리고 앞서 기술한 답신을 기반으로 한 세토내해瀬戸内海 환경보전특별조치법에 대해 큰 폭의 개정이 검토되었다. 이와 같이 세토내해瀬戸内海 환경보전시책은 그때까지 이루어진 부영양화방지, 오염부하 삭감의 방향에서 세토내해瀬戸内海의 다면적 가치·기능이 최대한 발휘된 풍족한 바다를 실현하는 방향으로 새로운 단계에 진입하려고 하고 있다.

한편 국토교통성에서도 빈영양화 문제 등의 대응도 포함하여 2012년 8월에 물 환경 매니지먼트 검토회가 설치되어 향후 물 환경관리에 대한 검토가 이루어졌다. 2013년 3월에 발표된 이 검토회의 보고서에는 「계절별과 장소별 세세한 오염부하 삭감 대책」으로 「지역실정에 대응하여 어업 등 사회경제 활동에 필요한 적절한 영양염류 보급 등을 실시하여 풍족한 바다를 재생해 간다는 것이 요구되는 경우도 있다」, 「방류원 상황에 맞추어 계절별과 장소별로 보다 유연하게 처리수의 수질관리를 할 수 있도록 해야 한다」라는 의견도 제시되어 있다. 또한 환경성과 마찬가지로 순응적 관리의 필요성이 기술되어 있다.

이와 같이 2012~2014년은 세토내해瀬戸内海 환경관리 시책에 있어서 큰 전환기가 되었다. 효고현兵庫県에서는 빈영양 대책으로 해역에 영양염을 공급하기 위하여 저수지 물빼기(물을 빼서 어패류나 조개를 잡는 것), 해역에서의 시비施肥, 댐 방류, 정화센터(하수처리장)의 영양염 관리 운전이 시행되고 있다(反田·原田, 2011). 이러한 것들은 김 양식 대책으로 실시되고 있지만, 해협 단위의 영양염 관리 관점에서는 정화센터의 영양염 관리 운전이 가장 중요하다.

하리마해협播磨灘에 처리수를 직접 방류하는 정화센터는 효고현兵庫県 내에 23개소가 있다(瀬戸内海環境保全協會, 2011). 이 중 2012년 당시 4개소의 정화센터에서 영양염 관리 운전(대상은 질소)이 이루어지고 있었다. 김 양식 대책이기 때문에 주로 겨울철에 영양염 배출량을 늘이는 운전을 하고 있다. 기술적으로는 배출 농도를 50% 정도 올리는 것이 가능하며, 관리운전에 의한 비용 상승은 보고되어 있지 않다. 2009년 하리마해협播磨灘으로의 총질소 배출 부하량은 약 35톤 이었지만, 23개소의 정화센터 모두가 관리운전을 연주기로 실시한 것으로 가정한 경우의 질소 증가 비율은 10% 정도로 추정된다. 영양염 관리에 대해서는 구체적인 방법의 검토가 향후의 과제일 것이다.

4.9. 결론

영양염 관리에 대한 설명을 중심으로 설명하였지만 말할 필요도 없이 해조류 서식장, 갯벌, 수심이 얕은 곳의 보전과 재생은 중요하다. 해양생물 서식장으로써 뿐만 아니라 영양염 순환 측면에서도 중요하다. 아무리 영양염을 투입하더라도 그것을 유효하게 활용할 수 있는 생태적 기능이 소실되어 버리면 환경 악화로 이어지기 때문이다.

갯벌 지형(갯벌 면적)의 차이로 인하여 오염부하량과 해역 생산력의 관계가 다른 점에 대해서는 中村(2010)의 토쿄만東京湾 생태계모델 시뮬레이션 결과를 보면 알기 쉽다(그림 4-28). 이 모델 결과에 따르면, 1980년 무렵부터 현재(2010년)까지의 오염부하량 삭감은 토쿄만東京湾에서 빈산소수괴를 줄이는 효과와 생물생산을 약간 회복시키는 효과가 있었다. 그러나 향후 현재의 갯벌 지형 그대로 오염부하량

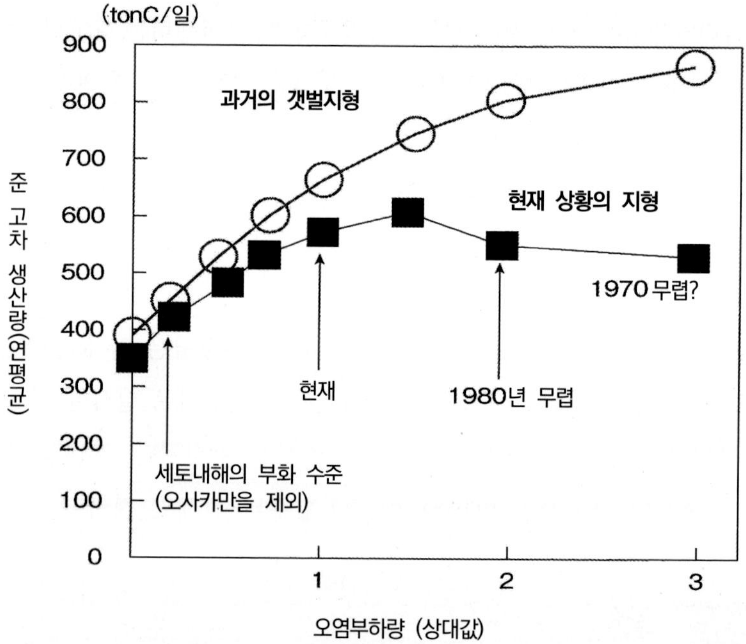

그림 4-28. 오염부하량의 변화와 생물생산의 응답. 출처 : 中村(2010)을 일부 수정

삭감을 계속하면 생물생산이 줄어드는 영역으로 들어갈 것으로 예측된다. 따라서 오염부하량 삭감시책은 이제 서서히 전환해야 하며, 과거(100년 전)의 갯벌 지형에 가깝게 하는 것이 생물생산력을 올리는 것에 효과적이라고 설명하고 있다. 하리마해협播磨灘(세토내해瀬戸内海도 포함하여)에서는 이와 같은 시뮬레이션이 수행되지 않았지만, 그림 4-28에 나타낸 것처럼 토쿄만東京湾에 비해 부하 수준이 완만하게 낮은 것(環境省, 2009), 그리고 해역 면적에 대한 갯벌 면적 비율이 작은 것으로부터(1% 미만) 하리마해협播磨灘에서 현재의 오염부하량과 영양염 농도 수준은 이미 생물생산 감소가 진행되고 있는 영역인 것으로 추측된다.

최근 「마을(고향)바다里海」는 정부시책에서 거론되어 인지도가 높아지고 있다. 또한 어업종사자들 사이에서도 그러한 개념이 중요하다고 인식하고 있는 사람도 많다(反田 등, 2013b). 해조류 서식장, 갯벌, 수심이 얕은 곳의 재생과 보전은 마을(고향)바다의 개념과 활동의 중요한 기둥이다(柳, 2010). 그러한 활동도 포함하여 해조류 서식장, 갯벌, 수심이 얕은 곳의 재생·보전과 영양염 관리를 동시에 실시해가는 것이 풍족한 바다의 재생에 있어 가장 중요하다고 필자는 생각한다.

인용문헌

赤井紀子·内海範子 (2012) 瀬戸内海産イカナゴの死亡と再生産に及ぼす夏眠期における高水溫飼育の影響. 日本水産學會誌, 78, 399-404.

有山啓之 (2004) 大阪灣におけるマコガレイの生態および資源 ②当歳魚, 1歳魚の現存量および小型魚再放流の評價. 大阪水試研報, 15, 36-39.

藤原建紀 (1983) 瀬戸内海水と外洋水の海水交換. 海と空, 59, 7-17.

藤原建紀 (2013) 生物と關係からみた瀨戸內海の水質の課題. 用水と廢水, 55(4), 68-76.

原田和弘 (2013) 養殖ノリ生産期における播磨灘の溶存無機態窒素(DIN) 濃度と養殖ノリ生産額の關係. 兵庫農技總セ研報(水産編) 43, 7-10.

星加 章 (2002) 海域環境の特徵とその推移-物理化學環境.「大阪灣の海域環境と生物生産」(城 久·星加 章·中辻啓二·辻野耕實·矢持 進·長田凱夫), 日本水産資源保護協會, 東京, pp.12-34.

兵庫縣ノリ漁場環境豫測モデル檢討委員會 (2007) 提言「兵庫縣における養殖ノリの色落ち被害を防ぐために」. 24p.

城 久 (1991) 大阪灣の開發と海域環境の變遷. 沿岸海洋研究ノ-ト, 29, 3-12.

城 久 (2002) 富榮養化と漁業生産.「大阪灣の海域環境と生物生産」(城 久·星加 章·中辻啓二·辻野耕實·矢持 進·長田凱夫), 日本水産資源保護協會, 東京, pp.104-111.

神山孝史·辻野 睦·玉井恭一 (1998) 夏季成層期の播磨灘海底における榮養鹽類溶出量. 南西水研報, 31, 33-43.

川井浩史·山西良平 (2011) 大阪灣の水環境-水質と底生生物相の變遷-. 瀨戸內海, 61, 8-13.

環境省 (2009) 負荷消減と水質改善の關係. 中央環境審議會水環境部會總量消減專門委員會(第2回), 資料 6.

神戸新聞明石總局 編 (1989) 明石さかなの海峽-鹿ノ瀨の素顔. 神戸新聞總合出版センタ-, 神戸, 207p.

日下部敬之·岡木繁好·玉木哲也·大美博昭·辻野耕實·反田 實 (2008) 大阪灣および播磨灘におけるイカナゴの資源管理に係る調査研究. 海洋と生物, 179, 827-831.

永田誠一·名角辰郎·中谷明泰·鷲尾圭司·眞鍋武彦 (2001)近年の播磨灘主要ノリ漁場の環境調査結果. 兵庫水試研報, 36, 59-73.

中村由行 (2010) 東京灣において豊かな海を實現するための今後の施策. 第10回 東京灣シンポジウム報告書, 國土技術政策總合研究所沿岸海洋研究部, pp.15-20.

南西海區水産研究所 (1977) 瀨戸內海における漁業資源と漁業の展望. 南西水研調査報告, 第1号, pp.34-49.

(社) 日本水産資源保護協會 (2006) わが國の水産業 いかなご(文責反田), pp.1-15.

Nizon, S.W. (2003) Replacing the Nile : Are Anthropogenic Nutrients Providing the Fertility Once Brought to the Mediterranean by a Great River? Ambio, 32(1), 30-39.

Salen-Picard, C., Darnaude, A.M., Arlhac, D. and Harmelin-Vivien, M.L. (2002) Fluctuations of macrobenthic populations : a link between climate-driven river run-off and sole fishery yields in the Gulf of Lions. Oecologia, 133, 380-388.

(社) 瀬戸内海環境保全協會 (2011) 平成 22年度 海域の物質循環健全化計畫検討 (播磨灘北東部地域検討) 業務報告書, pp.8-15.

(社) 瀬戸内海環境保全協會 (2012) 瀬戸内海の概況. 平成 23年度瀬戸内海の環境保全資料集, pp.1-2.

Sheffer, D. (1989) Alternative stable states in eutrophic, shallow freshwater systems : A minimal model. Hydrobiol. Bull., 23, 73-83.

住友寿明 (2008) 榮養鹽の減少が赤潮と藻類に及ぼす影響. 徳島水研だより, 68, 5-7.

武岡英隆 (2006) 沿岸海域における外洋起源榮養物質量の見積もり法とその問題點. 沿岸海洋研究, 43, 105 111.

反田 實 (1998) イカナゴと底質.「沿岸の環境圏」(平野敏之 監修), フジ·テクノシステム, 東京, pp.348-355.

反田 實 (2003) 瀬戸内海における榮養鹽環境のモニタリングと貧榮養問題への取り組みについて. 月間海洋, 45(8), 371-375.

反田 實·原田和弘 (2011) 貧榮養化への對策事例と將來への課題. 水環境學會誌, 34, 54-58.

反田 實·原田和弘 (2012) 瀬戸内海東部 (播磨灘)の榮養鹽環境と漁業. 海洋と生物, 199, 132-141.

反田 實·五利江重昭·原田和弘 (2013a) 瀬戸内海東部における漁業と環境の現狀. 漁業懇談會報, 62, 6-10.

反田 實·黑川優子·岡村武司 (2013b) 兵庫縣の漁業者む對象に行った里海アンケ-ト調査結果. 瀬戸内海, 66, 38-42.

反田 實·赤繁 悟·有山啓之·山野井英夫·木村 博·團 昭紀·坂本 久·佐伯康明·石田祐幸·壽 久文·山田卓郎 (2014) 瀬戸内海域の榮養鹽環境と漁業. 水産技術, 7, 37-46.

樽谷賢治·中嶋昌紀 (2011) 閉鎖性内灣域における貧榮養化と水産資源. 水環

境學會誌, 34, 47-50.

多々良 薫 (1981a) 內海·內灣漁業生物の生産力について. 南西水研報, 13, 135-169.

多々良 薫 (1981b) 基礎生産と漁獲量との關係. 南西水研報, 13, 111-133.

多々良 薫 (1981c) 內海における富榮養化の進行と漁業生産. 水産海洋, 38, 42-49.

多々良 薫 (1981d) 富榮養化の問題點-漁業種類別適榮養度. 「漁業からみた閉鎖性海域の窒素, リン 規制」(村上彰男 編), 恒星社厚生閣, 東京, pp.58-72.

Tian, Y., Kidokoro, H. and Watanabe, T. (2006) Long-term changes in the fish community structure from the Tsushima warm current region of the Japan/East Sea with an emphasis on the impacts of fishing and climate regime shift over the last four decades. Progress in Oceanography, 68, 217-237.

津田 覺 (1974) 環境科學ライブラリ-11 瀨戸內海域. 大日本圖書, 東京, pp.131-136.

辻野政夫 (2002) 魚種別 (主要種) にみた灣の生態的利用狀況. 「大板灣の海域環境と生物生産」(城 久·星加 章·中辻啓二·辻野耕實·矢持 進·長田凱夫), 日本水産資源保護協會, 東京, pp.90-97.

浮田正夫 (1998) 瀨戸內海への汚濁負荷. 「瀨戸內海の自然と環境」(柳 哲雄 編·合田健監修), 神戸新聞總合出版センタ-, 神戸, pp.178-198.

Yamamoto, T. (2003) The Seto Inland Sea - eutrophic or oligotrophic? Mar. Poll. Bull., 47, 37-42.

山本民次 (2005) 瀨戸內海が經驗した富榮養化と貧榮養化. 海洋と生物, 158, 203-213.

山本民次·松田 治·橋本俊也·妹背秀和·北村智顯 (1998) 瀨戸內海底泥からの溶存無機態窒素およびリン溶出量の見積もり. 海の研究, 7, 151-158.

柳 哲雄 (2010) 里海創生論. 恒星社厚生閣, 東京, 160p.

吉松定昭 (2012) 赤潮規模を指標とした赤潮發生の推移. 瀨戸內海, 63, 46-48.

제 5 장

세토내해瀨戸內海의 거머리말 서식장 변화 - 생태계 구조의 히스테리시스

호리 마사카즈堀正和·타르타니 켄지樽谷賢治

5.1. 서론

연안역은 산호초와 맹그로브 숲, 해조류 서식장과 갯벌 등 중요한 생태계를 많이 포함하고 있어서 해양에서 단위면적당 생물 다양성과 생태계 기능이 가장 높은 해역이다. 연안역은 해양 면적의 불과 9% 밖에 되지 않지만, 연안역의 총 일차생산량은 해양 전체의 약 1/4를 차지하고 있다(Duarteand Cebrian, 1996). 연안역의 생태계 서비스 가치 계산에서 판명되어 있는 생태계 서비스만으로도 단위 면적당 외양역의 약 16배이며, 지구 전체 면적으로 확대하면 외양역의 1.5배가 되는 것으로 알려져 있다(Costanza et al., 1997). 현재는 생태계의 다양한 가치에 대해 과학적으로 보다 적절한 평가 방법이 고안·정리되고 있어서(Barbier et al., 2011) 해양에서 연안역의 중요성은 계속 커지고 있다.

이러한 높은 가치 때문에 연안역은 고대로부터 인간활동의 장소로서 이용되어 왔다. 특히 내해와 내만 부분은 해양환경도 평온하기 때문에 도시와 공업지역으로도 개발되었고, 그 결과로 자연해안과 도시·공업지역이 서로 섞여있는 복잡한 경관을 보이게 되었다. 즉 자연의 혜택을 이용하는 것뿐만 아니라(수동적인 이용), 개발하여 적극적으로 이용하는 것을 선택해 온 것(능동적인 이용)을 의미한다. 이에 따라 하천 유입을 통한 수질오염 등 다양한 요인에 기인하는 환경변화가 표면화 되었다. 이 때문에 생태계 기능과 서비스 악화에 더하여 안정적·지속적 이용에 필수 요인인 생물 다양성에 미치는 영향도 우려되기 시작하였다(堀 등, 2007). 최근에는 해양기본계획에서 생물 다양성 보전과 생태계 서비스의 지속적 이용의 양립이 명기되어 있으며, 또한 2012년에는 IPBES(The Intergovermmental Science-Policy Platform on Biodiversity; 생물 다양성 및 생태계 서비스에 관한 정부간 과학정책 플랫폼)의 설립 등에서 나타나듯이 국제적 프레임에 의한 다양성 보전과 생태계 서비스의 지속적 이용의 양립을 목표로 하는 해역관리가 요구되고 있다.

이 장에서는 오랫동안 영양염을 규제하는 방식으로 해역관리가 실시되어 온 세토내해瀬戸内海를 중심으로 부영양 상태에서 빈영양화로 전환되는 과정에서 수반되는 생물군집과 생태계 서비스의 변화에 대해 논의하겠다. 특히, 영양염 농도의 감소가 투명도 개선을 촉진하고, 그 효과가 좋은 쪽으로 작용하는 저서생태계 변화에 대해서 거머리말 서식장을 사례로 소개하겠다.

5.2. 연안역의 히스테리시스 - 표영생태계와 저서생태계의 관계

연안역의 생태계 기능을 관장하는 생물생산과 생물 다양성은 주로 식물플랑크톤을 기반으로 하는 표영생태계와 저서해조류·해초류를 기반으로 하는 저서생태계에 의존하며, 양쪽 생태계가 밀접하게 관여하면서 구성되어 있다. 이 두 생태계의 관계는 과거에는 benthic(저서)-pelagic(표영) coupling으로 불리어 상호 보상하는 관계인 것이 강

조되어 왔다(Menge et al., 1997). 그렇지만 최근에는 연안역의 부영양화 문제와의 관련으로부터 보상관계 보다는 오히려 경쟁관계인 것에 주목되었고, 그 관계는 많은 경우 히스테리시스 상태인 것이 해명되고 있다(Petraitis, 2013).

히스테리시스란 어떤 계(system)의 상태가 현재 발생하고 있는 현상의 영향뿐만 아니라 과거에 일어난 현상의 영향을 지속적으로 받으면서 변화하는 것을 말하며, 생태학에서는 catastrophic shift, regime shift라고 하는 경우도 있다(p.181 BOX 참조). 히스테리시스는 많은 경우 2개의 계(system)가 평형으로 존재하는 그림 5-1과 같은 곡선이 된다. 어떠한 생태계가 또 다른 생태계로 변화하는 경우와 그 반대 방향으로 변화하는 경우에는 원래 존재하였던 생태계의 이력을 끌고 가는 것에 의해 임계점이 서로 달라진다. 게다가 각각의 계(system)에서 안정화되는 평형상태에 있기 때문에 그 임계점을 넘기 위해서는

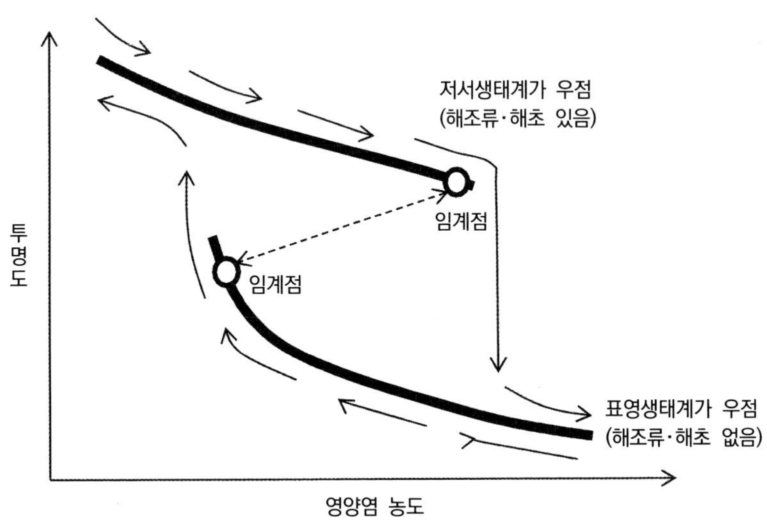

그림 5-1. 연안역에서 상정되는 hysterisis 모식도. 堀 등(2014)를 수정

큰 작용이 필요하다. 히스테리시스는 호수와 하천 또는 사막 등 비교적 폐쇄적인 생태계에서 발생하는 것으로 알려져 왔다.

이러한 연구는 2000연대를 중심으로 활발하게 이루어졌으며, 당시의 논의에 대해서는 Sheffer et al.(2001)을 비롯하여 加藤(2005) 등이 친절하게 해설하였다. 한편으로 당시 연안역을 대상으로 한 논의에서는 반폐쇄적 또는 개방적이며, 조석 유동 등도 빈번하게 일어나기 때문에 과연 이와 같은 현상이 확인될지는 반신반의 하였다.

이 히스테리시스를 연안역 전체 생물상 또는 물질순환에 적용해 보겠다. 우선 표영생태계가 우점하는 상태에서 저서생태계가 우점하는 상태로 바뀌는 경우에는 최초에 식물플랑크톤 현존량이 많기 때문에 휴면세포 형성과 종조성 변화 또는 Phenology(계절학, 생물의 계절변화)와 생활사 변화 등 식물플랑크톤 스스로가 현존량을 유지하기 위한 대응이 가능하다. 즉 영양염 변화에 대한 현존량의 자기 안정화 작용(이력효과履歷效果)이 작동하기 때문에 영양염 농도의 임계점은 자기 안정화 작용이 작동하지 않는 경우보다도 낮아진다. 반대로 저서생태계가 우점하는 상태에서 표영생태계가 우점하는 상태로 바뀌는 경우에는 처음에 해조류 서식장 면적과 현존량이 크기 때문에 퇴적물을 안정화시켜 재현탁을 방지하고, 투명도를 유지하거나 또는 영양염이 물속으로 회귀하는 것을 억제하는 등 식물플랑크톤 보다 해조류 서식장이 유리하게 되는 수질조건을 유지할 수 있다. 또는 현존량이 많기 때문에 대량으로 신속하게 종자를 형성하여 어떠한 요인에 의해 일시적으로 현존량이 감소하더라도 급속하게 회복될 수 있는 메커니즘이 작용하는 경우도 있다. 이러한 자기 안정화 작용에 의해 한층 더 부영양화에도 견딜 수 있게 되며, 이 때문에 임계점이 높아진다는 개념이다.

BOX

용어해설 - 히스테리시스, 카타스트로픽 시프트, 레짐 시프트

이 책에서 많이 나오는 용어의 하나로 「히스테리시스」가 있다. 히스테리시스와 거의 동의어인 용어로 「catastrophic shift」와 「regime shift」가 있지만 구분하는 법이 사람에 따라 다르기 때문에 아래에 용어의 정의 및 세 용어의 관계, 사용방법에 대해 정리하였다.

1. 히스테리시스(Hysteresis)

현재는 생태학 용어이기도 하지만, 원래는 물리학의 전기회로에서 사용되는 용어로 일반성은 높다. 「이력효과」로 번역되는 경우가 많으며, 생태학 관련 서적에서도 「히스테리시스」, 「이력효과」 양쪽 모두 흔히 사용되고 있다. 일반적으로는 어떠한 계(system)의 상태가 현재 발생하고 있는 현상의 영향뿐만 아니라 과거에 일어난 현상의 영향을 계속 받으면서 변화하는 것을 말한다. 예를 들어 x축에 주어진 독립변수가 小→大로 변화하는 경우와 大→小로 변화하는 경우에 y축 종속변수의 변화가 각각의 이력의 영향에 의해 서로 다른 곡선이 된다. 곡선의 변화율이 큰 경우 2개의 곡선은 매우 크게 괴리乖離하게 된다.

2. 카타스트로픽 시프트(Catastrophic shift)

「비연속인 돌발적인 변화」라는 의미이며, 일반적으로 흔히 사용되는 말이다. 생태학에서는 생물상相(종 조성)과 농도가 급격하게 변화하는 경우에 사용된다.

3. 레짐 시프트(Regime shift)

1980년대에 카와사키 켄川崎健 박사에 의해 처음 사용되었으며, 현재는 전 세계 어류 생태학자가 선호하며 사용하는 말이다. 대기-해양계의 주기적 변동이 해양생태계에 영향을 미치고 나아가서는 생태계의 높은 차원에 있는 어류자원의 변동을 일으키는 현상을 가리킨다. 다만 그 이전부터 생태학 분야에서는 같은 현상을 Alternative stable states와 Catastroph theory라고 일반적으로 부르고 있으며, 이러한 것들이 처음 사용되었던 것은 1960년대 후반부터 1970년대 였다. 이러한 이론에서는 레짐에 피드백 현상 등 그 상태로 머물려고 하는(안정화하려고 하는) 힘이 작용하고 있는 것을 전제로 하고 있으며, 그 레짐의 힘을 넘는 힘이 작용한 경우 또 다른 레짐으로 변화한다고 한다. 현재는 이 해석의 연장선 상에 레짐 시프트가 위치하고 있기 때문에 레짐 시프트라는 것은 「평형점에 있는 레짐 사이를 비선형으로 변화하는 현상」으로 되어 있다. 앞서 설명한 히스테리시스와 카타스트로프는 이 레짐 시프트에서 비선형 변화 과정의 하나라고 말할 수 있다.

따라서, 이 장의 표영계와 저서계의 이야기를 사례로 들면 평형점인 어떠한 phase(표영생태계와 저서생태계) 사이를 변화하는 현상이 레짐 시프트, 이 때 돌발적으로 비선형으로 변화가 일어난다면 그 과정은 카타스트로픽으로 발생하고 있으며, 그 카타스트로프는 히스테리시스에 기인하고 있다고 하는 것이 된다.

연안역 해조류 서식장은 생물 다양성의 보고로 불리며, "바다의 요람"이라는 말로 대표되듯이 높은 생물생산으로 연안역 생태계 기능을 떠받치는 중요한 생태계인 것으로 알려져 왔다. 그러나 1950년 이후 전 세계 각지에서 수질 오염과 매립 등에 의한 악화가 진행되었고, 최근에는 온난화에 따른 환경변동의 영향도 복합적으로 작용하여 서식장의 분포가 크게 감소되어 왔다. 이 때문에 최근에는 일본 각지에서도 환경에 대한 배려가 착실하게 진행되어 해조류 서식장과 수질환경을 재생하는 활동이 이루어지게 되었다. 그 중에서도 세토내해瀬戸内海는 「세토내해瀬戸内海 환경보전특별조치법」(以下, 세토내법瀬戸内法) 제정 이후 부영양화가 완화되어 수질개선이 확실하게 진행되어 온 해역이다.

그러나 최근에는 그와 반대로 빈영양화에 따른 어업생산 감소가 문제시되어 영양염 농도를 높이는 것도 검토되고 있다. 확실히 부영양화가 발생했던 시대에도 확실하게 어업생산이 확보된 김 양식, 식물플랑크톤을 이용하는 굴 양식 등 또는 다른 이매패류를 대상으로 한 어업 등에서는 빈영양화가 큰 문제가 되었을 것이다. 또한 어류가 대상인 해수면 어업에서도 부영양화가 격렬했던 1970~1980년대에 어획량이 많아서 마치 세토내해瀬戸内海의 저서생태계는 어업생산에 기여하지 않는 것처럼 보인다. 이것은 위에서 설명한 해조류 서식장 생태계에 대한 일반론과 상반되는 현상이다.

이 원인은 세토내해瀬戸内海 어업대상의 어종 조성에 있다. 1960년 이후 부영양화에 의해 증가한 어업생산은 그 대부분이 표영생태계에서 유래하는 어종으로 구성되어 있었다(瀬戸内海環境情報センタ-, 2014). 멸치를 비롯하여 까나리와 정어리 그리고 이러한 어종을 먹이로 하는 방어, 갈치, 삼치 등이 그 대표적이다. 또한 식물플랑크톤을 먹이로 하는 바지락과 대합 등의 이매패류도 포함된다. 한편, 전갱이류와 저서생태계에서 유래하는 오징어·문어류, 참돔 등은 그와 반대로 이 시기에는 적었고, 해조류 서식장이 회복되기 시작한 1990년대 후반부터 2000년 이후에 생산량이 증가하고 있다(せとうちネット, 2014). 참돔의 경우는 재배어업의 성과도 포함되어 있다고 하지만, 생활사의 한 시기를 해조류 서식장에 의존하는 종은 부영양화의 완화와 함께 자원량이 증가하는 경향을 확인할 수 있다. 아무튼 이러한 어업생산의 문제까지 포함하여 현재의 빈영양화에 따른 생태계 서비스 변화를 밝히기 위해서는 연안역의 생태계 구조와 생태계 기능과의 관계에서 표영생태계와 저서생태계 양쪽의 역할 차이를 구별한 논의가 이해를 깊게 할 것으로 생각된다.

따라서 다음 절부터는 주요한 저서생태계인 해조류 서식장의 변천을 명확하게 파악하는 것을 목적으로 하였다. 특히 수질개선에 따른 (1) 최신의 해조류 서식장 면적의 증감에 대한 파악, (2) 생태계 기능과 서비스 변화의 평가와 같은 두 가지에 초점을 맞추었다. 우선 5.3.1에서는 전국적으로 수질개선에 따른 해조류 서식장 면적의 증감 상황을 파악하였고, 대상이 되는 세토내해瀬戸内海 해조류 서식장 변화의 특징을 파악하는 것과 함께 특히 세토내해瀬戸内海 거머리말 서식장에 대해 상세한 변화를 조사한 결과를 소개하였다. 다음으로는 세토내해瀬戸内海 거머리말 서식장을 대상으로 최근의 거머리말 서식장 회복에 따른 생태계 서비스 변화에 대해 정리하였다. 그리고 5.3.2에서는 주요한 조정 서비스인 거머리말 서식장에 의한 탄소흡수와 고정에 주목하여 살펴보았다. 이것은 해양기본계획에도 “지구온난화 대책의 일환으로 이산화탄소 회수·저장 기구機構”로 명기되어 향후 연안 해양 관리의 중요 사항으로 거론되고 있다. 다음으로 5.3.3에서는 거머리말 서식장의 주요한 공급 서비스이기도 하며, 빈영양화 문제에서 중요한 안건으로 되어 있는 어업생산량 변화에 대해 어떠한 하나의 사례를 바탕으로 기술하였다. 마지막 5.3.4에서는 거머리말 서식장의 주요한 문화서비스로서 해조류 서식장 회복과 동시에 최근 활발해지고 있는 루어낚시의 상황에 대해 정리한 결과를 소개하였다.

5.3. 해조류 서식장의 변천

5.3.1 해조류 서식장 면적의 현황 파악

거머리말 서식장은 다양한 생태계 서비스를 발휘하지만, 그것들을 크게 정리하면 7개로 분류할 수 있다(水産庁, 2014). 거머리말의 높은 일차생산력에 기인하는 ① 수질정화(영양염 흡수), ② 이산화탄소 흡수·고정, ③ 원재료의 공급, 거머리말 서식장의 물리적 구조에서 기인하는 ④ 파랑의 경감·해안선 보호, 이들 양쪽의 복합적인 작용인 ⑤ 생물 다양성 유지, ⑥ 식량 생산, ⑦ 레크리에션 장소 등의 제공이다. 모든 서비스에서 거머리말 1포기당 일차생산량 및 거머리말 포기 밀도와 면적의 확장과는 밀접하게 관계하고 있다. 이 때문에 거머리말 서식장의 생태계 서비스 전모를 이해하기 위해서는 해조류 서식장 면적 현황을 파악할 필요가 있다.

2011년을 기준으로 한 전국의 해조류 서식장 면적을 모자반, 다시마, 대황·감태, 거머리말로 구분하여 각각을 홋카이도北海道, 토호쿠東北, 태평양, 동해, 세토내해瀬戸内海, 동중국해, 난세이南西제도 등 각 해역별로 집계한 사례가 있다(堀 등, 2014). 이 사례에서는 1990년 당시 환경청에 의해 집계된 결과와 비교하여 모자반 서식장 면적은 해역에 따라 조금 감소하고 있으며, 다시마와 대황·감태류 면적은 크게 감소하고 있는 경향이 확인되었다. 이들 대형 갈조류의 해조류 서식장은 최근 백화현상이 진행되어 해조류 서식장 면적의 대폭적인 쇠퇴가 현장조사로부터도 보고되어 있으며, 이러한 경향과 일치하는 결과였다. 한편으로 거머리말 서식장 면적은 많은 해역에서 증가하고 있으며, 특히 호카이도北海道 및 세토내해瀬戸内海에서 큰 폭의 증가가 확인되었다.

이 거머리말 서식장 면적 증가에 대해 세토내해瀬戸内海를 사례로 상세하게 살펴보았다. 그림 5-2는 필자들이 堀 등(2014)과 같은 방법으로 인공위성 영상에서 추출한 거머리말 서식장 면적의 집계 결과와 기존 자료를 이용한 1970년대 후반 및 1990년 전후의 집계 결과를 해협灘별로 나타낸 결과이다. 오사카만大阪湾, 키이수도紀伊水道 등 세토내해瀬戸内海 동부와 히로시마만広島湾에서는 1990년대부터의 증가 경향이 나타나지 않았지만, 비산세토備讃瀬戸, 빈고게이요세토備後芸予瀬戸, 스오해협周防灘, 이요해협伊予灘 등 세토내해瀬戸内海 서부해역에서는 현저하게 증가하는 것을 확인할 수 있다. 아마도 동부해역에서는 1990년대 시점에서 분포 면적이 조금밖에 남지 않았기 때문에 이 적은 면적에서 새롭게 분포를 넓혀가는 것이 곤란하였다는 것, 해안선 대부분이 도시부이기 때문에 인공해안이 많아 거머리말이 살 수 있는 얕은 곳이 적은 것, 또한 대도시 근교라서 해수 투명도가 낮아 깊은 곳으로도 분포를 확장할 수 없었던 것 등이 원인이 되어 분포의 변화가 적은 것으로 생각된다. 즉 동부는 거머리말이 분포를 확장할 수 있는 잠재적인 장소가 적다는 것을 시사한다. 한편, 서부해역은 섬 안쪽부분 등에 자연해안이 많이 남아 있고, 얕은 곳 또는 깊은 곳에 거머리말이 분포를 확장할 수 있는 장소가 존재하는 것으로 추측할 수 있다.

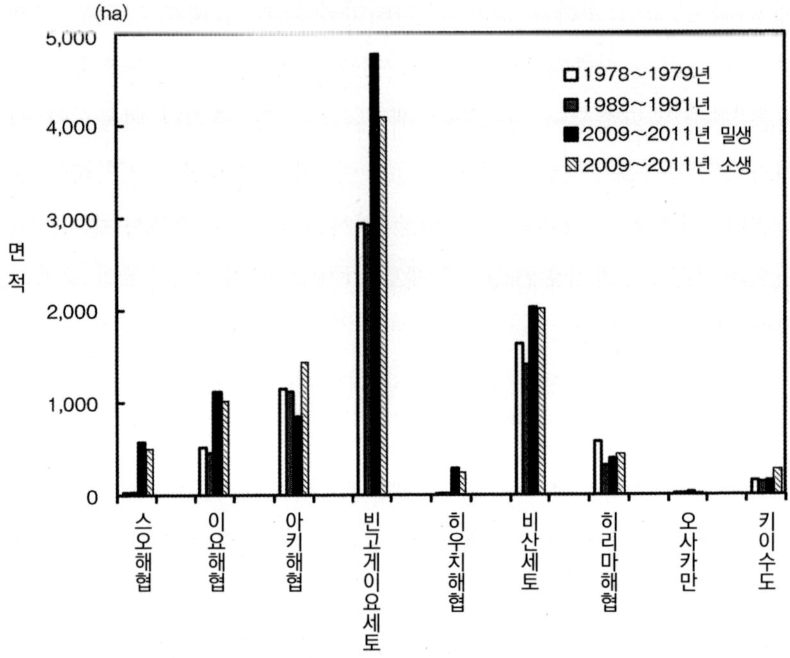

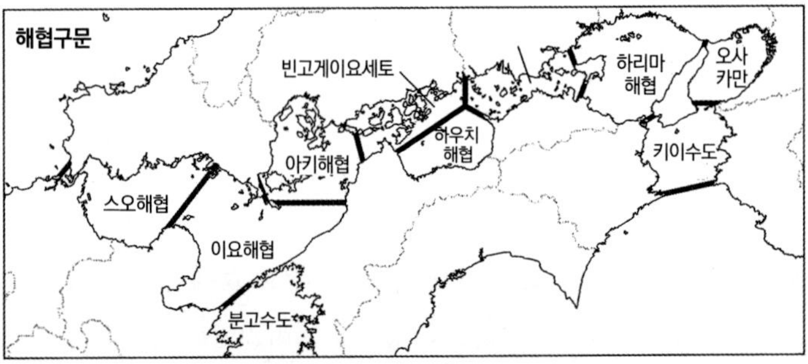

그림 5-2. 세토내해瀬戶內海의 해협灘별 거머리말 서식지 면적 변화.

해협灘 구분은 吉田 등(2010)을 일부 수정, 농림수산성의 어획통계자료 해협灘의 지역 구분을 준용. 1978~1979년 자료는 환경청 제2회 자연환경보전기초조사, 1989~1991년 자료는 제4회 자연환경보전기초조사, 2009~2011년 자료는 인공위성(ALOS) 영상으로 분석한 면적을 나타내고 있다. 인공위성영상 분석에서는 포기의 밀도가 높고, 분포범위를 명확하게 식별할 수 있는 거머리말 서식지(밀생密生)에 더하여, 포기의 밀도가 낮고, 해상에서 눈으로 살펴보았을 때 분포범위가 명확하지 않은 천이과정에 있는 거머리말 서식지(소생疎生)도 식별 가능하도록 분리하여 기재하였다. 과거 환경청에 의한 조사에서는 탐문에 의한 분포조사가 포함되어 있기 때문에 해상에서 눈으로도 명확하게 식별 가능한 거머리말 서식지(밀생密生)와 비교하는 것이 타당하다고 생각된다.

세토내해瀨戶內海 거머리말 서식장 변화를 수심별로 살펴보면, 4m 이상의 깊은 곳에서 면적이 증가하였고, 역으로 얕은 곳에서는 감소하는 경향을 확인할 수 있었다(그림 5-3). 거머리말 서식장 분포 수심의 한계는 일반적으로 빛 환경에 의해 제어되기 때문에 투명도가 개선되어 세토내해瀨戶內海 서부의 거머리말 서식장이 증가했을 가능성이 높다고 할 수 있다. 적조 등 식물플랑크톤 밀도의 감소, 물속 현탁물질의 감소 등 투명도 개선에 관여하는 몇몇 요인이 거론되어 있지만, 그 대부분은 세토내법瀨戶內法 규제의 성과일 것이다. 그 한편으로 얕은 곳의 분포 면적 감소는 매립 등에 의한 직접적인 서식장 감소가 가장 큰 요인으로 거론된다. 세토내법瀨戶內法에는 원칙적으로 매립 금지도 포함되어 있었지만, 법제정 후에도 매립이 계속되어 금지 후에만 약 13,000ha의 얕은 곳이 소실되었다. 이 면적은 당시 세토내해瀨戶內海 전체 거머리말 서식장 면적의 약 2배에 해당된다.

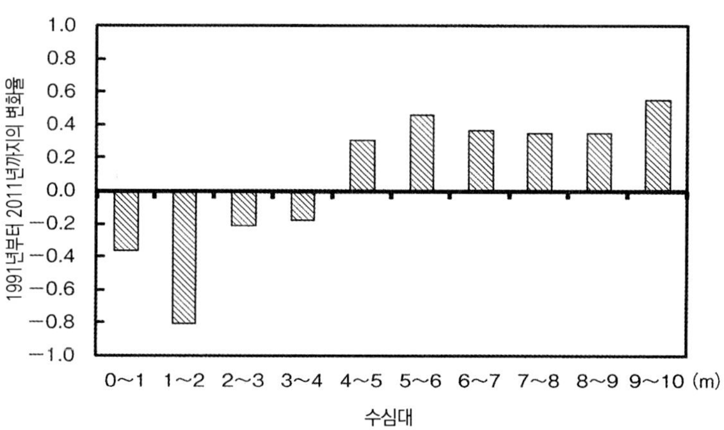

그림 5-3. 수심별 거머리말 서식지 면적 변화율.

1990년 자료는 환경청 제4회 자연환경보전기초조사(1989~1991년에 실시)의 집계결과, 2011년 자료는 인공위성 영상(2009~2011년에 촬영) 분석결과의 집계결과를 이용하였다. 값이 플러스(+)이면 1991년부터 증가하고 있는 것을 나타내고, 마이너스(−)이면 감소하고 있는 것을 나타낸다. 堀 등(2014)를 수정

또한 여름철 해수 수온의 상승으로 얕은 곳에서의 서식 적지 감소도 그 요인으로 생각할 수 있다. 거머리말은 일반적으로 해수 수온이 28℃를 넘으면 고사가 시작되는 것으로 알려져 있으며(水産庁・マリノフォ - ラム21, 2007), 저자들이 히로시마만広島湾에서 관측한 결과에서도 거머리말 서식 가능한 수심인 수심 3m 보다 얕은 곳에서 28℃를 넘는 날이 많았다. 즉 세토내해瀬戸内海 거머리말 서식장은 원래 서식장소인 얕은 곳으로부터 투명도에 의한 분포가 영향을 크게 받아 깊은 곳으로 서식장소를 바꾸어 가고 있다는 것을 시사하고 있다.

5.3.2. 거머리말 서식장의 조정 서비스

거머리말 서식장 생태계 서비스 중 탄소 흡수·고정 기능에 대해서는 연안역에서 중요한 블루카본(blue carbon)으로써 인식되어 있다(Nelemann et al., 2009). 블루카본이란 해조류와 해초 또는 식물플랑크톤에 의한 광합성 등 해양생태계가 이산화탄소를 흡수하고, 이 탄소를 생물이 이용하는 과정에서 생태계에 축적되는 탄소량을 말한다. 해양이 고정하는 탄소는 육상보다 많으며(해양:육상=7:3), 이 중에서도 전체 해양 면적의 0.2% 밖에 되지 않는 연안역에서 50% 이상이 고정되는 것으로 알려져 있다.

여기서 말하는 흡수량이란 해조류·해초와 식물플랑크톤 등 식물이 광합성으로 흡수한 탄소량을 말하며, 고정량이란 흡수된 탄소가 해저퇴적물이 되거나 심해로 침강하여 장기간 보존되는 탄소량을 가리킨다. 이것은 육상의 나무가 축적하는 탄소량 「그린카본(green carbon)」에 해당하며, 해조류·해초와 식물플랑크톤이 흡수한 탄소량 중 생물의 호흡과 미생물에 의한 분해 등으로 해양에서 대기로 방출되는 탄소량을 뺀 것으로 계산된다. 해양에 장기간 저장된다는 이유에서 블루카본 싱크(sink)라고도 불린다. 특히 연안역에서도 염생습지, 맹그로브숲, 거머리말 서식장에서 그 작용이 크고, 미래 기후변화 대책에서도 중요시되고 있는 생태계 서비스이다.

거머리말 서식장에서 탄소 흡수·고정량에 대해서도 해조류 서식장 면적과 마찬가지로 세토내해瀬戸内海를 대상으로 평가가 이루어졌다(独立行政法人水産総合研究センター, 2014a). 구체적으로는 세토내해瀬戸内海 거머리말 기원 탄소의 거동을 파악하기 위하여 우선 거머리말 서식장 내부를 대상으로 거머리말에 의한 탄소 흡수량(성장량)·고정량(퇴적량)·분해량을 현장조사와 수치모델로 추정하였다. 그 결과를 바탕으로 그림 5-4와 같이 거머리말 서식장 외부로 유출된 거머리말 유래 유기탄소의 이류·확산을 계산하였고, 그 거동에 대해 세토내해瀬戸内海 전체 해역을 대상으로 한 유동모델로 시뮬레이션을 실시하였다.

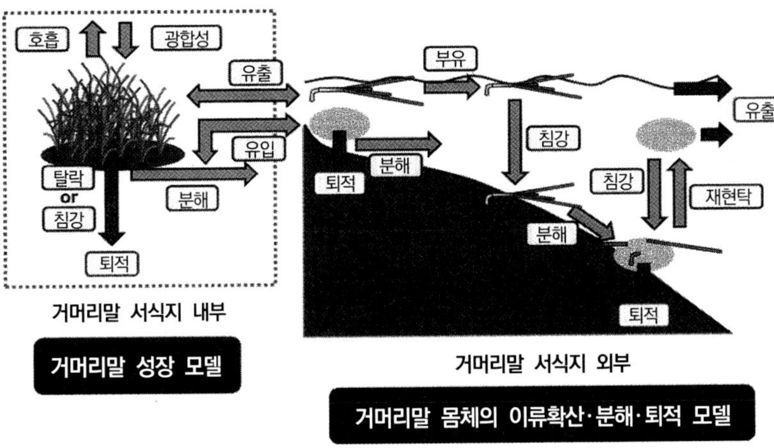

그림 5-4. 거머리말 유래 유기탄소가 세토내해瀬戸内海로 확산되는 상황을 예측한 탄소거동 모델 개요.
거머리말 서식장 내에서 거머리말에 의해 유기화된 탄소 중 그 일부가 거머리말 몸체 그대로 서식장 외부로 수송되는 경우와 거머리말 서식장 내에서 분해된 후 현탁태 유기물로서 거머리말 서식장 외부로 수송되는 경우에 대해서 나타내었다. 独立行政法人水産総合研究センター(2014a)를 수정.

이 평가에서는 세토내해瀬戸内海 거머리말 총 생산량의 약 41%가 1년 후에도 분해되지 않고, 세토내해瀬戸内海 퇴적물로 퇴적되는 것으로 추정되었다. 그 대부분은 거머리말 서식장 내부와 그 주변해역에 퇴적되지만, 거머리말 서식장 외부로 방출된 유기탄소도 히우치해협燧灘과 히로시마만広島湾 내부에 적지 않게 퇴적되는 결과가 얻어졌다. 총 생산량의 8%는 세토내해瀬戸内海로부터 외양으로 유출되고, 그 대부분은 심해로 침강하여 고정되며, 나머지 51%가 분해되어 생물생산으로 회귀되는 것으로 추정되고 있다.

그러면 1990년과 2011년 사이 세토내해瀬戸内海 거머리말 서식장에서 탄소 흡수·고정량은 어느 정도 변화하였을까? 거머리말 1포기당 성장량은 생육환경이 개선된 2011년 시점에서 클 것으로 생각되지만, 연대 차이 보다도 오히려 같은 연대에서의 장소간 변화가 크기 때문에 이러한 연대 차이에 의한 영향은 통계적으로 의미가 없을 가능성이 있다. 그래서 단순하게 거머리말 서식장 면적 변화만을 고려했을 때 세토내해瀬戸内海 거머리말 서식장에서는 2011년 시점에서 연간 탄소 흡수량은 1990년과 비교하여 2.0~3.1배 증가한 것으로 추정되었다. 따라서 부영양화 영향이 강했던 시대와 비교하여 거머리말에서 유래하는 탄소 퇴적량은 연간 약 15,000~20,000톤 증가하였고, 세토내해瀬戸内海에서 심해로 유출된 양은 약 3,000~4,000톤 증가했다는 계산이 된다. 표 5-1에 그 계산결과를 나타내었다.

세토내해瀬戸内海 해조류 서식장에 의한 일차생산량은 1990년 시점의 계산에서 식물플랑크톤에 의한 일차생산의 약 수%~10%로 계산되었다(橋本 등, 2009). 2011년 시점에서 식물플랑크톤에 의한 일차생산량이 1990년과 동등하다고 가정한 경우 위에서 말한 2011년의 연간 탄소 흡수량을 이용하여 시험적으로 계산하면, 그 비율은 최대 20~

표 5-1. 세토내해瀨戶內海의 거머리말 서식장 면적과 연간 탄소 흡수량, 퇴적량, 유출량 계산

2011년 세토내해 거머리말 서식장에서 흡수된 탄소량	73,000 tonC
퇴적량(41%)	30,000 tonC
유출량(8%)	6,000 tonC
1990년부터 2011년에 세토내해 거머리말 서식장 면적이 2배로 된 경우	
추정된 1990년 당시의 흡수량	36,000 tonC
퇴적량(41%)	15,000 tonC
유출량(8%)	3,000 tonC
1990년부터 2011년에 세토내해 거머리말 서식장 면적이 3.1배로 된 경우	
추정된 1990년 당시의 흡수량	24,000 tonC
퇴적량(41%)	10,000 tonC
유출량(8%)	2,000 tonC

30%까지 증가한 것으로 예측되었다.

실제로는 빈영양화에 따라 식물플랑크톤의 일차생산량이 낮아지고, 저서생태계에 의한 일차생산의 비율은 더욱 커져있을 것이다. 현화식물인 거머리말은 해조류와 같이 잎뿐만 아니라 뿌리로부터도 영양염을 흡수할 수 있다. 따라서 영양염 농도가 낮아진 상태에서는 식물플랑크톤에 의한 일차생산량이 감소하는 한편, 퇴적물의 영양염을 이용할 수 있는 거머리말이 유리한 것은 당연하다고 할 수 있다. 물론 식물플랑크톤이라도 대형 종은 침강하여 저층 부근에서 용출된 영양염을 이용할 수 있는 종이 있다. 그러나 거머리말이 존재하는 장소에서는 거머리말이 퇴적물을 눌러서 입자의 재현탁을 억제하기 때문에 이 경우도 거머리말이 식물플랑크톤에 비해 유리할 것이다.

다음으로 고차 생산으로의 기여에 대해 생각해보겠다. 블루카본 고정량은 일차생산량에서 이차적인 생산·분해에 이용된 양을 뺀 값으로 산출되기 때문에 역으로 흡수량에서 고정량을 빼면, 생물생산에 이용되는 탄소량이라는 해석도 가능하다. 이렇게 하면 2011년의 저서

생태계에서 생물생산으로 이동한 탄소량은 37,000톤이 되며, 결과적으로 1990년의 19,000톤에서 25,000톤으로 증가한 것이 된다. 물론 이 값에는 무기화된 탄소도 포함된다. 이 때문에 모든 것을 고차 생산량으로 할 수 없지만, 세토내해瀬戸内海 전체 어업생산량이 2007년 당시 약 190,000톤 이었다고 생각하면 적지 않은 증가량이라고 할 수 있다.

이 거머리말의 증가에 추가하여 인공위성 영상 해석에 의한 면적 평가에서는 모자반류 분포 범위도 증가했으며, 이 증가도 저서생태계의 고차 생산으로의 기여율에 공헌하고 있을 것이다. 해조류에 대해서는 상세한 조사가 되어 있지 않아서 세부사항은 명확하지 않지만, 아마도 현재의 영양염 농도는 해조류 성장에는 불리하지만 면적을 감소시킬 정도는 아니며, 그것보다는 투명도 개선에 의한 면적 증가의 효과 쪽이 강할지도 모른다.

5.3.3. 거머리말 서식장에 관련된 어업생산의 변화

위에서 기술한 것처럼 세토내해瀬戸内海의 어업 대상종은 표영생태계에 의존한 어종이 많다. 이 때문에 빈영양화에 따른 표영생태계의 일차생산성 저하는 어업생산 감소로 직결되었을 것이다. 한편으로 저서생태계인 거머리말 서식장의 회복은 정말로 어업생산에 기여하고 있지 않는 것일까?

세토내해瀬戸内海에서 거머리말 서식장 분포 면적의 증가가 현재 모습으로 바뀐 것은 2005년 전후부터였으며, 아직 15년도 경과하지 않았다. 이 때문에 세대 시간이 긴 어종, 그 대부분은 고차 소비자에 해당하지만, 분포 면적 증가에 충분히 따라가지 못했을 가능성을 생각할 수 있다. 한편으로 위에서 설명한 오징어·문어류는 얼마 되지 않는 저서생태계에 의존하는 어업 대상종이며, 세대 시간이 짧기 때문에 최근의 분포 면적의 변동에도 대응하고 있을 가능성이 있다.

이 거머리말 서식장 분포의 면적과 어획량의 관계에 대해 거머리말 서식장의 회복이 현저한 오카야마현岡山県 아래쪽의 해역에서 평가한 사례를 소개하겠다(独立行政法人水産総合研究センタ-, 2014b). 명확하게 갑오징어 종류와 중하(*Metapenaeus joyneri*)·모래새우(*Metapenaeus ensis*) 종류 등 세대 시간이 비교적 짧은 어종은 최근 5년 동안 증가하는 것이 보고되었다. 또한 거머리말 서식장 주변에 설치된 소형 정치망에서 어획되는 어종에서 소위 잡어로 불리는 소형 어류의 어획량은 그 대부분이 같은 경향을 나타내었으며, 전체 어종의 약 50%가 증가하는 경향을 나타내었다.

물론 어업생산에 집적적인 관여만이 거머리말 서식장의 기능은 아니다. 자치어의 육성 등 일반적으로 인지되고 있는 "요람" 기능이 어획량에 반영되기까지는 조금 더 시간이 걸리는 것 같다. 현재 상태에서는 이러한 거머리말 서식장의 기능을 아직은 확인할 수 있는 단계가 아닌 것인지? 또는 거머리말 서식장에서 유래한 일차생산이 저차생산 단계에서 이미 최고에 도달해버렸기 때문에 고차 생산까지 기여하는 것이 없는 것인지? 단지 거머리말 서식장 분포 면적의 증가가 나타난 것뿐인 현 단계에서는 판단하기 어렵다.

5.3.4. 거머리말 서식장의 문화서비스 변화

최근, 거머리말 서식장 회복에 병행하여 융성해진 문화 서비스에 루어낚시가 있다. 주요 대상 어종은 볼락, 농어, 흰꼴뚜기 등 3종이며, 투명도가 개선됨에 따라 해조류 서식장이 증가하여 낚시터도 함께 증가하고 있는 것 같다. 또한 이들 3개 어종은 시각으로 먹이생물을 인식하는 경우가 많기 때문에 투명도 개선이 직접적으로 루어낚시 증가에 관련하고 있는 것으로도 알려져 있다. 따라서 루어낚시 현황을 파악하고, 대략적이지만 그것의 경제적 가치를 낚시에 관련된 비용의 측면으로 계산을 시도하였으므로 그 결과를 소개하겠다.

우선 세토내해瀬戸内海에서 루어낚시 대상 어종인 위의 3개 어종에 대한 정보가 게재된 낚시잡지 약 80권으로부터 각 어종의 낚시터 위치 정보를 수집하고, 세토내해瀬戸内海 전 해역에서 GIS 위에 집계하였다. 그 결과 볼락 낚시터가 4,248지점, 농어가 2,486지점, 흰꼴뚜기가 2,767지점 존재하였다(그림 5-5). 이 낚시터의 위치와 2011년의 거머리말 서식장 분포를 겹쳐 각 낚시터 반경 100m 이내에서 거머리말 서식장이 포함되는 낚시터와 포함되지 않는 낚시터로 구분하였다. 그 결과 거머리말 서식장을 포함하는 낚시터는 볼락에서 약 85%, 흰꼴뚜기에서 약 90%, 농어에서 약 60% 였다. 이 결과는 적어도 볼락과 흰꼴뚜기 낚시터 수는 거머리말 서식장에 의존하고 있다는 것을 시사하고 있다.

다음으로 낚시터 단위에서 총 낚시인 수, 평균 어구 가격, 낚시를 위해 출조하는데 소요되는 여비의 평균을 집계하여, 이들 값으로부터 낚시인이 낚시하러 가기 위해 지불한 비용을 계산하였다. 다음으로 그 값을 낚시터에 포함된 거머리말 서식장 면적으로 나누어 거머리말 서식장 1ha당 경제적 가치로 환산하였다. 세토내해瀬戸内海 연안 각 부현府県에서 그 평균값을 비교한 결과 가장 경제적 가치가 높았던 부현府県이 효고현兵庫県과 오사카부大阪府였으며, 1ha당 연간 약 700만엔(한화 약 7,000만원 이상) 정도로 계산되었다. 그 이유로 대도시 근교에 낚시인 수가 타 지역보다 많은 것과 거머리말 서식장이 적기 때

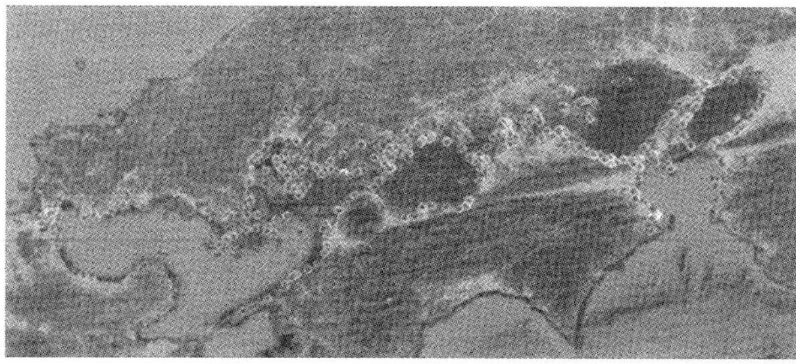

볼락 낚시터 : 4,248 지점

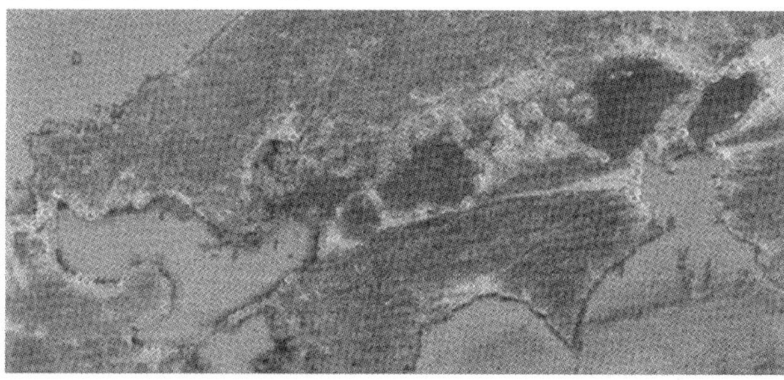

농어 낚시터 : 4,248 지점

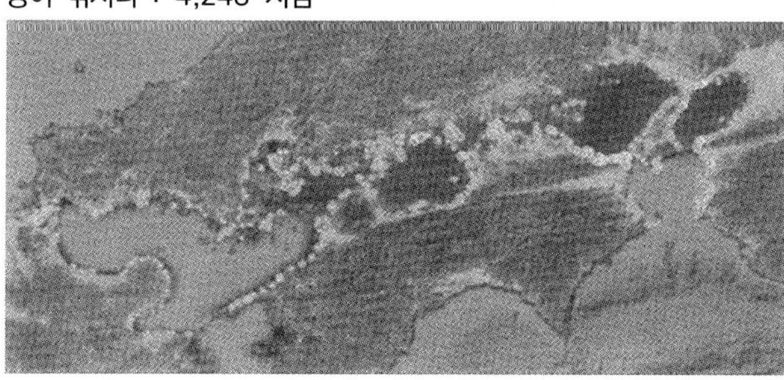

흰꼴뚜기 낚시터 : 4,248 지점

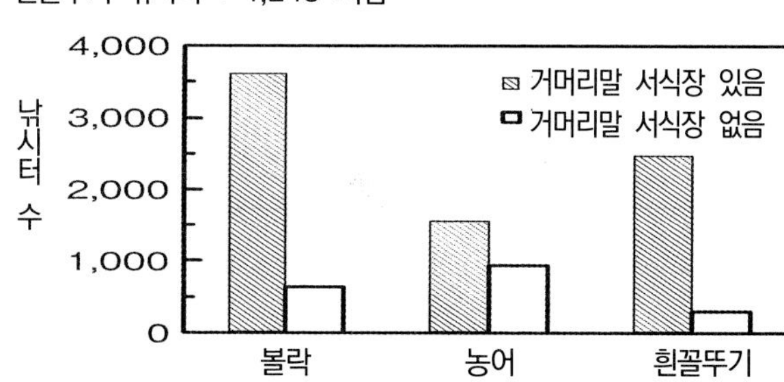

그림 5-5. 낚시 정보지에 게재되어 있는 각 어종(볼락, 농어, 흰꼴뚜기)의 낚시터 위치 및 각 어종의 낚시터 내의 거머리말 서식장 유무.

문에 1개의 낚시터에 낚시인이 집중되는 것을 들 수 있다. 한편 거머리말 서식장 면적이 많은 세토내해瀨戸内海 서부의 각 현県에서는 거의 동등한 가격이었으며, 1ha당 연간 약 100만엔(한화 약 1,000 만원 이상) 정도였다. 이것은 오사카부大阪府·효고현兵庫県과 정반대의 이유로 거머리말 서식장이 많기 때문에 낚시인이 분산되어 전체 사람 수가 적은 것이 그 이유이다.

루어낚시와 같은 취미 낚시는 낚는다는 행위를 즐기기 때문에 반드시 낚시 인구가 자원량의 규모를 반영하는 것은 아니다. 그러나 물고기가 없으면 낚시는 성립되지 않기 때문에 낚시를 할 수 있다는 것은 대상이 되는 어종이 거머리말 서식장에 존재하고 있다는 것을 의미한다. 이들 대상 어종은 어획 대상종이기도 하지만, 위에서 설명한 오카야마현岡山県 해역 사례에서는 이들 세 어종의 어획량 증가는 확인되지 않았다. 향후 해조류 서식장이 점차 회복되어 서식하는 어종들이 취미 낚시의 대상뿐만 아니라 어획량에도 반영될 수 있는 자원량이 될 수 있기를 바란다.

5.4. 결론 -「풍족한 바다」의 생태계 구조를 생각한다

세토내해瀨戸内海의 생태계 구조는 식물플랑크톤의 일차생산에서 유래하는 생태계와 해조류 서식장의 일차생산에서 유래하는 생태계와 같이 양극이 있으며, 적어도 투명도를 축으로 한 히스테리시스 구조로 간주하면 영양염에 관한 문제가 보다 명확하게 정리될 것 같다. 세토내해瀨戸内海의 주요한 저서생태계인 거머리말 서식장은 현재 상태에서 증가하는 경향을 나타내는 한편, 시공간적 변동이 매우 격렬한 것도 보고되어 있다. 일시적인 투명도 감소와 해수의 수온 상승에 따른 고사, 초식 어류에 의한 식해食害 등 국지적인 변동을 일으키는 요인이 많이 존재한다. 특히 거머리말 서식장의 분포가 확대되는 것은 보다 깊은 수심대로 서식 깊이를 연장하는 것이기 때문에 원래 서식 장소인 얕은 곳 보다 빛 제한이 강하게 작용하는 깊은 곳에서는 서식환경의 변화에 크게 영향을 받을 것이다. 투명도 변화가 미세하더라도 해조류 서식장 생태계가 다시 크게 붕괴될 수 있는 취약성을 가지고 있다고 할 수 있다.

세토내해瀬戸内海는 매립 등에 의해 2차 세계대전 후에만 약 30,000ha의 얕은 곳이 소실되어 버렸기 때문에 얕은 곳에서 형성되는 저서생태계 비율은 아무래도 작아질 수 밖에 없다. 이 때문에 히스테리시스 구조에서 필연적으로 표영생태계로 치우치는 것을 알 수 있다.

토쿄만東京湾의 생태계는 전형적인 표영생태계로 치우친 생태계 구조이다. 20세기 초기까지 거머리말 서식장의 바다였던 토쿄만東京湾도 지금은 훗츠富津 갯벌과 반주盤洲 갯벌에 약간 남아 있을 뿐이다. 이 때문에 저서생태계의 대표적인 고차 소비자인 이체류異体類(Heterosomata, 가자미·넙치 종류)도 표영생태계의 일차생산에 의존하지 않을 수 없게 된 것 같다. 필자들이 토쿄만東京湾에서 어획된 문치가자미 성어를 대상으로 분석한 탄소·질소 안정동위원소비 값도 적조를 기원으로 하는 일차생산에 유래하고 있었다(그림 5-6). 이 문치가자미의 주요한 먹이생물은 다모류(갯지렁이 종류)이며, 이 다모류는 저층으로 침강한 적조 유래 유기물을 이용한다. 도시화로 많은 해안선이 호안으로 바뀌어 저서생태계가 유지될 수 있는 얕은 곳이 소실된 결과이다. 오사카만大阪湾 등 세토내해瀬戸内海 대도시권에서도 부영양화가 진행된 시대는(또는 현재에도?) 토쿄만東京湾과 유사한 생태계 구조였을지도 모른다.

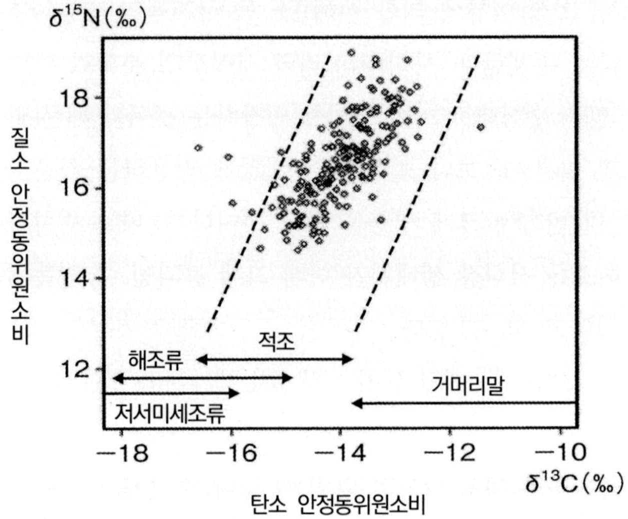

그림 5-6. 토쿄만東京灣에서 문치가자미(マコガレイ) 성어(산란 친어)의 질소·탄소 안정동위원소비.

그림 속에 토쿄만東京灣에서 일차생산자의 탄소안정동위원소비의 평균적인 범위를 나타내었다. 점선은 $\delta^{13}C$: $\delta^{15}N$ = 1 : 3이 되는 기울기를 나타내며, 영양단계 사이의 농축계수로써 일반적인 지표로 되어 있다.

히스테리시스 구조에서 표영생태계가 안정한 단계(phase)에서 저서생태계가 안정한 단계로 이동하기 위해서는 단계를 안정화 시키는 힘보다도 더 강한 힘이 필요하다. 세토내해瀬戸内海에서는 세토내법瀬戸内法에 의한 빈영양화가 그 힘이 된 것은 틀림이 없을 것이다. 다만 수심이 깊은 곳에 거머리말 서식장이 분포하고 있는 상황은 얕은 곳에 분포하는 일반적인 상황과는 다르며, 취약한 상태라고 할 수 있다. 얕은 곳에서는 변화가 일어나지 않는 약간의 투명도 변화에도 깊은 곳의 거머리말 서식장은 소멸되어 버릴 것이다. 이와 같은 상황에서는 저서생태계가 우점하는 평형점이 있는지 여부가 의문으로 남는다. 평형점이 존재한다면 계속 그 힘이 작용하여 저서생태계가 안정되는 단계로 바뀔 것이다. 반대로 존재하지 않는다면 힘이 작용하는 동안만 저서생태계가 증가하고, 힘이 사라지면 표영생태계로 되돌아가게 된다. 향후 이러한 것에 대한 정밀한 조사가 중요할 것으로 생각된다.

현재 세토내해瀬戸内海의 어업생산량은 해면양식이 50% 이상을 차지하고 있으며, 해면양식의 46%를 차지하는 굴 양식은 식물플랑크톤을 이용하고, 43%를 차지하는 김 양식은 영양염을 이용한다. 또한 어선어업에서도 어업 생산으로 거론되는 어종의 대부분은 표영생태계의 일차생산에 의존하고 있다. 이것들의 비율을 고려하면 단순하게 어업 생산을 회복시키는 것뿐이라면 우선해야할 생태계가 어느 쪽인지 그 해답은 자명할 지도 모른다. 또한 세토내해瀬戸内海의 서부와 동부에서는 환경이 서로 다르다. 동부는 많은 해안선이 호안·도시화 되었고, 서부는 도시 부분도 많지만 광대한 해조류 서식장을 포함하여 자연이 풍부한 도서지역이 남아 있다. 따라서 수심이 얕은 곳이 부족한 동부 도시지역은 저서생태계의 형성이 어려우며, 위에서 설명한 토쿄만東京湾과 같이 표영 생태계가 필연적으로 우점하는 환경일 것이다. 그러나 서부는 발달한 도시지역과 자연해안이 인접하는 복잡한 해안선으로 되어 있다. 이 때문에 동부와 서부에서는 향후 목표로 하는 생태계 모습에 대해 서로 다른 관리방법으로 시행해야할 필요가 있을 것이다. 특히 서부에서는 자연이 풍부한 해역으로 도시지역의 영향이 미치지 않도록 하는 관리가 요망된다.

다행히 세토내해瀬戸内海의 해수교환은 서쪽 분고수도豊後水道로부터 유입되어 키이수도紀伊水道로 빠져나간다. 예를 들어 서부와 동부에서 각각 개별로 영양염 농도를 변화시켜 서부는 낮은 영양염으로 저서생태계를 배려하고, 동부는 표영생태계를 보강한다는 방식과 같이 서로 다른 관리가 가능하지 않을까? 이러한 환경조건·경관구조에 맞는 지역 수준에서의 관리는 현재 개정을 검토하고 있는 세토내법瀬戸内法에서도 고려되기를 바란다.

또한 어업 생산을 향상시키는 목적만으로 해조류 서식장 생태계를 소실해도 된다는 것은 아닐 것이다. 우선 저서생태계가 안정된 평형상태로 존재한다면 향후 어업 생산이 향상될 가능성도 남아 있다. 과거에는 빈영양 상태에서도 어업 생산을 내는 해조류 서식장 생태계가 존재하였을 것이다. 1960년 이전에는 세토내해瀬戸内海의 거머리말 서식장의 면적이 22,000ha 이상이었으며, 현재 보다 오래된 어구·어법과 어선으로도 현재와 같은 정도의 어업 생산을 유지하였다. 영양염 농도가 높았고, 표영생태계의 일차생산이 높았어도 해조류 서식장 생태계가 존속했을지도 모른다. 현재는 저서생태계로 이동되는 시기이기 때문에 동일한 해조류 서식장 면적 및 영양염 상태이더라도 표영생태계 히스테리시스의 영향에 의해 생산성이 아직 높아지지 않는 것뿐일지도 모른다.

어떠한 사항에 대한 관계자 또는 생태계의 경우라면 그 혜택을 받는 모든 사람들을 「stakeholder(이해당사자)」라고 부른다. 따라서, 세토내해瀬戸内海의 stakeholder는 어업종사자 외에도 관리에 관여하는 사람들, 생활의 장소로 이용하는 사람들 등 다종다양하다. 이산화탄소 흡수 등의 환경, 다도해 등의 경관, 또는 갯벌 조개잡이와 낚시 등과 같은 레저 등 연안역은 다양한 생태계 서비스를 가지고 있다. 이 stakeholder의 조성은 지역에 따라 서로 다르며, 또한 지역에 따라 수심이 얕은 곳의 면적과 수질환경도 다르다. 각 stakeholder의 요구에 대응하기 위해서는 각각의 요구에 필요한 환경이 필요할 것이다.

따라서 요구(needs)의 다양성이 환경의 다양성을 촉진하고, 결과적으로 다양한 환경유지에 의한 완강하면서 지속적인 연안 생태계 서비스가 구축된다면 그것이 「풍족한 바다」로 한걸음 가까워지는 것이 아닐까? 영양염 문제도 포함하여 세토내해瀨戶內海를 다양한 의미에서의 「풍족한 바다」로 되돌리기 위해 그 생태계 관리를 어떻게 해야할 것인지? 세토내해瀨戶內海 생태계 구조를 객관적인 시점에서 모니터링을 지속하는 것뿐만 아니라 stakeholder와 그들이 요구하는 것들의 지역성과 다양성을 명확하게 파악하는 것이 필요할 것으로 생각된다.

인용문헌

Barbier, E.B., Hacker, S.D., Kennedy, C., Koch, E.W., Stier, A.C. and Sillman, B.R.(2011) The value of estuarine and coastal ecosystem services. Ecological Monographs, 81, 169-193.

Costanza, R., d' Arge, R., de Groot, R., Farber, S., Grasso, M., Hannon, B., Limburg, K., Naeem, S., O' Neill, R.V., Paruelo, J., Raskin, R.G., Sutton, P. and van den Belt, M.(1997) The value of the world's ecosystem services and natural capital. Nature, 387, 253-260.

獨立行政法人水産總合研究センター(2014a) 水産廳 平成25年度 地球溫暖化對策推進費「藻場·干潟の炭素吸收源評價と吸收機能向上の開發」委託事業報告書. 獨立行政法人水産總合研究センター 中央水産研究所, 170p.

Duarte, C.M. and Cebrian, J.(1996) The fate of marine autotrophic production. Limnology and Oceanography, 41, 1758-1766.

橋本俊野·淸水健太·吉田吾郎(2009) 沿岸海域の低次生態系に對する藻場の役割. 生物圈科學, 廣島大學大學院生物圈科學硏究科紀要, 48, 63-68.

堀 政和·上村了美·仲岡雅裕(2007) 內海性淺海域の保全·持續的利用に向けた生態系機能硏究の重要性. 日本ベントス學會誌, 62, 46-51.

堀 政和·瀨岡秀樹·吉田吾郎(2014) 生態系構造の變化にともなうヒステリシスとその脆弱性. 水産海洋硏究, 78, 239-242.

加藤元海(2005) 生態系における突發的で不連續な系狀態の變化-湖沼を例に-. 日本生態學會誌, 55, 199-206.

Menge, B.A., Daley, B.A., Wheeler, P.A., Dahlhoff, E., Sanford, E. and Strub, P.T.(1997) Benthic-pelagic links and rocky intertidal communities : Bottom-up effects on top-down control? PNAS, 94, 14530-14535.

Nellemann, C., Corcoran, E., Duarte, C.M., Valdes, L., DeYoung, C., Fonseca, L. and Grimsditch, G.(2009) Blue Carbon. The role of healthy oceans in binding carbon. United Nations environment Programme, GRID-Arendal, Norway, 78p.

Petraitis, P.(2013) Multiple stable states in natural ecosystems. Oxford University Press, 200p.

Scheffer, M., Carpenter, S., Foley, J.A., Folke, C. and Walker, B.(2001) Catastrophic shifts in ecosystems. Nature, 413, 591-596.

せとうちネット

http://www.env.go.jp/water/heisa/heisa_net/setouchiNet/seto/kankyojoho/shakaikeizai/sangyo-3.htm(2014年 6月 30日 確認)

瀬戸内海環境情報センター

http://seto-eicweb.pa.cgr.mlit.go.jp/env/theme/a_weight0.html(2014年 6月 30日 確認)

水産廳(2014) 藻場·干潟の二酸化炭素吸收·固定のしくみ : ブルーカーボンの評價. 獨立行政法人水産總合研究センター 瀬戸内海區水産研究所, 8p.

水産廳·マリノフォーラム(2007) アマモ類の自然再生ガイドライン. 水産廳, 220p.

吉田吾郎·堀 政和·崎山一孝·樞田 淳·西村和雄·小路 淳(2010) 瀬戸内海の各灘における藻場·干潟の分布特性と主要魚種漁獲量との關係. 水産工學, 47, 19-29.

제 6 장

북해 연안의 빈영양화와 수산자원 변동

코다마 마사시児玉真史

유럽 연안해역에서도 일본과 마찬가지로 20세기 중반 무렵부터 부영양화가 진행되어 적조와 빈산소수괴 등 다양한 문제가 발생하였다. 그 후 현재까지 질소와 인 등의 유입부하 삭감시책이 진행되어 수질은 어느 정도 개선되었다. 그러나 한편으로 생산량이 계속 감소하고 있는 수산자원도 있으며, 그 이유로 공급되는 영양염류의 감소로 인한 빈영양화 영향이 지적되고 있다. 이 장에서는 해외 사례로서 유럽의 수질환경과 생물생산의 변천을 북해 남쪽 연안부터 동쪽 연안, 네델란드, 독일, 덴마크에 걸친 연안역에 초점을 맞추어 소개 하겠다.

6.1. 유럽의 영양염 부하 관리

북해, 발트해, 지중해는 유럽의 주요한 해역으로 여러 국가가 해안을 공유하고 있는 것이 큰 특징이다. 이들 해역은 지형적으로 극히 중요하며, 수산자원 공급이라는 의미에서도 중요한 역할을 담당하고 있다. 그럼에도 불구하고 제2차 세계대전 후 1960년대 무렵부터 이들 해역으로 영양염류의 부하 증가와 심각한 부영양화 문제, 어업피해가 각지에서 보고되기 시작하였다. 그 규모는 지중해의 라군(lagoon)과 같이 비교적 작은 것에서부터 발트해와 같이 전 해역에 미치는 것까지 다양하였으며(Artioli et al., 2008), 일본과 마찬가지로 유럽 전역에 걸친 연안과 유역의 개발·발전, 즉 큰 사회적 상황 변화에 따른 문제였다는 것을 엿볼 수 있다.

이러한 상황 속에서 1970년대부터 영국과 스웨덴 같은 국가들에서는 지역횡단적인 수질문제 해결을 위한 노력이 시작되었고, 그 이후 1990년대까지 해역과 그 유역권의 통합적 관리를 위한 틀인 - 북동대서양의 OSPAR commission, 발트해의 HELCOM commission, 지중해의 Barcelona convention – 등이 등장하였다. 연안 해역을 포함하는 수역의 환경개선은 이들 국가들 사이의 계획과는 별도로 수역환경개선의 생태학적·경제적 중요성 때문에 EC(European Commission : 유럽위원회)와 EU(European Union : 유럽연합) 등 국가를 초월한 공동체 조직에서도 우선 순위가 높은 의제로서 논의가 활발하게 진행되어 1990년대 초반부터 육상도 포함하여 수역으로 유입되는 영양염류 부하를 삭감·제어하기 위한 다양한 지침(directive)이 설정되어 왔다. 그 대표적인 것으로 2000년에 발효된 수질환경시책의 기본법인 Water Framework Directive(물 골격 지침)가 있다. 그 외에도 개별 지침으로는 농업유래 질산태-질소 등 질소화합물에 의한 유역 오염을 삭감하기 위한 Nitrate Directive와 도시 및 특정 산업으로부터의 오염부하를 삭감하기 위한 UWWTD(Urban Waste Water Treatment Directive) 등을 들 수 있다.

유럽의 부영양화 문제의 특징은 질소와 인 부하의 대부분이 농업에서 유래하고 있다는 것이다. 이 장에서 정리한 북해의 경우 2005년 당시에 농업에서 유래한 질소 부하가 60%(OSPAR조약 체결국 평균)로 최대 부하원이며, 인에 대해서도 30% 이상이 농업 유래인 것으로 보고되었다. 1988년 및 1989년에 제출된 OSPAR/PARCOM 권고에서는 1985년 당시의 각 국가의 질소와 인 부하를 모두 50% 삭감하는 것을 목표로 제시되었다. 이것은 농업 이외의 산업과 가정에서 유래하는 것도 포함한 목표로서 각 업계에서 삭감 대책이 이루어졌다. 그 결과 농업 유래의 부하 중 질소에 대해서는 벨기에, 영국 등과 같이 증가폭이 작은 국가를 제외하면 2005년까지 약 20～30%가 삭감되어 유역의 질소 부하 삭감에 크게 공헌하였다. 한편 농업 유래의 인에 대해서는 노르웨이와 스위스와 같이 약 40%까지 큰 폭으로 삭감한 국가도 있으며, 그 외 국가들에서는 미약하게 감소 또는 미약하게 증가하는 것에 머물렀다.

농업 이외의 부하원에서 산업 유래, 가정 유래 부하의 삭감률은 일본과 마찬가지로 높았다. 산업에 대해서는 1985년부터 2005년까지 벨기에, 독일, 네델란드와 같은 북해 남쪽 연안에 접하고 있는 국가들에서 질소와 인 모두 일제히 80% 이상, 특히 네델란드에서는 인에 대해 실제로 97% 부하 삭감을 달성하였다. 그 외 국가들에서도 삭감률이 50%에 도달하지 못한 것은 스웨덴과 노르웨이 등 일부 국가뿐이었다.

가정폐수 유래의 부하에 대해서는 전체 부하에서 차지하는 비율이 모든 국가에서 수 퍼센트 이하였지만, 하수도 정비가 착실하게 진행된 결과 질소와 인 모두 약 40～90% 삭감되었고, 이것도 농업 부하와 마찬가지로 네델란드와 독일에서 삭감률이 높았다.

이와 같이 수십 년에 걸친 다양한 시책의 바탕에서 영양염류 부하 삭감이 이루어진 결과, 유럽의 많은 유역과 해역에서 영양염 농도는 낮아져 환경은 어느 정도 개선이 이루어진 것 같다. 그러나 기간과 유역을 상세하게 분할하여 평가한 경우에는 반드시 영양염 농도가 낮아진 유역뿐만이 아닌 것도 사실이며, 단순하게 일괄적으로 언급하는 것은 현 시점에서는 곤란하다(Bouraoui and Grizzetti, 2011). 따라서 다음 절에서는 하나의 사례로써 북해 남쪽 연안에서 동부 연안의 네델란드부터 독일, 덴마크에 이르는 해역에 초점을 맞추어 영양염 환경의 변천과 수산자원 변동과의 관계를 살펴보겠다.

6.2. 북해 남동부의 영양염 환경변천

북해는 옛날부터 어업이 왕성했던 해역으로 어획기술의 발달과 함께 어획량은 서서히 증가하여 1980년대에 300만 톤을 넘는 최대 어획량을 맞이하였다. 1990년대 이후에는 감소하는 경향이었지만 현재에도 200~250만 톤 전후의 어획량을 보이고 있는 풍부한 어장이다.

가장 어획량이 많은 어종은 어분 사료에 사용되는 까나리(sand eel) 등으로 총 어획량의 절반 이상을 차지하고 있다. 식용 어종으로는 대서양청어(Atlantic herring)의 어획량이 가장 많으며, 다음으로 대서양대구(Atlantic cod), 유러피언 플레이스(European plaice, *Pleuronectes platessa* : 이하 플레이스)와 같은 어종이 금액적으로도 주요한 수산자원이다.

이 중 플레이스는 북해 어업의 주류인 저인망어업에 의해서 남부 및 동부 연안을 중심으로 어획되는 가자미류로 북해를 상징하는 생선의 하나이다. 주로 10~50m 전후의 얕은 해역에 분포하며, 다모류, 갑각류, 이매패류 등 저서생물을 주된 먹이로 하고 있다(그림 6-1). 성숙 개체는 하계에 먹이를 찾기 위해 북해 중앙부에서 북부로, 동계에는 산란을 위해 남부 연안 해역으로 회유하지만, 부화 후의 자치어는 성장할 때까지 그 주변에 머물기 때문에 북해 남부의 네델란드부터 독일이 접하고 있는 연안역은 플레이스 생산을 지배하는 극히 중요한 생육장이 되어있다(Rijnsdorp and Pastoors, 1995; Bolle et al., 2009).

한편, 남부는 북해 연안역에서 가장 인구밀도가 높고, 또한 유입되는 하천의 유역면적은 약 43만km²이며, 북해로 유입되는 전체 하천 유역면적의 절반을 차지하는 장소이다. 북해로 공급되는 육상 유래 부하의 60~80% 정도가 하천 유래인 것을 고려하면, 북해에서 육상 부하 영향을 가장 많이 받는 해역이라고도 할 수 있다. 주요 하천으로는 엘베(Elbe)강, 베저(Weser)강, 엠스(Ems)강 등이 있으며, 그 중에서도 엘베(Elbe)강의 유역면적이 약 15만km², 연평균 유량이 32km³로 최대이다.

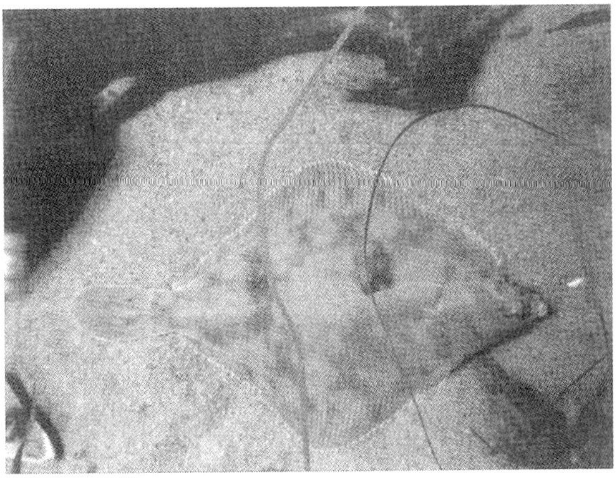

그림 6-1. European plaice(*Pleuronectes platessa*).

엘베(Elbe)강은 체코와 폴란드 국경지대의 수데티(Sudety) 산지에서 발원하여 체코 북부에서 독일 동부 대도시인 함부르크를 지나 유틀란트(Jutland)반도 서쪽 부분으로 유입되는 국제 하천이다. 엘베강 유역은 역사적으로 인간활동에 강하게 지배되어 순유역(하천에서 조석의 영향을 받지 않는 구간)에서는 1950년대부터 1980년대에 걸쳐 질산태-질소가 160μM에서 400μM, 인산태-인은 5μM에서 15μM이라는 급격한 농도 상승이 보고되었다. 이러한 영양염 농도의 최대값은 역시 1980년대이며, 제2차 세계대전 후 급속한 산업발전과 세제에 인 첨가제 사용이 활발했던 시기와 일치한다.

1990년 이후에는 모든 영양염에서 큰 폭의 농도 감소가 나타났지만, 2000년 이후에는 암모니아테-질소, 인산태-인의 농도 감소는 극히 작았으며, 질산태-질소만이 2007년까지 60% 이상으로 계속 농도가 감소하였다(Amann et al., 2012). 이러한 하천수 중 영양염 농도의 변천은 앞 절에서 설명한 다양한 영양염 부하 삭감 시책의 효과가 큰 것으로 생각되지만, 동시에 동서냉전 종식에 따른 구동독과 체코슬로바키아에서 공업과 농업의 붕괴, 도시시스템 구조의 변화도 영양염 부하량 감소에 기여했다는 지적이 있는 것은 흥미롭다. 아무튼 엘베강을 포함하여 북해 남쪽 연안으로부터 하천을 통해 해역으로 유입되는 물질량은 TN(총질소)에서 1977년부터 2000년 사이에 연평균 722,000톤이었지만, 이 사이에 연간 17,000톤의 비율로 감소하였다. TP(총인)도 1980년대의 80,000톤에서 1990년대의 25,000톤까지 큰 폭으로 감소하였다(Radach and Patsch, 2007).

이러한 하천·유역 환경의 변천에 대한 해역의 반응은 몇몇의 장기 모니터링 데이터에서 볼 수 있다. 엘베강 하구로부터 약 70km 떨어진 근해 헬골란트(Helgoland)섬 근방에서는 1960년대 초반부터 매주 5일의 높은 빈도로 표층수의 수온, 염분, 영양염 농도를 비롯한 충실한 데이터가 축적되어 있다(Wiltshire et al., 2010; Hickel, 1993).

이 데이터를 해석한 보고에 의하면, 암모니아태-질소는 데이터 기록 개시 시기인 1960년대가 가장 농도가 높았으며(10μM 전후), 2000년대까지 단조롭게 감소를 계속하여 2μM 이하까지 감소하였다(그림 6-2). 또한 인산태-인 농도는 1960년대의 0.5μM 정도에서 상승하기 시작하여, 1980년대 초반에는 1.0μM에 달하는 최대값을 나타낸 후 낮아지기 시작하여, 2000년대에는 1960년대 보다도 낮은 농도가 되었다. 한편 질산태-질소의 농도는 인산태-인 보다도 늦게 1980년대에 들어서부터 급격하게 상승하기 시작하여, 1980년대 후반부터 1990년대 전반에 30~40μM에 도달하였다. 그 후 1990년대 후반부터 급격하게 농도가 감소하여 2000년대 중반 무렵까지 1960년대 수준인 10μM 전후까지 되돌아왔다.

한편, 식물플랑크톤 및 저서생물의 변천에 대해서는 네덜란드 연안 서부의 와덴해(Wadden Sea)를 대상으로 한 모니터링 데이터를 이용

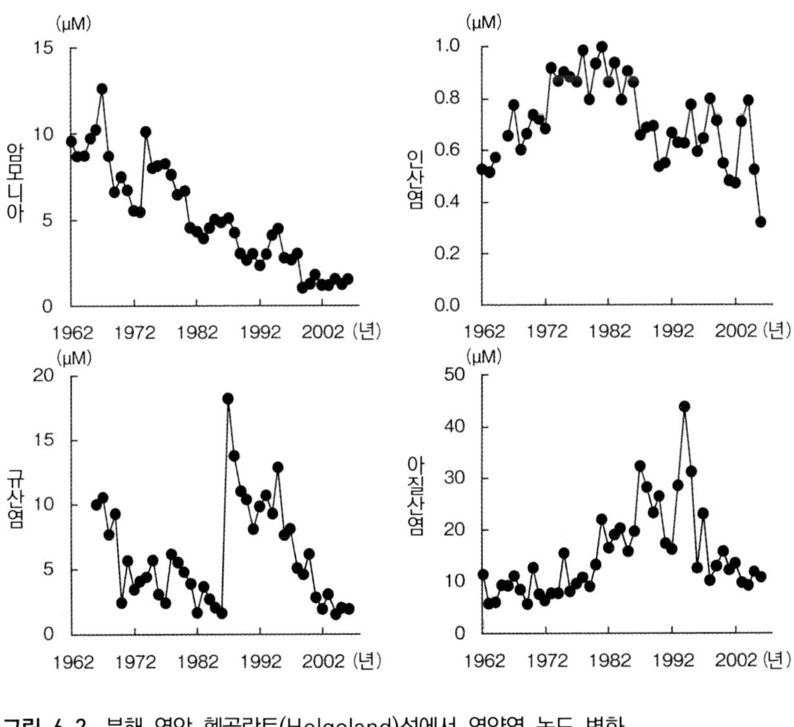

그림 6-2. 북해 연안 헬골란트(Helgoland)섬에서 영양염 농도 변화. Wiltshire et al.(2010)의 자료로 작성.

하여 1970~1977년, 1978~1987년 및 1988~2003년 등 3개의 기간으로 나누어서 정리되어 있다(Philippart et al., 2007). 이 자료에 따르면 클로로필-a 농도로 평가한 식물플랑크톤 현존량은 부영양화가 진행된 제1기(1970~1977년)에서 제2기(1978~1987년)에 걸쳐 2배 이상 증가하였고, 그 후 빈영양화된 제3기(1988~2003년)가 되어도 같은 정도의 수준에서 변화하였다. 다만 종조성으로 살펴보면, 규조류는 제1기에서 제2기에는 증가하였지만 제2기에서 제3기에 걸쳐서는 감소하는 경향에 있었다. 이 사이 편모조류가 큰 폭으로 증가하여 규조류로 치환되어 식물플랑크톤 현존량 유지에 기여하고 있었다(그림 6-3). 또한 기초생산량에 대해서는 제1기에서 제2기에 걸쳐서는 현존량과 마찬가지로 증가하였지만, 제3기에 걸쳐서는 식물플랑크톤이 높은 수준을 유지하는 경향과는 다르게 감소하고 있었다.

한편, 제1기에서 제2기에 걸쳐 macrobenthos(체장 1mm 이상의 저서생물)의 현존량은 식물플랑크톤과 마찬가지로 거의 2배로 증가하였으며, 제2기 및 제3기에서는 변동 폭이 커졌다. 제1기에서 제2기에 걸친 현존량 증가에는 퇴적물 식자 및 잡식성 종의 기여가 컸고, 제2기부터 제3기에 걸쳐서는 이들 종은 감소하는 경향이었다. 이 사이의 연도별 세세한 전체 현존량 변동에는 여과 식성 이매패의 증감이 기여하고 있었다.

이와 같이 부영양화가 진행된 시기의 생태계 반응은 비교적 단순한 생산성 향상으로 설명하는 것이 가능하다고 생각되지만, 영양염류 부하가 삭감된 이후의 반응은 단순하지 않았으며, 그 경향은 부영양화 진행기에 비해 복잡하면서 명료하지 않았다. 이것은 그들의 데이터에서도 나타난 것과 같이 종조성 등 생태계 구조 변화에 의해 소위 히스테리시스라는 현상으로 설명되는 경로를 거친 것을 나타내는 것으로 생각된다(「히스테리시스」에 대해서는 제5장 p.181의 BOX를 참조).

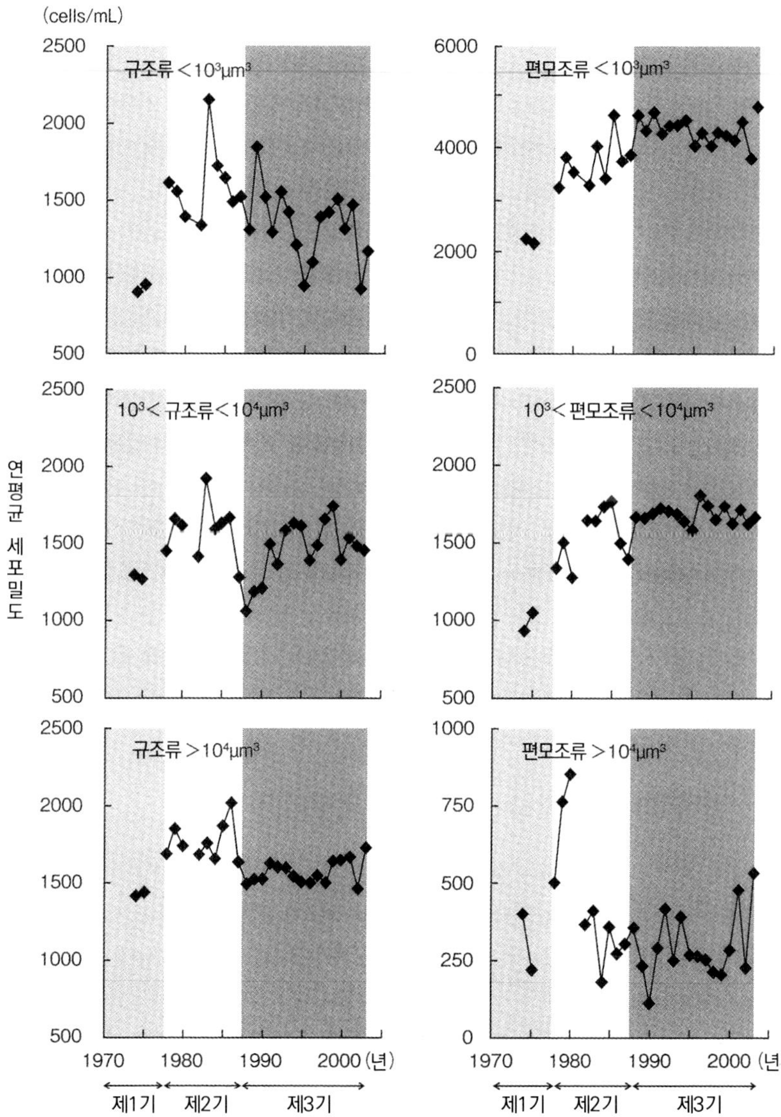

그림 6-3. 북해 남쪽 연안 와덴해에서 식물플랑크톤 조성의 변화.
Philippart et al.(2007)의 자료로 작성.

이상에서 살펴본 것과 같이 북해의 연안 해역은 과거 50년 동안의 유역 환경변화와 부하 삭감 시책 추진에 의해 부영양화 진행과 그 후의 빈영양화라는 극적인 영양염 환경과 생태계 변화를 경험하였다. 그러면 이러한 환경변화에 대해 이 해역을 생육장으로 하는 플레이스는 어떤 영향을 받았을까?

6.3. 북해 남동부에서의 플레이스의 자원 변동

위에서 설명한 것과 같이 플레이스는 북해 연안 국가들에게 있어 중요한 수산자원이다. 1950년대 말에 약 7만 톤이었던 북해에서의 어획량은 서서히 증가하여 1980년대 후반에는 15만톤에 이르렀다. 그러나 그 후 2000년대에 걸쳐 어획량은 급격하게 감소하였고, 현재는 5만톤 전후에서 변화하고 있다(그림 6-4). 어획량 증가 시기가 기술 발달에 의한 어획노력량 증가 및 어획효율 향상에 의한 영향뿐만 아니라 부영양화가 진행된 시기에 대응하기 때문에 어획량 증가에는 해역 생산력 증가도 기여한 것으로 추정된다.

이러한 상황 속에서 어획량의 최대값을 기록한 시기를 전후로 하여 플레이스의 자원분포 이변, 특히 남부 연안 얕은 해역의 생육장에서 1세 이하 어린 물고기가 감소하고 분포해역도 현저하게 근해역으로 이동하는 것이 보고되기 시작하였다(Rijnsdorp and van Leeuwen. 1996; Rijnsdorp et al., 2010). 한편 거의 같은 시기에 네덜란드 연안에서 덴마크 서쪽 연안에 이르는 얕은 해역을 대상으로 보호구역인 Plaice Box가 설정되었다(Beare et al., 2013). 이 Plaice Box는 주로 혼획에 의해 투기되는 자치어 보호를 목적으로 산란장 및 생육장인 얕은 해역에서의 조업을 제한한 것으로, 이 Plaice Box 도입에 의해 이

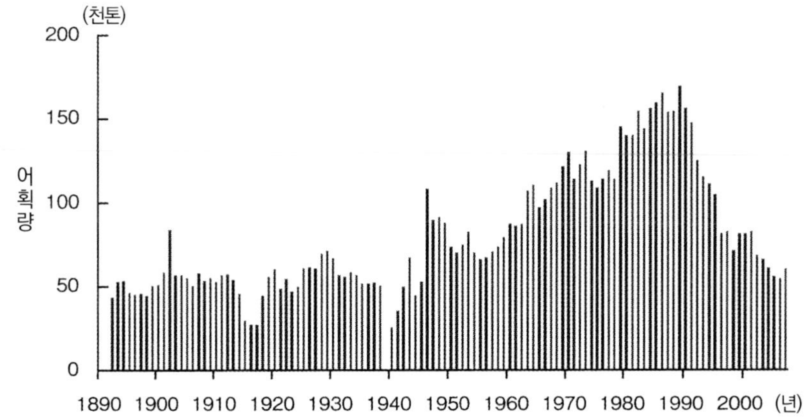

그림 6-4. 북해에서 플레이스(Plaice, 유럽가자미)의 어획량 변화.
Rijnsdorp and van Leeuwen(1996) 및 Rijnsdorp et al.(2010)의 자료로 작성

해역에서의 어획노력량은 최대로 10% 이하까지 삭감되었다.

그러나 기대된 자원회복 효과는 확인되지 않았고, 2000년대에 들어서도 수심이 얕은 해역에서 연령이 어린 물고기 분포의 감소와 자원이 계속 낮게 유지되었다. 이 때문에 최근 플레이스의 이변에는 인간의 어업활동이 아닌 수심이 얕은 해역의 환경변화, 구체적으로는 해수의 수온 상승과 영양염 환경 변화가 크게 영향을 미치고 있을 가능성이 지적되어 왔다.

수온에 대해 말하면, 북해의 연안 수온은 최근 상승하고 있으며, 앞서 기술한 헬골란트섬 모니터링 데이터에 따르면 1962년부터 2007년에 걸쳐 1.67℃ 상승하였다(Wiltshire et al., 2010). 플레이스는 냉수성 어종이며, 수온이 20℃를 넘으면 성장 장해가 나타나는 것으로 보고되어 있기 때문에 본래 연안역에 머무는 어린 연령 물고기가 수온이 비교적 낮은 근해로 분포가 이동했을 가능성을 생각할 수 있다. 이와 같은 수온 상승에 의한 직접적인 영향과 동시에 간접적인 영향도 지

적되었다. 즉 높은 수온은 플레이스 대사를 활성화시켜 보다 높은 에너지, 많은 먹이를 요구하기 때문에 수온이 상승한 얕은 해역에서 먹이생물의 생산성이 같은 경우에서도 먹이가 부족하여, 보다 쾌적한 장소를 찾아서 성장단계가 빠른 시기에 수온이 낮은 근해로 이동하고 있다는 지적이다(Teal et al., 2008; van Keeken et al., 2007).

실제로는 북해 남동부 연안에서 1990년대 이후 빈영양화가 진행되어 먹이 부족이 더욱 심각해졌을 가능성도 있다. 이러한 관점에서의 해석으로 Rijnsdorp and van Leeuwen(1996)은 1950년부터 1992년까지의 데이터를 이용하여 북해 플레이스의 성장과 영양염 환경, 수온 등 몇 개의 환경인자와의 관계에 대해 정리하였다. 이것에 의하면 30㎝까지 비교적 소형 크기 집단의 연간 성장속도는 인산태-인 농도와 의미 있는 정(+)의 상관관계가 있으며, 그 영향 정도는 소형일수록 강했다. 또한 자원 가입량을 지표로 한 해석에서도 인산태-인 농도와 정(+)의 상관관계가 있으며, 부영양화되어 있을수록 플레이스의 가입에 적합한 것을 시사하는 결과였다(Rijnsdorp, 2010).

2000년 무렵까지 북해에서 플레이스의 자원 지표와 인의 부하, 인의 농도 증감은 거의 비슷한 시기에 일어났으며, 플레이스처럼 연안역에서 저서생물을 주된 먹이로 하는 어종은 기초생산량 및 해저로 공급되는 유기물량 변화를 통해, 영양염 환경의 영향을 강하게 받는 것으로 생각되기 때문에 양쪽 사이에 어떠한 인과관계가 있을 가능성이 높다. 그러나 플레이스의 어획·자원 변동 요인으로 영양염 환경 이외에도 위에서 기술한 수온 외에 바다표범과 바다새에 의한 식해食害, 저인망어업의 해저 교란에 의한 영향도 지적되었다. 게다가 해역을 세세하게 구획을 나눈 경우와 다른 시기의 데이터를 사용한 해석에서는 부영양화된 환경이 마이너스(-)로 작용한다는 보고도 있기 때문에 환경요인과 플레이스 자원의 반응 구조는 단순하지 않다(Tulp et al., 2008).

또한 2013년까지의 최신 데이터를 사용한 해석에서 지금까지 보고되어온 인뿐만 아니라 해역의 총질소 농도와 플레이스의 자원량에 정(+)의 상관관계가 나타났다(児玉 등, 2014). 이것은 영양염 환경 변천이 6.2절에서 나타난 것과 같이 2000년 이후에는 인에 관한 변화는 작고 안정되어 있으며, 주로 질산태-질소 부하가 감소하여 연안역 생태계에 영향을 미치는 새로운 단계에 들어선 것을 시사하고 있을 가능성이 있다.

6.4. 결론

이상에서 살펴본 것과 같이 유럽 북해 연안에서도 일본과 거의 같은 시기에 부영양화가 진행된 후 육상에서 영양염 부하 삭감 시책이 진행되어 빈영양화 되었다. 또한 그 영향이 강하게 시사되는 생태계 반응과 수산자원 변동도 나타나 있다. 이러한 해석에는 장기간에 걸친 데이터의 축적이 크게 기여하고 있다.

이 장에서 거론한 북해의 사례와 같이 서로 다른 해역에서의 특성과 공통된 현상을 추출하여 비교하면서 현상을 이해하는 것은 유용자원의 지속적 생산을 위해 바람직한 영양염 환경을 제시하는 것에서도 매우 중요하다. 향후 해양환경 데이터와 수산자원에 관한 데이터뿐만 아니라 일본에서는 여전히 부족한 저차생태계와 저서생물도 포함한 생태계에 관한 포괄적인 정보와 함께 지속적인 데이터 축적을 도모할 필요가 있을 것이다.

인용문헌

Amann, T., Weiss, A. and Hartmann, J. (2012) Carbon dynamics in the freshwater part of the Elbe estuary, Germany : Implications of improving water quality. Estuarine, Coastal shelf Svience, 107, 112-121.

Artioli, Y., Friedrich, J., Gilbert, A.J., McQuatters-Gollop, A., Mee, L.D., Vermaat, J.E., Wulff, F., Humborg, C., Palmeri, L. and Pollehne, F. (2008) Nutrient budgets for European seas : a measure of the effectiveness of nutrient reduction policies. Marine Pollution Bulletin, 56, 1609-1617.

Beare, D., Rijnsdorp, A.D., Blaesberg, M., Damm, U., Enekvist, J., Fock, H., Kloppmann, M., Rőckmann, C., Schroeder, A., Schulze, T., Tulp, I., Ulrich, C., van Hal, R., van Kooten, T. and Verweij, M. (2013) Evaluating the effect of fishery closures : Lesson learnt from the Plaice Box. Journal of Sea Research, 84, 49-60.

Bolle, L.J., Dickey-Collas, M., van Beek, J.K.L., Erftemeijer, P.L.A., Witte, J.I.J., van der Veer, H.W. and Rijsndorp, A.D. (2009) Variability in transport of fish eggs and larvae. Ⅲ. Effects of hydrodynamics and larval behaviour on recruitment in plaice. Marine Ecological Progress Series, 390, 195-211.

Hickel, W., Mangelsdorf, P. and Berg, J. (1993) The human impact in the German Bight: Eutrophication during the three decades (1962-1991). Helgolander Meeresuntersuchungen, 47, 243-263.

兒玉眞史, Stedmon, C. and Stottrup, J. (2014) 北海沿岸における貧榮養化と資源變動. 水産海洋研究, 78, 249-250.

Philippart, C.J.M., Beukema, J.J., Cadee, G.C., Dekker, R., Goedhart, P.W., van Iperen, J.M., Leopold, M.F. and Herman, P.M.J. (2007) Impacts of nutrient reduction on coastal communities. Ecosystems, 10, 95-118.

Radach, G. and Pàtsch, J. 92007) Variability of continental riverine freshwater and nutrient inputs into the North Sea for the Years 1977-2000 and its consequences for the assessment of eutrophication. Estuaries and Coasts, 30, 66-81.

Rijnsdorp, A.D. and Pastoors, M.A. (1995) Modelling the spatial dynamics and fisheries of North Sea plaice (*Pleuronectes platessa* L.) based on tagging data. ICES Journal of Marine Science, 51, 963-980.

Rijnsdorp, A.D., Peck, M.A., Engelhard, G.H., Möllmann, C. and Pinnegar, J.K. (2010) Resolving climate impacts on fish stocks. ICES Cooperative Research Report, 301, 372p.

Rijnsdorp, A.D. and van Leeuwen, P.I. (1996) Changes in growth of North Sea plaice since 1950 in relation to density, eutrophication, beam-trawl effort, and temperature. ICES Journal of Marine Science, 53, 1199-1213.

Tulp, I., Bolle, L.J. and Rijnsdorp, A.D. (2008) Signals from the shallows : In search of common patterns in long-term trends in Dutch estuarine and coastal fish. Journal of Sea Research, 60, 54-73.

van Keeken, O.A., van Hoppe, M., Grift, R.E. and Rijnsdorp, A.D. (2007) Changes in the spatial distribution of North Sea plaice (*Pleuronectes platessa*) and implications for fisheries management. Journal of Sea Research, 57, 187-197.

Wiltshire, K.H., Kraberg, A., Bartsch, I., Boersma, M., Franke, H.D., Freund, J., Gebühr, C., Gerdts, G., Stockmann, K. and Wichels, A. (2010) Helgolamd Roads, North Sea : 45 Years of Change. Estuaries and Coasts, 33, 295-310.

제 7 장

영양환경 변천과 수산 비망록

와시오 케이지鷲尾圭司

7.1. 서론

「수권의 빈영양화 문제」라고 하면, 한때는 풍부한 영양염으로 호수에서 많은 물고기가 잡히는 영광의 시대를 입을 모아서 칭송하였지만, 빈영양화로 그러한 것들이 사라져가는 상황을 보고 있자니 씁쓸함마저도 느껴진다. 과연 부영양화 시대는 영광의 시대였을까?

확실히 1980년대의 최대 어획고를 생각하면 절반 이하로 감소한 것은 영광과 좌절처럼 보인다. 최대 어획고의 주체는 그 동안 사례를 볼 수 없었던 정어리의 대풍어大豊漁였고, 버블(bubble)경제로 인한 어가魚價 상승이 생산량을 끌어올린 것도 그 배경이었다.

또한 1980년대부터 1990년대에는 지구환경문제에 관심이 높아져서 당시 부영양화 시대의 환경 지속성에 대해서도 많은 의문이 지적되고 있었다. 적조와 오염퇴적물이라는 인상을 남긴 오염이 진행됨에 따라 한편으로 「깨끗한 바다」로의 재생에 사람들의 기대가 모여졌지만 오염이 그렇게 쉽게 해소될까? 라고 포기하는 기분마저 감돌았다.

그러나 의외로 「깨끗하게 보이는 바다」가 예상과는 달리 빠르게 나타났으며, 게다가 2000년대에 들어서 빈영양화라고 하는 새로운 국면에 접어들어 문제시되었다. 지금까지의 수질대책에서는 부영양화가 당연한 것이기 때문에 정화를 촉진하는 것이 중요하다는 방향성에서 빈영양화라는 상황에 대해 새로운 시점에서의 재검토가 요구된다는 것이 현재의 문제의식일 것이다.

화제를 바꾸어 연안어업에서 대풍어라는 것을 탐문조사하면 대부분의 어촌에서 평소에는 가난한 어촌 생활이더라도 수십 년에 한번 정도로 대풍어가 오면, 이때에는 마을이 총출동하여 잡은 것을 보관하기 위한 곳간을 만들었다고 한다. 그리고 풍어는 몇 년 지나지 않아 끝나고 다시 되돌아온 흉작의 나날을 견디는 것이 어촌 생활이었다고 한다. 그러한 옛날이야기에 비하면 1960년대부터 1990년대까지 계속된 대풍어는 역사적으로 매우 드물게 나타나는 사태로 알려져 있다. 아마도 자연현상만이 아닌 인위적인 작용에 의해 발생한 일종의 버블(bubble)과 같은 대풍어였다고 생각해야 할 것이다.

수십 년에 걸쳐 인위적으로 발생된 수권 환경의 격변이 부영양화라고 하는 버블(bubble)을 형성하였고, 지금은 빈영양화 국면을 맞이하고 있다. 이것은 세토내해瀬戸内海만의 문제가 아니라 대부분의 내수면을 포함한 일본 열도 전체에서도 일어나고 있는 것으로 생각된다. 2차 세계대전 후의 식량난을 해소하기 위해 일본 국토에 투입된 자원과 열정이 대지와 바다의 부영양화를 일으켰고, 그러한 열정과 자원배분이 세계화라는 흐름을 타고 해외로 관심을 돌린 것 때문에 다음에 설명하는 빈영양화가 일어난 것은 아닐까?

개개의 사항에 대한 조사와 데이터 해석은 각각의 전문가에게 맡긴다고 하더라도 무슨 일이 일어나고 있는지를 현장의 관점으로 정리해 둘 필요가 있을 것이다. 필자는 현장에서 일어난 문제에 대해 어업종사자가 어떻게 대응해야 할지를 제안하기 위해 한정된 정보와 증거로부터 문제의 배경을 추정할 수밖에 없었다. 따라서 문제 해결의 대처방법을 시도해 볼 결단을 하기 위해 많은 어업종사자와 함께 납득할 수 있는 자료를 찾아서 그것을 기반으로 대안을 찾아왔다. 그러한 경험을 바탕으로 수산水産에 관여하는 연구자 입장에서 환경변화에 따른 수산변화의 비망록을 기록한다.

7.2. 아카시明石에서의 경험

효고현兵庫県 아카시시明石市는 생선의 고장으로 알려져, 아카시明石 도미와 아카시明石 문어를 비롯하여 붕장어와 양볼락 등 해안이나 해초에 사는 물고기를 능숙하게 다루는 산지로서 평가되어 왔다. 또한 2차 세계대전 후에는 김 양식 기술을 도입하여 김의 유명 산지인 사가현佐賀県에 필적하는 생산량을 자랑할 만큼 발전시켰다. 필자는 1980년대부터 어업협동조합(이하 어협漁協) 직원으로서 아카시의 어업에 관여하여 17년 정도의 변천과정을 현장에서 체험해왔다.

여기서는 세토내해瀬戸内海 동쪽에 위치한 아카시明石 해협 주변을 주목하여 어업 무대로서 바다의 부영양화 대응 상황을 살펴보겠다.

7.2.1. 1980년대부터 1990년대의 아카시明石 김 양식의 변천

아카시明石의 김 양식은 1980년대가 정말 황금기였다. 효고현兵庫県이 김 양식 생산량에서 사가현佐賀県을 제치고 일본 제일의 생산지가 되었다. 햇김 입찰가격에서도 그때까지 최고 가격이 1장에 30엔 정도였던 것이 1장에 65엔으로 최고 기록이 갱신되었다. 1970년대부터 김 양식 그물을 설치하면 검은색 김이 자라기 시작하여 아리아케해有明海 등 주요 산지에 비해 늦게 12월 상순에 조업을 시작하지만, 5월의 연휴까지 계속 생산이 가능하여 생산기간이 길고 좋은 어장을 자랑해왔다.

그러나 일본 전국의 마른 김 생산량이 100억장을 초과하여 생산 과잉에 빠진 것도 이 무렵으로 김 산지들 사이의 격렬한 경쟁과 품질 향상이 강하게 요구되는 시대가 되었다. 이 때문에 어협漁協으로서 「해변의 특별한 장점」을 살려 지속적인 경영 전개를 도모하기 위한 현황분석과 계획 수립이 요구되어 다음과 같은 기획연구를 시작하게 되었다.

① 하야시자키林崎 어협漁協 생산량의 70% 정도를 차지하는 김 양식 어업 발전방법

② 김 양식 다음으로 어획량이 많은 선인망 어업의 까나리자원 활용방법

③ 「오염된 세토내해瀨戸内海」라는 이미지에서 기인하는 소비자의 생선 기피를 회피하는 방법

④ 지역에서 어업의 사회적 지위를 향상시키는 방법

이러한 연구과제는 어장환경과 시장 환경, 그리고 후계자 문제와 관련된 주변상황이 변화되어 온 것으로부터 설정되었다.

1980년대 후반, 주변 상황변화의 첫 번째는 김 양식 그물을 설치하면 검은색 김을 채취할 수 있는 상황에서 어장의 장소에 따라 탈색 발생과 바리깡증[1](バリカン症)으로 불리는 김의 새싹이 유실되는 현상 등, 품질 감소와 생산량의 제자리걸음을 초래하는 사정들이 증가하기 시작하였다. 따라서 김 양식 그물 관리에 고도의 관리기술을 요

1) 바리깡증(バリカン症) : 생산 초기에 길이가 늘어난 김의 엽체가 이발기계(바리깡)로 깎은 것처럼 하룻밤 사이에 1cm 전후만 남기고 유실되는 현상으로 1940년대 말부터 하구 양식장을 줌심으로 발생이 확인되어 미에현三重県에서 바리깡증으로 명명하였다. 오랫동안 염분, 김 양식 그물이 간조시에 해수면에 들어나는 것 등이 관여하는 것으로 추측되었지만 2014년 오리에 의한 것으로 판명됨.

구하게 된 것이다. 두 번째로는 세토내해瀨戸内海에서 가장 많이 어획되던 까나리가 해사채취의 확대에 의해 서식장소와 산란장이 소실되어, 지금까지와 같이 양식 어류 등의 사료로써 싼 가격으로 계속 공급되기 어렵게 되었다. 이 때문에 너무 많은 어획으로 인하여 가격이 내려가 오히려 어민들이 수입이 줄어드는 것으로부터 탈피가 필요하게 된 것이다. 세 번째는 아카시明石 해협 대교 건설과 교외로의 도시 확장에 따른 하수처리장 건설에 대해 「바다가 오염되어 미래 전망이 없는 어업이 보상금을 목적으로 소란스러운 것」 등과 같은 사회의 이목이 있었다. 이러한 사회적 이목에 대해 「이 바다는 아직 활용의 여지가 있으며, 어업종사자가 열심히 바다의 진미珍味를 전하고 있다」라는 이미지를 주는 것이 어업종사자 자녀들에게 가업 계승의 의미를 알게 하는데 중요하게 된 것이다.

이제 와서 생각해보면, 이와 같은 당시의 현황분석은 2차 세계대전 이후부터 급속하게 진행된 부영양화가 고도 경제성장기에 최대를 맞이하여, 어장환경의 전망이 불투명한 속에서 더듬거림이 중첩된 것으로, 그 후의 빈영양화는 상상조차 할 수 없었던 배경도 있었다.

1990년대에 들어서면서 김의 탈색 현상은 시기적으로도 장소적으로도 확대되어, 가격하락과 생산량 감소로 인해 김 양식어업 경영이 부진한 경영업체가 증가하였다. 이 중에서도 기술적으로 대응이 가능한 어업종사자와 불가능한 어업종사자 사이의 격차가 커져서, 어협漁協의 경영적 측면에서도 김 양식 경영의 재편이 필요하게 되었다.

7.2.2. 까나리 볶음의 전국 전파

또한 이와 비슷한 시기에 까나리 어업도 사료를 만들기 위한 5월과

6월 어획에서 까나리 볶음이라는 식용으로 이용하기 위해 3월 어획으로 어획시기의 이동이 필요하게 되었다. 이것은 1984년부터 어협漁協의 여성부를 중심으로 진행된 어식魚食 보급 활동의 일환으로써 어촌 요리로 전해져온 까나리 간장조림을 도회지 소비자의 취향으로 레시피를 응용하여 「까나리 볶음」으로 소개하기 시작한 것이다. 이것은 까나리 치어의 볶음요리라는 수제요리를 권장한 것으로, 아카시明石와 코우베神戸 일대에 급속하게 퍼져나가 계절의 풍물시風物詩까지 되었다. 특히 까나리는 4월에 들어서면 모래밭에서 서식하기 때문에 먹을 때 모래의 혼입을 방지하는 의미에서도 어업시기를 3월로 할 필요가 있었다.

그러나 3월은 아직 김 양식이 한창일 때이기 때문에 김 양식업자의 까나리 어업 겸업은 금지되어 있었다. 따라서 김 양식에서 철수한 어업종사자를 까나리 업업종사자로 전용한다는 아이디어에 의해 가능하게 되었다. 이 때 전업한 어업종사자가 보유했던 김 어장의 배분권을 남아있는 김 양식 어업경영업체에 재배분하여 개별 경영체로서 규모 확대를 모색하였고, 이들을 합쳐 어협漁協 전체로서의 철저한 집단관리를 통하여 「해변의 특별한 장점」을 살릴 수 있게 된 것이다.

게다가 이 장점은 품질 변화폭이 적은 큰 무더기(제품단위)로 기계처리가 많은 업무에서 높은 평가를 받게 되어 편의점의 삼각 김밥과 김말이 초밥에서 수요가 많이 발생하였다. 특히 춘분 전날에 먹는 에호우마키恵方巻[2]에 들인 노력은 일본 전국으로 알려지게 되었다.

이와 같이 까나리 간장조림과 김말이 에호우마키恵方巻가 소비자에게 받아들여지게 되면서 이러한 것들의 유명한 산지가 아카시明石인

2) 에호우마키(恵方巻) : 일본에서 춘분 전날 길한 방향을 향해 아무말 없이 먹으면 재수가 좋다고 하는 김으로 말은 초밥을 말함.

것이 알려졌다. 그리고 어항으로 초등학교 견학이 늘어나 어민의 자녀들이 부모를 바라보는 눈도 개선되어 후계자 문제도 많이 개선되었다. 또한 까나리 교실 등을 통한 보급활동에서 바다의 생물생산 구조를 설명하고, 까나리 등의 작은 어종과 김과 미역과 같은 해조류가 사람의 몸을 정화하여(식이섬유와 불포화지방산 등에 의한 효과) 건강에 도움이 된다는 것을 시민들이 이해하게 되었다. 그 결과, 아카시시明石市에서는 하수처리장의 염소살균법을 자외선살균법으로 변경하여 바다에 미치는 부담을 줄이는 개선과 어촌으로서 이루어져야 하는 시책에 협력을 얻게 되었다.

7.2.3. 아카시明石 어업종사자의 부영양화 대응

필자는 2000년에 아카시明石를 떠났지만 17년 동안의 기획연구 활동 결과로써 다음과 같은 답안을 준비할 수 있었다.

① 김 양식 경영에 대해서는 어장의 부영양화에 따른 양식 김의 생산 증가라는 상황에서 대다수 어협漁協이 참가하는 협업경영체의 집합이라는 내재적인 product out형, 즉 어획하는 것과 출하하는 것에 무게를 두고, 생산한 것을 어떻게 판매할 것인가를 중시하는 것이 기존의 생산체제였다. 이러한 기존의 생산체제에서 소수 정예로 김 양식 관리에서 제품관리까지를 통일된 판매 방침으로 대처하여, 많은 손을 필요로 하는 업무특성이 필요한 상품특성을 갖춘 market in형, 즉 소비자 등 시장의 요구에 맞추어 그것을 바탕으로 생산하고 공급하는 생산체제를 마련하기에 이르렀다.

② 까나리 자원에 대해서는 다획성 어종이지만 자원량에 한계가

있다. 따라서 까나리를 대량으로 어획하여 값이 싼 사료용으로 이용하는 자원 소모형 어업 대신에, 어업참가자를 한정하여 수요량에 균형을 맞추어 어획을 지속함으로서 고품질의 식용으로 특화한 지역특산 어종의 자원 유지형 어업으로 전환하는 것에 성공하였다.

③ 소비자의 생선 기피에 대해서는 아카시明石 해협이라는 눈앞에 보이는 어장에서 방금 막 포획한 생선을 입수할 수 있다는「어획의 시각화」를 의식한 까나리 간장조림의 보급을 축으로하여, 환경문제에서 생물농축에 대해 학습시켜 작은 어종 섭취의 중요성과 건강한 식문화의 바람직한 존재방식을 널리 알리는 노력을 중시하였다. 이것은 어패류 섭취 보급 활동 중에서도 소비확대가 아닌 소비의 질을 변화시키는 운동으로서 이해의 고리가 넓어지게 되었다.

④ 지역어업의 사회적 지위에 대해서는 그 당시 바다로부터 빼앗는 어업으로서 인식된 것들을, 초등학생의 견학 행사와 간장조림 교실을 통해 소비자 참여형으로 어업 교류가 이루어진 결과, 학교교육과 지역 활동을 통해 현지 어업과 바다의 환경문제에 대한 이해가 진전되어, 지자체 하수도계획의 대응에 시민의 협력을 얻은 것 등 일정의 성과를 올렸다.

지금까지의 과정은 세토내해瀬戸内海의 부영양화에 의해 적조와 오염퇴적물이 문제가 되는 상황에서 어업측의 시행착오이기는 하지만, 환경순응을 진행한 사례로서 나타내었다. 2000년 이후에도 필자는 아카시明石의 답사를 계속하고 있기 때문에 거기서 얻은 정보도 아래에 언급해 두겠다.

7.2.4. 2000년 이후 아카시明石의 어업 현황

먼저 아카시明石의 명물이기도 한 붕장어에 대해서 설명하겠다.

토쿄만東京灣의 붕장어도 잘 알려져 있지만 세토내해瀨戸内海도 붕장어의 산지이다. 각지의 붕장어 어장에서는 장어통발 어업이 왕성하게 이루어지고 있지만, 아카시明石에서는 통발로 잡힌 붕장어는 평가받지 못한다. 주낙 또는 저인망으로 살아있는 상태로 포획하여 활어 수조에서 수일간 「활어 상태로 보관」한 후 출하된다.

붕장어는 내해의 해저 부근에 서식하며, 사질 보다는 니질에서 먹이를 섭취하는 경우가 많다. 이 때문에 해역에 따라서는 뻘 냄새가 강하여 어획 직후에는 냄새를 빼내지 않으면 먹을 수 없는 것도 있다. 토쿄만東京灣 붕장어가 삶은 붕장어로 조리되는 것도 이 냄새에 원인이 있다.

아카시明石는 오사카大阪와 쿄토京都를 시장으로 가지고 있으며, 붕장어는 소금구이와 소스를 발라서 구운 붕장어 구이를 선호한다. 이 때문에 「활어 상태로 보관」하는 것에 의해 깨끗한 해수에 담아두는 것과 단식효과로 냄새가 없어지도록 관리하는 것이다. 「활어 상태로 보관」하는 것은 좋은 어장에서 잡힌 것은 3일, 뻘이 많은 어장과 항만구역 가까운 곳에서 잡힌 것은 1주일 동안 단식을 한다. 이렇게 하면 체중은 10% 정도 줄어드는 경우도 있기 때문에 양으로 승부하는 생선요리점에서는 불평이 있지만 질을 중시하는 요리점에서는 높이 평가된다.

이와 같이 붕장어의 품질관리가 이루어지기 때문에 재료의 살찐 정도와 지방 함량은 한층 더 중요하다. 부영양화시대의 세토내해瀨戸内海에서는 어획량의 차이는 있지만 품질적으로는 효고현兵庫県의 타카사고高砂와 아카시明石 및 아와지淡路의 붕장어가 높게 평가되어 왔다. 이곳에서의 어획량이 수요를 따라가지 못하는 경우에는 세토내해瀬戸内海 서부와 큐슈九州로부터 활어운반선으로 운반되어 온 붕장어가 그 다음으로 평가를 받았다.

그러나 2003년 무렵부터 이러한 일본산 붕장어에 비해 수입된 한국산 붕장어가 높게 평가되어 붕장어 구이 식당 등 업계에서는 현지의 맛이 떨어졌다고 소문이 났다. 일본의 소비자는 여전히 일본산을 선호하기 때문에 정직하게 표시된 일본산 붕장어가 잘 팔렸지만, 붕장어 구이를 사용하는 초밥집과 일식요리점의 요리사들 사이에서는 한국산 붕장어 쪽으로 편중되었다. 2005년 무렵에는 같은 현상이 갯장어에서도 일어나서 한국산에 대한 문의가 많아졌다. 이러한 현지산 기피는 붕장어와 갯장어 모두 살이 적고 지방 함량이 떨어진다는 것 때문에 일본국내 어장에서의 먹이 부족에 관계가 있을 것으로 추정되었다.

내수면어업 관계자의 말에 따르면 2010년 무렵에 자연회유하는 은어의 크기가 늘어나지 않았고, 바다로 내려가는 뱀장어에 살찐 개체가 줄어들었다고 한다. 은어의 경우는 기상이변도 있지만 강 이끼의 생육이 나빴던 것 그리고 뱀장어의 경우에는 비단게(*Geothelphusa dehaani)* 등의 먹이가 적어진 것 때문으로 추측되고 있다. 수질에 대해 총량규제가 진행된 해역뿐만 아니라 내수면에서도 영양이 부족한 것으로 추정되는 것은 일본 국토 전체에 걸친 어떠한 변화를 생각할 필요가 있을 것 같다.

이와 같은 이야기를 시민들에게 하더라도 좀처럼 실감이 나지 않는다는 말을 듣지만, 제방 낚시를 취미로 하는 사람들에게 물어보면 갯강구가 극단적으로 적어졌다고 입을 모았다. 갯강구는 안벽 위를 기어다니면서, 파도의 물보라에 포함된 해수의 영양분으로 생육하는 해조류와 생물 사체 등을 먹고 산다. 이 갯강구가 줄어들었다는 것은 파도 물보라의 영양분도 줄어든 것이 아닐까?

7.3. 김 양식 어업의 고충

7.3.1. 김의 탈색과 그 배경

2000년 이후 필자는 당사자가 아닌 관찰자로서 아카시明石를 중심으로 한 김 양식 어업 등의 변화를 지켜봐 왔다. 거기서는 그때까지 부영양화였던 바다와는 양상이 다른 환경변화의 조짐이 빈발하게 나타났다. 앞에서도 언급한 것과 같이 1990년대에는 근해인 시카노세鹿ノ瀬 어장에서 이른 봄부터 김 탈색의 확대가 자주 발생하였다. 그러한 것이 2000년대에는 난바다 어장에서도 영양염류의 감소가 눈에 띄게 되었고, 2003년도, 2007년도, 2010년도, 2012년도에는 1월말부터 극도의 김 탈색이 전 해역에서 발생하여 해결책이 없어 곤란함이 극에 달했다. 또한 2007년도는 탈색 피해에 추가하여 조업시기 후반에 화물선 침몰에 의한 기름유출 사고가 더해져 더욱 큰 피해를 입었다.

과거 10년의 평년 작황을 기준으로 김 생산량과 생산금액을 살펴보면, 하야시자키林崎 어협漁協에서 평년 작황을 밑도는 경향이 여기저기서 조금씩 나타나기 시작하였다(그림 7-1). 이것은 효고현兵庫県 전체 생산 상황에도 반영되어 오른쪽으로 갈수록 낮아지는 것처럼 보인다(그림 4-9를 참조). 이러한 생산의 하강에는 빈영양화 이외의 요인도 생각할 수 있지만 생산량에 비해 생산금액이 낮게 나오는 경향은 탈색에 의한 품질 저하가 가격에도 반영되는 것을 나타내고 있다.

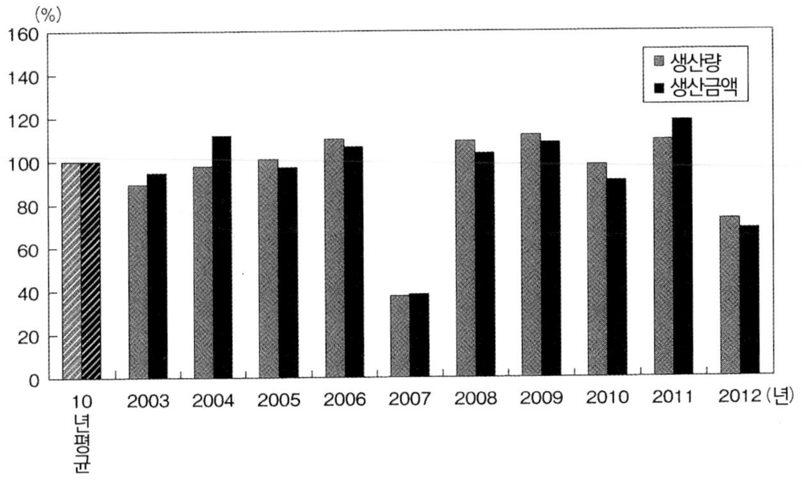

그림 7-1. 하야시자키어협林崎漁協에서 2003~2012년의 김 생산량 및 금액 변화. 2003(平成 15)~2012(平成 24)년의 10년 평균(2007년 제외)을 100으로 했다. 자료제공 : 兵庫縣漁業協同組合連合會

이러한 김 탈색문제를 생각할 때 다음과 같은 배경이 이해에 도움이 될 것이다.

김 양식 어장의 부영양화가 진행되면서 식물인 김에 부족했던 영양조건이 충족으로, 그리고 과잉으로 옮겨간 것으로 생각된다. 다만 이 때 영양섭취는 리비히의 최소량 법칙(Liebig's law of the minimum)에 의해 최소 필요량의 제한요인 성분이 증가하면 김 성장이 촉진되지만, 특정 성분이 부족한 채로 있으면 다른 영양소가 아무리 늘어나더라도 김 성장에는 반영되지 않는다. 구체적으로는 식물의 3대 영양소로 질소, 인, 칼륨을 들 수 있지만 바다에서는 칼륨이 충분하기 때문에 제외하고 생각할 수 있다. 따라서 질소와 인이 문제가 되기 때문에 부영양화 과정에서 빈영양화에 이르는 상황을 개략적으로 살펴보면 다음과 같다.

일찍이 흰모래에 푸른 소나무가 가득했던 세토내해瀨戸内海는 폐쇄성 수역이지만 항상 부영양 환경은 아니었다. 겨울철의 계절풍은 동서의 수로가 되는 세토내해瀨戸内海를 가로질러 빠져나가므로, 그 취송류에 의해 해수는 동쪽 끝 오사카만大阪湾으로 밀려서 키이수도紀伊水道로 빠져나가기 쉬우며, 세토내해瀨戸内海 해수의 대부분은 2, 3년이 지나면 외해수와 교환되는 것으로 알려져 있다. 또한 오사카만大阪湾의 안쪽과 히로시마만広島湾, 벳푸만別府湾 등 폐쇄성이 강한 곳에서는 수십 년이 지나도 해수의 교환은 기대할 수 없는 것으로 알려져 있다. 이와 같이 지역적인 차이는 있지만 흰모래의 해변은 지속적으로 청정한 해수에 씻겨 흰색을 유지하고 있었으며, 푸르게 우거진 소나무는 비료가 공급되지 않는 빈영양인 사질과 암초 위에 자라고 있었던 것이다. 그렇기 때문에 장마시기의 큰비에 의해 육상으로부터 영양분이 공급되는 시기와 이른 봄에 눈이 녹은 물이 흘러들어오는 시기가 세토내해瀨戸内海의 식물생산에 중요하며, 이것에 연동하듯이 어패류의 산란기도 찾아오는 것으로 생각된다.

2차 세계대전 이후의 식량증산과 고도 경제성장에 의해 대량의 화학비료가 농지에 투입되었고, 도시화와 공업화가 진행되는 공업지대의 형성은 여러 가지 폐수가 바다로 유입되는 것을 확대시켜 그때까지의 육지-바다 사이의 영양염류 순환을 단절하는 방향으로 진행되었다. 즉 2차 세계대전 이전에는 농지의 생산물을 주민이 먹고, 그 배설물이 다시 농지의 비료로써 투입되고, 그것만으로 부족한 비료를 바다로부터 해조류와 다획성 어류도 이용하여 보충하고 있었으며, 영양물질의 지역내 순환이 육상뿐만 아니라 바다에도 연결되어 있었기 때문이다.

그때까지 지역 내부에서 조달되고 있었던 비료는 지역 외부로부터 공급되는 화학비료로 교체되었고, 사람의 배설물은 퇴비로 이용되지 않고 분뇨처리하던 것이 하수처리로 바뀌어 지역 외부로 배출되게 되었다. 바다의 다획성 수산물은 비료용에서 사료와 먹이용으로 또는 공업용 원료로 사용되어 해조류는 용도를 잃어버리게 되었다. 따라서 해조류는 선박의 항행과 해수욕장의 애물단지로 취급되어 백화현상 등의 해조류 감소에는 관심조차 돌리지 않게 되었다.

이와 같은 고도 경제성장과 식량증산 정책의 기반에서 세토내해瀬戸内海는 부영양화의 일로를 거쳐 온 것으로 1970년대에 들어서 「세토내해瀬戸内海환경보전특별조치법」에 의해 규제될 무렵까지 인은 거의 질소의 1/10 정도의 수준으로 함께 증가하였다. 세제에 인을 사용하지 않게 된 것을 계기로 하수처리 과정에 응집침전법의 보급으로 인의 삭감이 진행된 것이 1970년대 후반부터이다. 그러나 이 무렵에는 질소를 삭감하는 탈질법이 아직 보급되지 않았고, 질소 과잉의 영양 환경은 1990년대까지 계속되었다.

이러한 질소와 인의 균형에서 질소 과잉의 영향은 식물플랑크톤인 규조류의 종조성에서 나타났다. 이때까지 식물플랑크톤 종조성은 *skeletonema*와 *Chaetoceros* 등의 소형 종이 우점종이었지만, 질소 과잉의 영양 환경이 지속되어 대형인 *Coscinodiscus*가 우점종이 되는 경우가 많아졌다(그림 7-2의 위의 왼쪽 및 오른쪽). 이러한 과정은 효고현兵庫県 수산기술센터 등에서 연구되어 문제점으로 지적 되었다.

농업관계자의 이야기에 따르면 일반적으로 질소비료는 식물의 키 성장에 효과가 있으며, 인 비료는 열매를 충실하게 하는 효과가 있다고 알려져 있다. 이것이 식물플랑크톤인 규조류에 적용된다고 하면 질소 과잉의 영양 환경은 대형종이 늘어나는 요인이 될지도 모른다. 필자가 관찰한 결과 *Coscinodiscus wailesii*는 세포외부로 점액상의 생산물을 배출하여 스스로 침강속도를 늦추며, 수중에 현탁하고 있는 물질을 흡착하여 침전시키기 때문에 결과적으로 투명도를 높이는 작용을 하는 것으로 보였다. 長井(2000)는 *Coscinodiscus*의 침강속도가 높은 것을 발견하고 소형종과의 증식 조건 차이를 보고하였다. 이러한 것들을 서로 합쳐서 생각해 보면, *Coscinodiscus*는 소형종에 비해 빨리 침강하는 대형종이면서 투명도를 좋게하여 생육공간을 넓히고, 경쟁 상대종도 빨리 침강시켜 제거해버린다는 생존 전략을 가지고 우점종이 되었다는 가설도 생각할 수 있다.

2000년대에 들어서면서 폐수처리 과정에 탈질공정을 설치하는 시설이 증가하여 질소 삭감도 진행되었다. 그 결과 질소와 인의 불균형도 다소 완화되어 *Coscinodiscus*만이 우점종이 되는 상황에서 *Eucampia zodiacus*가 우점종이 되는 시기가 늘어났다(그림 7-2의 아래 왼쪽).

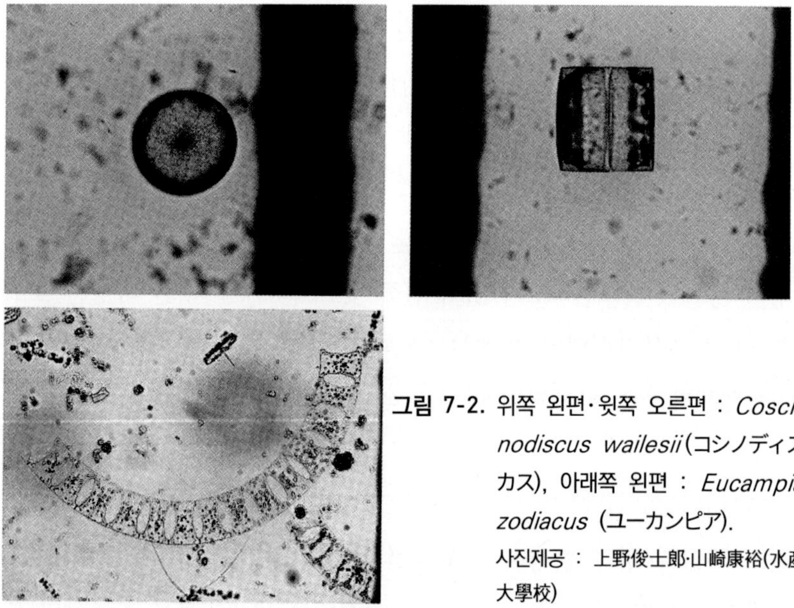

그림 7-2. 위쪽 왼편·윗쪽 오른편 : *Coscinodiscus wailesii*(コシノディスカス), 아래쪽 왼편 : *Eucampia zodiacus* (ユーカンピア).
사진제공 : 上野俊士郎·山崎康裕(水産大學校)

이 *Eucampia*는 규조류의 크기로는 *Coscinodiscus* 만큼 대형종은 아니지만 군체를 형성하여 나선 형태의 용수철과 같은 형태로 1mm가 넘는 입자이기 때문에 눈으로 확인 가능하며, 소형종 규조류와 생태가 다르다. 특히 낮은 영양 환경에서의 생존력이 강하며, 해수 중 영양염류의 대부분을 먹어치울 때까지 소비한다. 이 때문에 양식 김과의 영양염류 경쟁이라는 점에서는 *Coscinodiscus* 이상 심각한 것이다.

또한 하리마해협播磨灘과 오사카만大阪湾에서 증식하는 동물플랑크톤인 Copepoda류는 소형종 규조류를 먹이로 선호하며, 대형종 규조류는 입 크기와 맞지 않아서 그다지 이용할 수 없는 것 같다. 이러한 의미에서도 대형 규조류가 우점종으로 계속 있으면서 해역 영양 환경의 지배적 요인이 된 것을 알 수 있다.

게다가 이 해역에서 최대 어획량을 자랑하는 까나리는 자어 시기에 포획하여 바로 삶아낸 것을 까나리 신코新子라고 불리며 익숙해져 있지만, 몸 전체는 삶아져서 흰색이지만 복부는 붉은색과 검은색을 띠는 2종류가 있다. 붉은 것은 「아카바라(붉은 배라는 의미)」로 불리며, 뱅어의 대용으로는 달갑지 않지만 먹을 때 감칠맛이 있어 좋아하는 사람도 많다. 이것은 까나리 자어가 체내에 기름덩어리를 가지고 있는 Copepoda(요각류)를 많이 먹고 있기 때문에 그것이 복강에 쌓여 붉은 색을 나타내는 것이다. 한편 배가 검은 색을 띠는 까나리는 내해에 많은 바다 물벼룩(지각류)을 많이 먹고 있으며, 이것들은 기름 덩어리를 갖고 있지 않기 때문에 유분油分이 적어서 맛에 있어서는 떨어진다고 한다.

매년 3월은 아카시明石와 코베神戸에서 까나리 볶음이 왕성하게 만들어지며(그림 7-3), 이때 함께 삶긴 까나리 자어를 살펴보면 2000년 이전은 대부분이 「아카바라」였지만 2010년 전후에는 「아카바라」는 적었다. 여기에서도 식물플랑크톤에서 동물플랑크톤으로 연결되는 먹이사슬에 정체가 일어나고 있는 것으로 보인다.

이러한 것들을 정리하면 부영양화 대책으로 질소와 인의 총량규제에 따른 바다의 영양 환경은 크게 교란되어 그것에서 기인하는 식물플랑크톤상相의 변화가 과도한 영양 소비를 일으키고, 동물플랑크톤으로 연결되는 먹이사슬이라는 에너지 흐름을 방해했을 가능성이 있다. 특히 동계의 김 양식 기간에 발생하는 대형 규조류가 우점하는 상황은 김 탈색 피해의 직접적인 원인이 되었다.

다만 연도에 따라서는 대부분의 강우가 동계에 있었고, 바다가 탁해지는 등 대형 규조류가 우점하지 않았던 연도 등은 지독한 탈색 피해를 피하는 경우도 있었다. 또한 경쟁 생산지인 아리아케해有明海 등의 작황에 의해서도 마른 김 시세는 변동하며, 탈색이 있어도 시세가 좋으면 생산 의욕이 유지되는 경우도 있어서 어업종사자의 고충은 없었다.

그림 7-3. 왼쪽 : 까나리(イカナゴ)의 어획 풍경, 오른쪽 : 까나리 치어 볶음.

7.3.2. 김 양식의 기술적 측면에서 탈색

지금까지는 김 양식에 관여하는 빈영양화의 직접적인 영향을 기술하였지만, 빈영양화가 일어남으로써 발생하는 이차적인 영향으로써 김 양식의 기술적 측면에서도 문제가 있었다.

김은 세대 교번을 하지만 일반적인 재배식물은 염색체가 2n세대일 때 작물로써 이용된다. 그러나 김의 경우는 n세대가 엽상체로써 생산 대상이 된다(그림 7-4). 김의 2n세대는 사상체라고 하며, 패각 속으로 잠행하여 곰팡이와 같은 방법으로 살아간다. 이 때문에 일반적으로 이루어지는 품종 개량은 서로 다른 포기株의 교배로 이루어지지만, 김의 경우는 의미가 없다. 이 때문에 김의 품종관리는 선발육종에 의존하지 않을 수 없었으며, 어떤 우량 형질의 종을 선발하더라도 다음 세대에서는 격세 유전되어 버리는 경우도 많았다.

그렇더라도 양식업자가 관리하는 김 어장에서 우량 품종을 찾아내서 다음 연도에 사용할 종자로서 계속 배양하는 노력은 지속 되었다. 이 때 우량형질로서 선택되는 것은 제품의 품질(검은 색 색소가 풍부하고, 마른 김을 만들기 위해 발에 떴을 때 구멍이 잘 생기지 않으며, 불량품이 나오기 어려움)도 고려하지만, 잘 자라며 생산량이 많은 것이 주로 선호되었다. 특히 김은 녹차와 같이 성장하는 도중에 반복하여 채취할 수 있지만, 성숙하면 성장이 멈추기 때문에 불임성不稔性이라고 하여 성숙이 늦은 품종도 선호되었다.

따라서 풍부한 영양 환경의 혜택을 받고 있을 때에는 질병과 성숙 등 성장의 장해요인이 적어 쑥쑥 잘 성장하는 품종이 유리하다. 이 때문에 서로 경쟁하면서 성장하는 품종이 도입되어 아사쿠사김(Porphyra tenera Kjellm)에서 스사피김(Porphyra Yezoensis)으로 품종 선택이 치우쳐졌으며, 결국 아사쿠사김이 멸종위기종이 될 정도였다.

그러나 어느 순간 영양 환경이 나빠지면 잘 자라는 품종일수록 탈색피해를 입기 쉽기 때문에 자라는 것은 느리지만 천천히 영양을 축

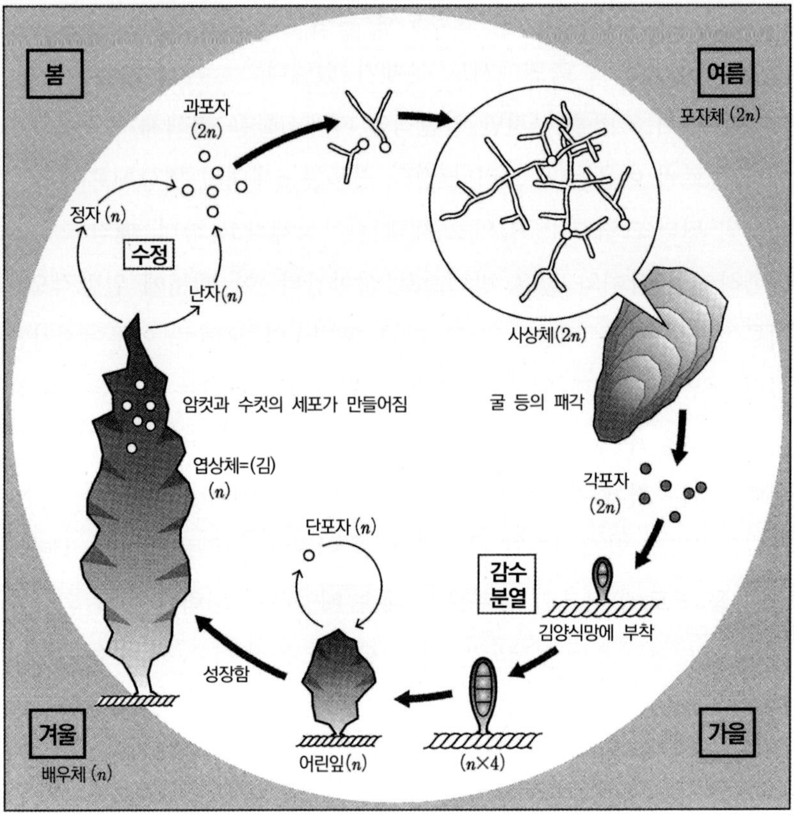

그림 7-4. 김의 생활사.

적하는 품종이 요구되었다. 그러나 전국 각지의 김 종묘를 관리하고 있는 곳에서는 이렇게 천천히 영양을 축적하는 종류의 품종은 거의 남아 있지 않았다. 결국 부영양화로 생산 증대만을 위해 달려온 것이 빈영양 시기의 도래에 의해 김 품종의 다양성을 잃어버리게 된 결과를 초래한 것으로 들어났다. 이 때문에 김 양식업자는 영양 환경이 나쁘더라도 검은 색이 두드러지고 탈색되기 어려운 품종 특성을 현장에서 선별하여 다시 한번 더 키워야 했다.

7.3.3. 지구온난화의 영향

앞에서 언급한 김양식의 고충에 추가해야 하는 것이 지구온난화의 영향이다. 김 양식에서 가장 큰 영향을 미치는 것은 가을의 온도 저하(수온 저하)가 늦어지는 것이다. 늦더위가 끝나고 해면이 냉각되어 해수의 수직혼합이 활발해진다. 이것을 계기로 김은 포자를 방출하여 엽상체가 성장하기 시작한다. 인공적으로 김 포자를 배양하여 김 양식 그물에 인공채묘하는 기술이 개발된 이후 10월 초순이 최적기였다. 즉, 해수 온도가 22℃ 이하일 때 가장 좋으며, 24℃를 넘어가면 포자가 착생하지 않고 유실되어 채묘에 실패한다.

1990년대까지는 10월 초순을 목표로 작업계획을 세우고 있었지만, 2000년대에 들어서면서 늦더위가 연장되어 9월말까지 24℃ 이상이 유지되어 종묘부착 작업에도 지장이 초래되었다. 이 때문에 10월 초순에서 중순으로 작업계획을 늦추어 대응하였고, 2010년대에는 10월 중반 이후로 반 개월 이상 늦어지는 것이 기본이 되어 버렸다. 과거의 시기와 비교하여 수온으로서는 1.5℃ 이상 온난화되었다고 할 수 있다.

또한 김 생산개시 시기는 바다 수온이 20℃ 이하 일 때를 목표로 하였지만 여기에서도 10일 정도 늦어졌다. 생산개시 시기의 지연이 채묘시기 지연보다 짧은 것은 연말상품으로 햇김 출하를 맞출 수 있는지의 여부가 가격에 영향을 미치기 때문에 무리해서라도 빨리 생산을 시작한 결과이다.

다만 지구온난화는 기후변화의 형태로 나타나며, 한겨울에 따뜻한 겨울이 되는 경우도 있다. 그리고 의외로 한랭화되는 경우도 있어서 일방적으로 온도가 상승하는 것은 아니다. 또한 강우량이 적은 시기라고 하지만, 눈은 적게 내리지만 충분한 강우량이 관측되는 경우도 있어, 영양 부족이 문제가 되는 세토내해瀬戸内海에서는 하천 유량의 증가가 일시적인 영양 부족 문제를 완화시켜 생산자가 안심하는 경우도 때때로 있다.

이러한 것은 생산체제에서도 말할 수 있는 것으로, 김의 상품 특성에서 나타나는 어떤 사정에 의해 생산자가 질보다도 양을 우선하는 생산 지향을 해 온 것에도 문제가 발생하고 있다. 김의 상품 특성으로서 고급품은 소비자 기호성이 강하기 때문에 고급품에 대한 「고집(집착)」이라는 특별한 장점을 살리기 위한 품질 향상이 쟁점이 되지만, 그 정도 품질의 고급품은 생산량도 적다. 그러나 가장 생산량이 많은 중급품 이하의 등급에서는 품질 향상을 위해 들이는 노력에 비해서 가격차이가 별로 나타나지 않는다. 예를 들어 20～30% 정도 가격평가가 낮더라도 2배를 생산하면 거스름돈이 돌아온다는 개념이다.

7.3.4. 한계를 맞이한 자본집약형의 생산체제

이렇게 대풍작의 갈망으로도 보이는 생산 의식은 농업과는 또 다른 김 양식만의 특성에서 온 것이다. 농업의 경우는 기반이 되는 농지에 비료를 뿌리는 등 토양을 비옥하게 만드는 작업부터 시작하지만, 바다에서 김 양식의 경우는 생산 기반이 되는 어장의 비옥도는 부영양화로 충분하다. 양식에 필요한 어장면적을 확보하여 김 양식 그물을 설치하고, 육성/관리와 수확 후의 마른 김 가공 부분을 기계화하여 대규모화 효과가 발휘되면 생산량을 비약적으로 늘일 수 있다.

1970년대부터 양식시설 근대화를 위한 자금의 융자대상이 되었던 전자동 김 건조기와 생김 보관용 활성탱크 등의 주변기기가 발달하였고, 1990년대 후반에는 해상에서 김 양식 그물을 관리하고 수확하는 김 양식 전용 작업선이 개발되어, 효율화를 도모하는 것과 함께 1인당 생산 규모도 확대 되었다. 그때까지는 어촌에서 가족 노동이 중심이 되는 노동집약형 산업이었던 것이 기계화 등으로 근대화가 되어 가는 도중에 자본집약형 산업으로 이동한 것이다.

이와 같이 부영양화가 한정된 해역에 집중되었기 때문에 대부분의 김 어장에서는 빈영양화가 진행되려고 할 때, 대량 생산을 목적으로 하는 자본집약형 생산체제는 한계를 맞이하게 되었다. 즉 생산 기반인 어장의 영양 환경이 나빠져 투입한 자본을 회수 할 만큼의 생산금액을 확보할 수 없게 된 것이다.

이상과 같이 김 양식 산업에서는 부영양화가 생산 증가를 담보하여 수확량이 많은 품종의 보급과 효율적인 기기 도입 등 대규모화 효과를 살린 경영혁신이 이루어졌다. 그러나 한편으로 빈영양화에 의해 품종의 약점과 상황 변화에 재빨리 대응할 수 있는 양식관리가 곤란하게 되는 등 후퇴 국면에 들어가 버렸다.

그러나 어업종사자들은 조금이라도 김 양식에 적합한 상황으로 해역의 영양 환경을 되돌릴 방법들을 검토하여. 영양염의 농도를 조절하여 배출하는 하수처리장 운영과 댐으로부터 수산용수를 방류하여 제공받는 것 등을 제안하였다. 이 이외에도 업자들 스스로 저수지(용수지)에 쌓인 뻘을 퍼내어 하천으로 방출하거나, 해저를 갈아엎는 등의 창의적인 아이디어를 축적하고 있다. 그리고 세토내법瀬戸内法의 개정과 기본계획의 재검토에 있어서도 「깨끗한 바다」에서 「풍족한 바다」를 원하는 운동으로 적극적으로 대응하고 있다.

7.4. 해저의 오염퇴적물과 저서생물

7.4.1. 오염퇴적물의 퇴적과 빈산소수괴 형성

세토내해瀨戸內海 부영양화에 의한 환경 변화에서 특징적으로 주목되는 것은 적조와 유기오염퇴적물의 퇴적이다. 적조에 대해서는 사람들의 눈에 많이 띄었기 때문에 주목도가 가장 높았지만, 해저에 퇴적되는 오염퇴적물에 관해서는 항만 관계자와 어업종사자 이외에는 그다지 알려져 있지 않았고, 간조시에 노출되어 악취를 발생하는 것과 같은 장면만 거론되었다.

해저의 퇴적물질을 살펴보는 척도로 입도조성이 있으며, 암석, 자갈, 모래, 뻘과 같이 입자의 크기로 분류하여 퇴적물의 성상을 표현하는 방법이다. 이 경우 무기질로서 입자를 측정하는 것이기 때문에 뻘의 점성이나 모래지역의 경도 등은 알 수 없다. 바다가 청정하여 오염되어 있지 않는 곳에서는 이 지표로 해저의 기본적 성격을 판단할 수 있다. 이를테면 암반지대에서는 갯바위 어종, 자갈지대에서는 문어와 게, 모래밭에는 보리멸과 양태, 뻘에는 붕장어와 가자미 등 각각의 장소에 따라 주역이 다른 생태계가 유지되고 있다.

그러나 인공적인 오염부하가 가해지면 무기질 퇴적물질에 유기물이 엉겨 붙어서 점성이 생기거나 굳어지는 접착제 풀과 같은 성상으로 변하여 그에 따른 생물군집의 관여도 크게 변화한다. 초반에는 청정한 곳에 유기물이라는 먹이가 떨어져 내려오기 때문에 굶주린 재래종은 좋아하며 살도 찌고 재생산도 활발하게 된다. 그러나 재래종만으로 다 먹어치우지 못하면 외부로부터의 가입종도 더해져 다양하게 경합이 벌어지게 되어 영양이 풍부한 환경에서의 생존경쟁에 강한 종류가 우점하고, 빈영양 체질의 재래종은 소멸된다.

코베神戸의 스마須磨 해안에서 오랫동안 제방낚시를 하고 있는 사람들에 따르면, 옛날에는 모래밭이 펼쳐져 보리멸 낚시의 좋은 포인트였지만 점차 지역에 따라 부르는 이름이 다른 동갈양태가 늘어난 후 이윽고 망둑어까지 잡혔다. 이 무렵의 해저는 뻘이 섞인 모래로 바뀌어 때로는 냄새도 났다. 이와 같이 부영양화의 진행은 바닥에 서식하는 어종의 변화에서도 나타나서 생태계 구성이 천이되는 것으로 유추되었다.

또한 청조에 관해서는 토쿄만東京湾의 경우 일찍부터 알려져 있었지만, 오사카만大阪湾에서는 2000년대까지 거의 발생하지 않았고, 2002년 하계에 발생한 이후 계속 발생하였다. 이것은 해수가 성층이 이루어지는 하계에 빈산소수괴가 저층에 체류하다가 바람의 영향으로 표층으로 올라왔을 때 공기와 접촉하여 발생하는 것으로 오사카만大阪湾 안쪽의 해수가 강하게 정체된 것이 원인으로 생각된다.

빈산소수괴는 물속의 유기물이 분해될 때 산소를 소비하여 용존산소가 낮은 수괴가 생기는 것으로, 극단적으로는 무산소 상태에 도달하여 환원상태가 되는 경우도 있다. 물속의 산소는 해면을 통해 녹아 들어오는 경우와 물속에서 식물플랑크톤과 해조류 등에 의한 광합성으로 생성되는 경우가 있다. 전자는 해면에서 파도와 교란에 의해 물리적으로 녹아 들어오는 것이며, 후자는 식물의 활동이 필요하다. 그러나 저산소 상태와 무산소 상태에서는 광합성이 일어나기 어렵다.

이러한 경우 일반적으로 가을부터 겨울 동안은 해수 온도가 기온보다 높기 때문에 해면의 물이 냉각되어 무거워져서 침강하며, 이 때 해면으로 녹아 들어온 산소도 함께 깊은 곳까지 운반된다. 한편 봄부터 여름에 걸쳐서는 기온 상승이 빨라져서 표층의 해수가 따뜻하고 가벼워져 심층 해수와의 사이에 성층이 형성된다. 이렇게 되면 해면으로 산소가 녹아 들어오더라도 폭풍이라도 오지 않는 한 성층을 돌파할 수 없어 심층으로 새로운 산소 공급이 이루어지지 않는다. 거기에 유기물 분해에 의한 산소소비가 겹치게 되면 용존산소의 농도는 계속 낮아지고, 결국에는 빈산소수괴가 형성된다.

물론 해저에 유기물이 적을 경우와 조류와 해류의 영향으로 수평적으로 해수교환이 활발한 장소에서는 이와 같은 용존산소 감소는 적으며, 산소가 풍부한 산화상태가 사계절 내내 유지된다. 일본의 연안역에서도 내만의 안쪽과 특히 바닥에 구덩이가 존재하여 해수가 정체되기 쉬운 장소에서 이러한 빈산소수괴가 발생하기 쉽다.

세토내해瀬戸内海의 오염문제를 생각할 때 오염퇴적물의 퇴적 장소는 동시에 유해물질에 의한 오염도 함께 발생한 것이 중요하다. 이것은 임해공업지대가 연이어 개발될 때 바다를 공장폐수 등을 버리는 곳으로 인식한 시기가 있었다. 따라서 공장폐수가 엄격하게 규제되어 오염물질의 배출이 없어질 때까지 그 해역을 오염시키고, 배출된 오염물질의 대부분은 침전되어 해저에 축적되었다. PCB오염이 문제가 된 효고현兵庫県 타카사항高砂港과 같이 항만제방으로 둘러싸인 곳에서 PCB가 오랫동안 잔류한 사례 등 많은 경험이 있다.

2000년 무렵까지의 세토내해瀬戸内海 오염에 대한 인식에서는 이러한 유해오염물질이 오염퇴적물과 함께 잔류하고 있을 것으로 생각하였다. 따라서 이러한 오염을 해결하기 위해 준설을 계획하였다. 그러나 준설은 오히려 오염퇴적물을 현탁시켜 주변해역으로 확산될 우려가 있어서 관계자들의 이해를 구하는 것이 곤란하다고 생각되었다. 한편으로 미나마타항水俣港과 같이 유기수은으로 오염된 구역을 매립하여 봉인하는 방법도 있지만 항만 기능을 잃어버릴 정도의 규모가 될 수 있는 문제도 있었다.

이와 같이 유해오염물질에 관해서는 무리하게 이동시키지 않고, 그 장소에서 봉인할 수밖에 없다고 생각되었다. 다시 말하면 오염퇴적물이 퇴적된 장소에 대해서는 개선을 기대할 수 없기 때문에 관리구역으로 정하고, 주변어장에서의 어획물 감시를 계속하면서 오염이 더 이상 확대되지 않도록 바라는 소극적인 대응책 밖에 생각할 수 없었던 시기였다.

7.4.2. 2000년 이후, 오염퇴적물이 감소

그런데 2000년 이후부터 항만구역 외측까지 퍼져있던 오염퇴적물의 퇴적두께가 얇아지고, 퇴적지역이 서서히 축소되어 가는 경향이 보이는 사례가 눈에 띄기 시작하였다.

카코가와시加古川市 근해와 아카시시明石市 후타미二見 근해의 김 어장에서는 김 양식 시기에 넣은 시설 설치용 닻을 어업시기 종료 시에 회수한다. 그런데 보통은 해저가 오염퇴적물에 의해 환원상태에 있었기 때문에 닻의 선단부분이 녹슬지 않은채 올라왔지만, 2000년 이후부터 닻이 녹슬기 시작했다는 어업종사자의 증언으로부터도 해저가 산화상태로 변한 것으로 추측할 수 있었다.

또한 2007년 무렵부터 아카시시明石市 우오즈미쵸魚住町 근해 등에서 저인망에 키조개의 패각이 혼입되어 잠수조사를 한 결과, 그때까지 오염퇴적물이 퇴적되었던 장소의 퇴적물이 개선되어 키조개 치패가 대량으로 발생한 것이 확인되었다. 그 후 수년 동안 키조개 잠수어업의 부활을 볼 수 있었다.

비슷한 시기에 효고현兵庫県 이보강揖保川 하구에 해당하는 아보시

항網干港 주변에서도 수십 cm의 두께로 퇴적된 오염퇴적물이 소실되어 사니질의 해저로 바뀐 것을 현지 어부로부터 들을 수 있었던 것 등 다양한 장소에서 오염퇴적물 감소가 나타났다. 또한 아카시시明石市 연안역에서는 해저에 퇴적되는 모래가 줄어들어서 그 아래에 있었던 점토질의 암반(イクチ[3])라고 부름)이 노출되는 장소가 여기저기에서 나타났다. 이것은 퇴적물에서 유기물의 감소가 모래보다 작은 미세입자의 결합력 감소를 초래하여 조류(2노트 정도)에 의해 유실되었을 가능성을 생각할 수 있다.

게다가, 해저를 관찰한 결과 오염퇴적물 지역이 감소하여 유기오염이 적은 사니질 상태로 되돌아가기 전에 나타나는 종밋(Musculista senhousia)이 밀집하여 번식하는 종밋 bed의 출현도 여기저기서 보였다. 종밋은 오염 지표종으로 알려져 있으며, 일반적으로 유기오염이 진행되는 과정에서 저서생물의 서식이 어려운 빈산소수괴가 생기기 전에 나타난다. 그러나 이와 같이 반대의 과정에서도 나타나 오염퇴적물의 감소를 명확하게 알 수 있었다.

이와 같이 빈영양화는 수질뿐만 아니라 퇴적물질에서도 진행되고 있으며, 저서생물상의 변화로서도 나타나고 있었다.

7.5. 호수의 영양순환과 생태농업의 개념

7.5.1. 생태농업이란 무엇인가?

호수에서의 부영양화는 녹조 발생에 의한 악취가 사회적으로 문제

3) 이쿠치(イクチ) : 거대한 바다뱀 또는 뱀장어와 같은 모습의 일본 전설에 나오는 바다요괴를 말하며, 아마도 물속에 잠겨 보이지 않았던 연안의 긴 암초가 들어나 요괴처럼 보여 이쿠치라고 말하는 것 같음

가 되기 때문에, 그 대책으로 주변으로부터의 오염수 유입을 어떻게 억제할지가 과제가 되는 경우가 많다. 그것은 호수를 수자원으로 취급하여 용기 속의 물이 더러워져 깨끗하게 하지 않으면 수자원의 질이 나빠진다는 발상으로 대응되는 경향이 있다. 그러나 호수의 생태계를 유지하면서 영양분 순환을 고려하는 관점이 필요하지 않을까?

중국에서는 옛날부터 인민공사人民公社 시대에 이르기까지 「생태농업」이라는 순환형 농촌경영이 실시되어 왔다. 이것은 농업에 임업과 어업도 포함한 생태계 그 자체를 농촌경영에 포함시킨 것이다. 일본에서 제시되고 있는 「생태계 농업」이라는 것과는 저수지(용수지)라는 수권을 포함시킨 점에서 차이가 있다.

머릿속에서 이미지를 떠 올리기 위해 우선 양자강 남측에 해당하는 저장성浙江省과 장쑤성江蘇省 근처를 생각해보자. 지평선까지 연결되는 평탄한 습지대에서 농업을 하려면, 우선 수몰되지 않는 농지와 택지의 확보가 필요하다. 따라서 토목공사를 하여 수로와 저수지를 파고 파낸 토사로 제방을 만들어 수위보다 높은 토지를 건설한다. 그리고 그 일각을 주거지로 만들고, 남은 곳이 경작용 논과 밭이 된다. 제방에는 지반을 유지하기 위해 뽕나무와 대나무를 식재하여 양잠과 생활자재로 활용한다. 수로는 시간이 지나면 서서히 매몰되기 때문에 계속해서 준설하고 준설된 뻘은 농지에 투입하여 쟁기질로 비료가 되게 하고, 제방도 덧발라서 보강한다. 제방에서 자라는 들풀로 산양과 양을 사육하여 고기와 젖, 모피를 생산하고, 그 배설물은 비료로 이용하기 위해 퇴비를 만든다.

논밭에서 수확한 농작물은 식량으로 가능한 부분은 비축과 판매를 하고, 뿌리와 마른 잎 등 식용으로 할 수 없는 부분은 가축의 먹이 또는 저수지에 넣는다. 생활에서 나오는 음식물 쓰레기도 저수지로 들어간다. 저수지에는 초식 어류인 초어와 우렁이를 잡아먹는 강청어(*Mylopharyngodon piceus*) 등을 넣고, 오리와 거위도 사육한다. 투입된 유기물을 각 사육동물의 식성을 조합하여 식물성 물질에서 동물성 물질까지 모두 다 이용하는 복합양식이다. 즉 사육한 동물들은 식용으로 이용되고, 그 배설물은 저수지의 바닥에 쌓여 준설에 의해 비료로 이용된다. 주민들의 분뇨도 퇴비화 되어 농업 생산력을 지탱하고 있으므로 영양분 순환의 측면에서 허비가 없도록 설계되어 있다.

이와 같이 생태계를 사람의 생활계와 조합하는 방법이 성립 가능한 요건으로는 앞서 설명한 중국 강남지방의 지리적 조건도 중요하다. 비가 오더라도 물이 쉽게 흘러 없어지지 않는다. 이 지역은 서쪽이 내륙이며, 동쪽이 바다인 지형이지만 고도 차이는 거의 없다. 이 때문에 강과 수로의 물은 북쪽에서 비가 오면 남쪽으로 흐르고, 동쪽에서 비가 오면 서쪽으로 흐르는 것처럼, 경우에 따라서는 같은 물이 왔다 갔다 하는 경우도 있다. 즉 물을 비롯한 물질의 체류성이 강한 특징을 가지고 있다. 체류성이 강하면 유기물은 그 장소에서 썩을 수밖에 없고, 무기화된 영양염류가 그 장소에서 식물에 이용되지 않으면 물질순환은 돌아가지 않는다. 그러한 생태계를 인간 활동에 필요한 생물군을 이용하여 합리적으로 순환시키는 지혜가 생태농업이라 할 수 있을 것이다.

7.5.2. 호수와 저수지를 포함한 일본의 생태농업

그러나 이러한 생태농업과 같은 생태계 pool을 활용하는 방법을 일본으로 도입할 때는 커다란 조건의 차이에 직면한다. 비가 오더라도 내린 빗물이 빠르게 흘러가 버려 농지에 저장된 비료도 함께 바로 유실되는 체류성이 적은 것이 일본 열도의 숙명이라 할 수 있다. 무슨 일이 있으면 「물에 흘려 보내버린다」라고 하는 일본의 문화성은 이러한 지리적인 요인에서 몸에 베인 것일 것이다.

그렇더라도 중국으로부터 농업기술이 전해진 일본에서는 유실로 인하여 척박해져가는 토지를 계속 이용하기 위해, 비교적 체류성이 강한 논 농업을 널리 받아들이고, 부족한 부분을 바다로부터 해조류와 해초, 어업유래 비료(말린 정어리와 청어 등)를 농지로 들여와 유지해 왔다. 인분人糞의 가치는 높았고, 쿄토산 채소가 유명한 것도 도읍지의 인구로부터 생산되는 대량의 거름이 주변 농지에 투입되었기 때문이다.

이러한 이유로 화학비료가 보급될 때까지 일본의 호수와 저수지는 항상 바닥을 준설하여 영양분을 농지에 공급하였기 때문에 빈영양의 상태였다. 바다도 마찬가지로 해안에는 눈에 띠게 흰 모래와 푸른 소나무가 많았으며, 빈영양의 맑은 해수가 항상 해안을 씻어 내리고 있었다. 제2차 세계대전 이전에는 야광충에 의한 적조 등이 발생하면 정어리가 들끓는 전조로 환영되었을 정도였다.

2차 세계대전 이후 식량난에 대응하기 위해 일본 전국적으로 식량 증산을 추구하게 되었다. 농림수산성 농업생산지원과의 조사에 의하면, 일본 전 국토에서 화학비료 투입이 실시되어 1950년대부터 1980년대까지 매년 200만톤 이상의 화학비료(질소, 인산, 칼륨)가 지속적으로 투입되었다. 그러나 1990년 무렵부터 식량 자급율이 급속하게 감소하는 것과 함께 화학비료 투입량도 감소하여 2010년에는 120만톤 수준까지 감소하였다.

이것은 비료 투입량을 줄이는 농업기술의 혁신도 있었고, 환경보전형 시책도 진행되어 왔지만 농작물 재배면적이 대폭 감소한 것도 그 배경이다. 일본 국내 생산이 줄어든 부분은 수입에 의존하지만, 채

小野菜 등의 생산 거점이 중국 등 아시아 여러 국가로 이전된 영향이 크다. 농림수산성이 발간한「비료 및 비료 원료를 둘러싼 사정(2009)」 보고서에는 중국에서 단위면적당 화학비료 투입량이 비약적으로 늘어나 일본의 1960년대 수준을 넘는 기세라고 보고되어 있다.

일본 국토에 투입되는 자원과 자본이 식량자급을 위해 증산을 목표로 했던 시대와 국제적인 분업 속에서 해외에 의존하는 시대와의 사이에서, 1990년 무렵을 경계로 양상이 크게 바뀐 것은, 농지에 축적된 과잉의 영양분과 지하수로 침투되어 바다로 유입되는 영양분(주로 질소)의 대폭적인 감소와 연결되어 있을 가능성이 있을 것이다.

이와 같은 농업관련 상황 변화를 의식하면서 호수와 저수지를 바라보면 1970년대부터 2000년대에 걸쳐 저수지의 유지관리를 하지 않는 경향이 확대되었고, 횟수도 감소하였다. 거기에는 도시 근교의 용지用地 수요와 수질 악화에 의한 불평이 나타나 있다. 또한 댐에 의한 수자원 개발과 물 이용 정책으로 우물물과 저수지 등의 자율형 수원이 정리된 것도 놓칠 수 없는 과제이다.

7.5.3. 향후 호수와 저수지 관리에 필요한 관점

지금까지는 호수와 저수지를 물동이로서 인식했기 때문에 물의 순환과 함께 움직이고 있는 물질순환 관점에서 오염수 유입에 대한 대처가 방치되어 온 것에 문제가 있었다. 호수와 저수지에는 물동이 이외에도 다면적인 기능이 있으며, 농촌사회 속에서 관리측면으로 그러한 기능들이 위치해온 것이다. 제방의 보수와 준설된 토사의 처리, 물의 신[4]을 받드는 방법 등 사회적으로는 경제적 가치를 생산하지 않

4) 역자 주 : 일본에서는 물을 신으로 받드는 경우가 많이 있다. 특히 농업을 주로 하는 지역에서

는 것에서도 공동체를 유지하기 위해 필수 요소가 있었다는 것을 생각하면 공유수변을 오염시키거나 지속적인 이용을 손상시키는 것은 엄격하게 다루어 왔던 것이다.

사회적 존재로서의 평가를 방치하였기 때문에 바야흐로 공유지의 비극으로서 호수와 저수지 오염은 부영양에서 과영양으로 진행되어 녹조 등의 발생에 의한 악영향도 있었기 때문에 저수지는 매립되었고, 보존시책으로 방향을 바꾼 호수에 대해서도 재생은 쉽지 않았다.

그러나 바다와는 달리 용량이 비교적 작은 호수에서는 입구 봉쇄와 강제적인 환경개선을 통해 오염상황을 벗어날 수 있었던 사례도 있다. 다만 거기에는 원래의 담수 생태계 모습으로는 쉽게 돌아오지 않는 경우가 많았다. 그 대신 인위적인 관리를 강화하여 어느 정도 안정된 상황이 유지되도록 한 경우도 있었다. 예를 들어 히가시하리마東播磨 저수지 협의회 등의 대책에서 볼 수 있는 바로 물동이의 인공적 관리이다.

향후에 호수와 저수지에서는 비오톱(biotope)의 확대판을 목표로 하는 대책과 앞에서 소개한 생태 농업과 같은 생산 측면도 포함된 관리 방식이 요구되기 때문에 단순한 물동이로서의 위치에서는 지속이 불가능하게 될 것으로 생각된다.

7.6. 빈영양 환경에서의 어업 방식

부영양화가 시작될 때까지 세토내해瀨戸内海는 일부 만의 안쪽과 하구역을 제외하고, 영양 수준이 낮은 상태였다. 흰모래, 푸른 소나무가 대명사인 해안선은 청정한 해수가 씻어내리는 흰모래가 사구를 형성

물의 신을 받드는 신사(神社)가 많음.

하였고, 방풍림인 소나무 숲은 낙엽을 연료로 이용하는 주민들에 의해 주의 깊게 관리되어 빈영양 상태로 건전하게 생육되고 있었다. 최근의 소나무 고사는 소나무 재선충에 의한 병해로 해명되었지만, 에너지혁명 이후 소나무의 낙엽과 마른가지를 이용할 필요가 없어져 소나무 뿌리쪽이 부영양화 되는 등 병약하게 되는 원인의 발생도 지적되고 있다(森林総合研究所 HP 참조).

모래사장과 바다 속 사퇴를 살펴보면 많은 패각 파편이 발견되었고, 조성의 절반 이상이 패각 기원인 모래도 있다. 패각 파편을 현미경으로 관찰하면 경석과 같이 미세한 구멍이 많이 있고, 광물 모래에 비해 비중이 가볍고 표면적이 매우 큰 것이 특징이다. 살아 있을 때의 패각은 매끄럽고 치밀했지만, 죽어서 껍질만 남았을 때는 의외로 쉽게 부서진다.

김 양식에서 굴 패각을 사용하여 김의 사상체를 배양하는 공정이 있지만(그림 7-4 참조), 굴 패각에 김의 과포자(carpospore)를 심어 배양하면 패각 안으로 천공하여 터널을 파고 들어간다. 마치 곰팡이가 피는 것과 같다. 결국 포자낭을 형성하여 김은 굴 패각으로부터 떨어져 나가지만 남겨진 굴 패각은 구멍 투성이가 되어 있다. 자연계에서도 이와 같은 다른 생물이 패각을 이용하는 경우가 있기 때문에 결과적으로 패각은 여과재와 같은 소재로 변화되어 갈 것이다.

이 패각 모래는 비중이 가볍기 때문에 조류에 의해 부유되어 해수의 오염물질을 흡착하여 해저로 제거시키기 때문에 해수 정화에 큰 역할을 담당할 것으로 생각된다.

세토내해瀬戸内海는 폐쇄성 수역이며, 많은 하천으로부터의 오염부하도 걸리기 때문에 옛날부터 오염되어 있었다고 생각될지도 모르겠지만, 이와 같은 배경으로 의외로 빈영양 해역이었다. 오사카만大阪湾

이 「감성돔의 바다」로 불리며, 풍부한 해산물의 공급원으로 인식되어 있었던 것은 갈대가 자라고 있는 광대한 갯벌이 발달된 것과 때때로 발생하는 적조(대부분은 야광충 적조)로 해면이 붉게 물드는 것에서 「피의 바다」로 불렸던 것도 관계하고 있다는 설도 있다. 양쪽 모두 영양분이 장기적으로 축적되어 있었던 결과인 경우와 단기적인 물의 유출 등으로 부하된 것이 야광충의 대증식으로서 일시적으로 나타난 경우라고 할 수 있을 것이다. 다시 말하면 오사카만大阪湾으로 부하된 영양분은 빠르게 생태계로 유입되어 해수환경은 비교적 낮은 영양 수준을 유지해온 것으로 추정할 수 있다.

이렇게 세토내해瀬戸内海에서 부영양화가 진행되어 가는 과정에서 발생한 것은

① 기초생산이 커진다.

② 오염물질 분해에 필요한 산소요구량이 커진다. → 자연 정화력을 초과하는 곳에서 빈산소수괴가 발생하게 된다.

③ 기존 생태계 구성종의 서식환경에 많은 스트레스가 가해진다.

④ 생태계 균형이 붕괴되어 특정 종의 대증식을 초래한다(적조·해파리)

⑤ 해저에 퇴적된 오염퇴적물로부터 영양분이 용출되어 내부생산이 일어나는 환경으로 바뀐다.

⑥ 빈산소역에서 황화수소 등 유해물질이 발생하여 건전한 생태계를 유지할 수 없게 된다.

⑦ 청조가 발생하여 죽음의 바다가 된다.

라고 하는 줄거리로 대략 설명할 수 있다.

세토내해瀬戸内海 생물 생산의 중요한 연결고리를 담당하고 있었던 패류가 급격히 감소한 것은 ③의 영향이며, 빈영양 환경에서도 살아

남은 어류(가자미류 등)의 대부분도 ③의 영향과 ⑥ ⑦의 영향에 의해 재생산이 곤란하게 되었다.

한편으로 발전된 김 양식과 굴 양식, 까나리와 정어리 치어의 어업은 ①의 영향으로 생산이 증가하면서 ② 이하의 영향을 받기 전에 세대 교번할 수 있는 짧은 생활사(life cycle)가 환경에 적응한 것이라고 할 수 있을 것이다.

7.7. 결론

그렇다면 부영양화가 종식을 맞이하여 빈영양화가 진행되는 국면에 들어서서 과연 ⑦에서 ①로 역행하는 것일까? 그렇게 되기에는 몇 가지 잃어버린 환경요소가 있어서 쉽게 원래대로 돌아가지 않을 것으로 생각된다.

a. 자연해안의 부족＝인공호안이 점유(직립호안의 폐해)
b. 수심이 얕은 곳, 해조류 서식장, 갯벌 부족＝매립사업
c. 해사 부족＝해사채취와 사방댐 등
d. 패각 부족(해수 정화력) ＝패류의 격감
e. 산란 양육장 부족……a, b, c와 관련
f. 빈영양 환경에 적응하는 종의 부족＝수명이 긴 어종의 부재
g. 생물다양성의 부족＝생태계 구성종의 단순화가 진행
h. 서식환경 다양성 부족＝콘크리트의 남용과 해사 부족 → 해저 경운
i. 온난화와 기후변동
j. 수직 행정에 의한 종합적 관점 결핍

이라고 말할 수는 있지만, 빈영양화가 진행되는 바다에 대해 어떠한 해결책을 제시해야 하는지가 문제이다.

위와 같이 방치해 두면 자연적으로 원래 모습으로 되돌아가지는 않을 것이다. 아니면 오랜 세월에 걸쳐 자연이 상황을 해소해 갈지도 모르겠지만, 그 전에 바다에 관련된 어업과 어패류 섭취 문화 등의 생업이 끊어져버려 어촌이라는 지역생활단위까지도 잃어버릴 우려가 있을 것이다.

따라서 필자가 제안하는 것을 열거하면 다음과 같다.

① 어업에서는 부영양화 시대의 대량 생산의 product out형 발상에서 빈영양화 시대에 적응한 market in형의 소량 다품종 생산이라는 품질을 중시한 발상으로 전환이 필요하다.

② 환경 만들기에서는 바다의 환경요소에 다양성을 부여하여 숲, 강, 마을까지도 연관시켜 인위적으로 관여하는 순응형 환경관리가 필요(이것은 마을(고향) 바다활동으로서 제시되어 있다)하다.

③ 지역사회 만들기에서는 해역별 경제성(생산성 중시) 뿐만 아니라 사회(가치 만들기)와 문화성(신뢰 만들기)에 대한 합의 형성을 모색하는 이해관계자의 협의와 협동이 필요하다.

④ 전 세계적인 식량문제를 바탕으로 생각해 보면, 일본 국토에 자원과 정열을 다시 투입하고 생물 생산력을 높이는 국민운동이 중요하며, 물질순환을 배려한 지속가능한 모델이 필요하다.

이상, 여러 가지를 언급했지만 빈영양화 문제는 영양을 보충하면 된다는 문제가 아니다. 앞에서 거론한 a~j의 항목을 조금씩 다시 개선하여 ④에서 언급한 것처럼 국토를 순환과 지속성을 살린 생물 생산의 장소로 되돌려 가는 작업이 필요하게 되었다고 생각된다.

그러기 위해서는 일본의 풍토와 문화를 배우고, 축복받은 국토의 물질순환 특성을 살리는 일차산업의 담당자가 필요하다. 그리고 1차 산업이 밥을 먹고 살 수 있도록 하기 위해 2차 산업과 3차 산업이 협력하여, 무엇보다 소비자인 시민들이 그러한 것들을 신뢰를 할 수 있도록 목소리를 높이고, 땀을 흘리기 시작하는 것이 중요할 것이다.

인용문헌

獨立行政法人 森林總合研究所 西國支所 「マツとマツ枯れた關する質問と回答」 http://www.ffpri-skk.affrc.go.jp/shitumon.html

長井 敏 (2000) 播磨灘における有害大型硅藻 Coscinodiscus wailesiiの大量發生機構とその豫知. 「有害·有毒赤潮の發生と豫知·防除」 (石田祐三郎·本城凡夫·福代康夫·今井一郎 編), 日本水産資源保護協會, 東京, pp.71-100.

農林水産省 (2009) 肥料及び肥料原料をめぐる事情 http://www.maff.go.jp/j/seisan/sien/sizai/s_hiryo/senryaku_kaigi/pdf/01_siryo3.pdf

■ 맺음말

이 책은「빈영양화」에서 기인하는 것으로 생각되는 생태계 변화와 어업생산 부진에 대해 소개하였다. 물론 우리들은「빈영양화」만이 그 원인이라고 생각하는 것은 아니다. 지구온난화, 갯벌과 해조류 서식장의 감소, 퇴적물 환경의 악화 등등 환경과 생물 또는 생물사이의 상호작용 등 생태계라고 하는 복잡한 계에서는 다양한 문제가 서로 얽혀있다. 그러나 이 책을 다 읽으면 그 중에서 질소와 인의 인위적인 유입 부하 삭감이 어업생산 부진의 중요한 원인의 하나인 것을 인정하지 않을 수 없을 것이다.

생태계는 복잡한 먹이사슬로 연결되어 그 일부만을 마음대로 제어하는 것은 원래부터 불가능에 가깝다. 수질「만」을 개선할 목적으로 유입 부하를 삭감하여도 그 영향은 여러 곳에 미치며, 그리고 그 영향은 우리들 인간 생활로 되돌아 온다. 스와호諏訪湖에서 녹조는 줄어들었지만 빙어는 잡히지 않게 되었다. 수초는 돌아왔지만 그것은 원래 서식하던 침수식물이 아닌 인간에게는 민폐인 마름이었다. 세토내해瀬戸内海에서는 바다가 깨끗해져 거머리말 서식장이 소생되고 있지만, 김 생산량·품질 감소, 어업 부진을 초래하여 그대로 방치하면 어업뿐만 아니라 어패류 섭취 문화 자체가 소실되어 버릴 것 같다.

이 책의 집필을 진행한 2014년에는 세토내해瀬戸内海의 어업 부진으로 위기감을 안고 있는 킨키近畿·츄고쿠中國·시코쿠四国 지방의 자민당 국회의원으로 구성된 「세토내해瀬戸内海 재생 의원연맹」이 「세토내해瀬戸内海환경보전특별조치법」의 개정안을 정리하여 국회에 제출하였다. 그리고 같은 해 6월에 참의원 환경위원회, 제186회 참의원 본회의에 올라갔으나, 심의가 이루어지지 않은 채로 11월21일의 중의원 해산에 의해 법안은 자동적으로 폐기 되었다. 개정안은 총선거 때 자민당의 공약에 들어있기 때문에 2015년도에는 다시 국회에 상정될 것이다. 그렇게 되지 않으면 이대로는 곤란하다. 빠른 심의와 개정안의 의회통과가 요망된다.

개정안의 요지는 지금까지의 「수질규제」에서 「생태계의 보전·재생」으로의 이동이다. 한마디로 말하면 「마을(고향)바다」(마을(고향) 산의 바다 버전 개념 : 자연환경과 사람과의 공생) 만들기의 노력이며, 그 중심이 되는 사업으로 생물 서식장·산란의 장소인 해조류 서식장과 갯벌의 보전·조성이 이루어질 것이다.

그러나 지금까지 해조류 서식장에서 얼마만큼의 생물이 태어나 어업자원으로서 가입되는지 등의 정량적인 연구는 충분하지 않았으며, 갯벌을 조성하면 그 주변의 생태계가 어떻게 되는지 등의 예측 연구도 불충분하다. 또한 당연하지만 지금까지와 같이 일률적인 수질규제가 아닌, 원하는 생태계의 모습을 수역별로 설정하는 것이 필요하게 되었다. 이러한 커다란 과제에 대해서 각 지자체의 환경·수산부서의 관계자는 골치를 앓게 될 것이다.

왜냐하면 수질을 규제하여 깨끗함을 요구하는 것과 어업자원을 풍부하게 하는 것은 Trade-off 관계에 있으며, 함께 양립하는 것은 간단하지 않기 때문이다. 자연환경과 인간과의 공생이라고 들리면 좋지만 그것의 실현은 쉽지 않다. 인간은 자연생태계에서 항상 착취하는 쪽이 되어 버리기 때문이다. 현실적으로는 식량생산과 환경보전이라는

2개 곡선의 교차점을 찾아가는 것이 향후의 과제가 될 것이다. 이 책에 「물이 맑으면 물고기가 살지 않는다」라고 과격한 부제를 붙인 것도 그러한 이유 때문이다.

그렇다고 해서 멈추어 있을 여유는 없다. 각 만·해협별로 협의회를 만들어 행정, 주민, 전문가 등 다양한 이해관계자가 참가하여 논의를 거쳐 수역별로 구체적인 대책을 결정해 가지 않으면 안된다. 그 목표값의 설정과 달성을 위한 수단에는 과학적 근거가 강하게 요구된다. 우리들 연구자도 게으름 피우고 있을 수는 없지만, 대책을 너무 서둘러 근거가 빈약한 시책으로 독주하지 않고 순응적인 노력을 하길 바란다.

2015년 1월

야마모토 타미지山本民次

■ 사항색인

■ 생물명 색인

역자 주요 경력

김영일　한국해양과학기술원 / 책임연구원, 홋카이도대학(이학박사) : 화학해양학
김성수　해양환경공단 / 수석부장, 부경대학(이학박사) : 화학해양학
조현서　전남대학교 / 교수, 오사카대학(공학박사) : 환경해양학

역자 주요 번역서

환경오염화학-생태계내에서 유기오염물질의 거동(2018)
수권의 방사능 오염-후쿠시마의 수산업 부흥을 지향하며(2016)

바다와 호수의 빈영양화 문제

물이 너무 맑으면 물고기가 살지 못한다 ....

인 쇄 | 2019년 11월 20일
발 행 | 2019년 11월 25일

편지자 | 山本民次·花里孝幸
저 자 | 大久保卓也·一 瀬 諭·樽谷賢治·反田 實
堀 正和·児玉真史·鷲尾圭司
역 자 | 김영일·김성수·조현서
발행인 | 정병석
발행처 | 전남대학교출판문화원

등 록 | 1981. 5. 21. 제53호
주 소 | 61186 광주광역시 북구 용봉로 77
전 화 | (062) 530-0571~2
마케팅 | (062) 530-0573
팩 스 | (062) 530-0579
홈페이지 | http://www.cnup.co.kr
이메일 | cnup0571@hanmail.net

값 16,000 원

ISBN　978-89-6849-665-3 (93400)

이 도서의 국립중앙도서관 출판예정도서목록(CIP)은 서지정보유통지원시스템 홈페이지(http://seoji.nl.go.kr)와 국가자료공동목록시스템(http://www.nl.go.kr/kolisnet)에서 이용하실 수 있습니다.
(CIP제어번호: CIP2019043349)